한국기독교 역사와 문화유산

- 전라, 경상, 제주편 -

임찬웅의 역사문화해설 ❺

한국기독교 역사와 문화유산

−전라, 경상, 제주편−

펴낸날 | 2024년 2월 28일

지은이 | 임 찬 웅
펴낸이 | 허 복 만
펴낸곳 | 야스미디어
등록번호 제10-2569호

편 집 기 획 | 디자인드림
표지디자인 | 디자인일그램

주 소 | 서울시 영등포구 영중로 65, 영원빌딩 327호
전 화 | 02-3143-6651
팩 스 | 02-3143-6652
이메일 | yasmediaa@daum.net

ISBN | 979-11-92979-10-6(03980)
정가 22,000원

본서의 수익금 일부분은 선교사를 지원합니다.

찬웅의 역사문화해설 5

한국기독교 역사와 문화유산

- 전라, 경상, 제주편 -

임찬웅 지음

YAS 야스

기독교 유적 순례를 시작하며

옛날을 기억하라, 역대의 연대를 생각하라. 네 아비에게 물으라. 그가 네게 설명할 것이요, 네 어른들에게 물으라, 그들이 네게 이르리로다. (신명기 32:7)

한국기독교 역사와 문화유산 중부(서울, 경기, 인천, 충청, 강원)에 이어서 남부(전라, 경상, 제주)를 내놓습니다. 이 땅에 기록된 기독교 역사는 교회에 대한 감정이 어떻든 실로 감동적인 내용으로 가득 차 있습니다. 그러니 써야 할 내용이 얼마나 많겠습니까? 꼭 소개하고 싶은 내용이 너무 많아 취사 선택하는 것이 가장 힘들었습니다. 소개하지 못한 교회가 더 많음을 알려드리니 독자들은 '책 밖에 또 무엇이 있을까' 하여 관심 가져주시길 부탁드립니다. 내용에는 경중(輕重)이 있지만, 순례길에는 멀고 가까움만 있을 뿐입니다.

교회만 소개한 것은 아닙니다. 오직 사명에 순종하여 황량하고 척박한 이 땅에 도착했던 선교사들의 복음행전도 기록하였습니다. 바보스러울 만큼 순종으로 일관했던 조상들의 이야기도 풍성합니다. 예수님처럼 살았던 그들의 흔적이 너무 강렬해서 그 앞에 서면 저절로 자세를 고쳐 잡게 될 것입니다.

이 책을 읽는 포인트를 소개합니다.

첫째, **선교부를 설립하는 과정을 이해하는 것입니다**. 미국 남장로교 선교사들이 설립한 전라남북도 선교부, 호주 장로교 선교사들의 부산 · 경남지역 선교부, 미국 북장로교 선교사들의 대구 · 경북 지역 선교부로 나눠서 살펴봅니다. 제주도는 외지인에 대한 배타성이 강했기 때문에 한국인에 의해 복음이 전해집니다.

둘째, **선교부에서 실행한 선교 패턴을 이해하는 것입니다**. 복음선교, 의료선교, 교육선교가 있었는데, 이 세 가지는 유기적으로 운영되었습니다. 한국인을 보내서 현지 상황을 알아본 후 의료와 교육으로 문을 엽니다. 그리고 복음선교로 확장되어 갑니다. 선교의 교과서를 보는 것 같습니다.

셋째, **교회는 어떻게 설립되고 어떻게 부흥해 나가는가 하는 것입니다**. 교회는 부흥하는 데 그치지 않고 주변 지역으로 분립, 개척해 나갑니다. 그런데 그 과정에 반드시 시련이 따릅니다. 일제강점기, 해방정국, 한국전쟁이라는 강력한 시련에서 교회는 어떻게 승리해 가는가를 알아보는 것입니다.

넷째, **교회와 민족이라는 포인트를 이해하는 것입니다**. 우리 민족이 겪어야 했던 시련의 한가운데를 지나면서 교인들은 예배당에 숨지 않았습니다. 행동해야 할 때 나섰고, 결단해야 할 때 주저하지 않았던 놀라운 신앙 선배들의 이야기가 펼쳐집니다. 한일강제병합, 3.1만세운동, 독립운동, 신사참배 상황에서 선교사들과 조상들은 어떻게 대응했는지 알아보는 것입니다. 때론 시련에 굴복하기도 했던 부끄러운 역사도 있습니다. 그것도 중요한 역사입니다.

다섯째, **예수를 닮은 사람들을 만나봅니다**. 세상이 감당치 못할 허다한 사람들의 이야기가 있습니다. 이번엔 특히 예수 닮은 사람들의 이야기가 많습니다. 포사이드와 윌슨 선교사가 펼쳤던 한센병사를 향한 사랑은 이 세상 사람의 것이 아니었습니다. '성공이 아니라 섬김'이라며 한국인들과 동고동락했던 쉐핑(서서평) 선교사의 이야기는 뭉클한 감동으로 달려옵니다. 거리의 성자라 불린 방애인 선생의 자료를 찾고 현지를 답사하면서 내면으로 밀려오는 감동은 차라리 부끄러움이라 해야 할 것 같습니다. 이 거두리가 행려병자, 걸인들과 함께 살았던 전주천변 싸전다리에서 한참을 서 있었습니다. 오방 최흥종이 한센병자와 포사이드의 얼굴에서 보았던 예수를 만나고 싶습니다.

『한국기독교 역사와 문화유산 남부편』을 준비하는 과정은 쉽지 않았습니다. 특히 현지답사를 다녀오는 일이 어려웠습니다. 거리가 멀기도 했지만, 다른 이유도 있었습니다. 학교 관내에 있는 문화유산은 휴일에만 개방합니다. 학생들 학업에 방해되기 때문입니다. 반면, 교회 역사관, 자료관 등은 토 · 일요일에만 휴관합니다. 그렇기 때문에 두 곳 모두 한꺼번에 답사하기가 어려웠습니다. 어떤 교회 역사관은 일주일 전에 예약해야 볼 수 있었습니다. 과연 맞는가 싶습니다. 누구나 언제든지 관람이 가능할 수 있었으면 좋겠습니다. 특히 토요일에 문을 닫는 것은 생각해 봐야 할 부분입니다. 상시적으로 개방할 수 있는 방안을 강구해야 할 듯합니다. 사람들이 관심이 없어서 그렇게 한다면 관심 있는 사람들만이라도 붙잡아야 할 것입니다.

한편으로 먼 길을 달려 답사할 때마다 드는 생각은 교통이 불편하기 짝이 없던 시절에 오직 복음을 전하겠다는 사명으로 다녔을 선교사들을 존경하지 않을 수 없었습니다. 눈물을 흘리며 뿌렸던 씨앗이 지금의 한국 교회가 되었습니다.

모세가 인생 여정을 마무리하면서 '옛날을 기억하라'고 했던 것은 무슨 의미일까요? 지금 우리는 이 땅에서 펼쳐졌던 '옛날'을 잊고 사는 건 아닌지 모르겠습니다. 이 한반도에 펼쳐진 하나님의 역사는 참으로 풍성합니다. 출애굽기, 역대기, 시편, 사도행전이 그대로 있습니다. 그만큼 우리 민족이 걸어온 길과 이스라엘이 비슷하기 때문인지도 모릅니다. 복음의 씨앗이 떨어진 후 비약적으로 늘어난 교회는 수많은 신앙행전을 남겼습니다. 그래서 소중하게 기억해야 할 장소, 인물, 문화재가 무척 많습니다. 단, 부족한 것이 있다면 우리의 관심입니다. 여행이 일상이 된 풍요로운 시대에 살고 있는 지금, 우리는 관심은 어디에 있습니까?

임 찬 웅
(limcung@naver.com)

목차

제 6 부 전라북도

제 7 부 전라남도

제 10 부 제주도

제 6 부

전라북도

풍패지향 전주

전주는 아주 오래전부터 중요한 고장으로 대접받았다. 후백제 견훤은 이곳을 도읍으로 삼고 천하통일을 꿈꾼 적 있었다. 그때는 완산주라 불렸다. 고려말 이성계는 지리산까지 쳐들어온 왜구를 황산에서 대파하고 개경으로 돌아가는 길에 전주에 잠시 머물렀다. 시조부터 4대조까지 살았던 전주에 입성한 이성계는 무슨 생각을 했을까? 천하를 제패할 꿈을 품었을까?

조선시대에는 전주를 豐沛之鄕(풍패지향)이라 했다. 풍패는 임금의 고향이라는 뜻이다. 중국 한나라 고조의 고향이 패군(沛郡) 풍현(豐縣)이었다. 조선왕조 임금은 전주 이씨였다. 태조 이성계의 4대조까지는 전주에서 살았었다. 그러나 여러 가지 이유로 삼척, 함흥으로 옮겨 다녀야 했다. 그러니 조선왕조 내내 왕실의 본향이라 하여 소중히 여김을 받았다. 전주읍성 남문 이름이 풍남문(豐南門)이며 서문의 이름은 패서문(沛西門)이었다. 전라감영 객사 이름도 풍패지관(澧沛之館)이다. 태조의 어진을 봉안한 경기전이 있고, 전주이씨 시조의 사당인 조경묘(肇慶廟)도 있다. 덕진공원으로 가면 전주 이씨

풍남문 전주는 전라도 수부(首府)다. 조선왕조의 본향이라 대접받았던 고장이다. 전주 읍성 남문인 풍남문은 전주가 임금의 고향이라는 뜻을 담았다.

시조 이한을 제사하는 조경단(肇慶壇)이 있다. 조경이란 경사가 시작되었다는 뜻이다.

전주한옥마을은 전국 한옥마을의 대명사가 되었다. 그러나 정작 연륜이 깊은 한옥은 거의 없다. 일제강점기 이후에 조성된 한옥들이 몇 채 있고, 관광객이 많아지니 새로 지은 한옥들로 구성되었다. 누구나 한번쯤 가 보고 싶은 곳이 되면서 한옥마을에는 항시 관광객으로 북적거린다. 전동성당-경기전-작가 최명희 문학관-전주향교-오목대 등을 둘러보다 보면 연륜 깊은 전주의 속깊은 맛을 느껴볼 수 있다.

한옥마을에서 조금 벗어나 전주천변으로 가면 전주 근대화의 뿌리가 되는 서문교회를 비롯해 많은 기독교 유적을 만날 수 있다. 전주천변을 사이에 두고 여러 유적이 밀집되어 있으니 천천히 둘러보면 매우 의미 있는 일정이 될 것이다.

7인의 선발대

전라도 개척 선교사

1891년 9월 조선에서 선교사로 활동하던 언더우드가 안식년을 맞아 미국으로 귀국하여 시카고 맥코믹 신학교에서 조선 선교 현황에

루이스 보이드 테이트

매티 새뮤얼 테이트

리니 폴커슨 데이비스

윌리엄 맥클리 전킨

매리 레이번 전킨

윌리엄 데이비스 레이놀즈

팻시 볼링 레이놀즈

대해 강의하였다. 그리고 선교사가 매우 필요하다고 역설했다. 이때 신학생 테이트가 큰 감동을 받았다.

테네시주 내슈빌에서 개최된 전국 신학교 해외 선교연합회 집회에서 테이트, 레이놀즈, 전킨, 존슨 등 네 사람은 언더우드와 유학생 윤치호의 강연을 듣고, 조선 선교를 결심했다. 이들은 남매, 부부 하여 모두 7명이었다.

루이스 보이드 테이트(Lewis Boyd Tate, 1862~1929, 한국명 최의덕)
매티 새뮤얼 테이트(Mattie Samuel Tate, 1864~1940, 한국명 최마태)
리니 폴커슨 데이비스(L. F. Davis, Harrison, 1862~1903, 한국명 하부인)
윌리엄 맥클리 전킨(William M. Junckin, 1865~1908, 한국명 전위렴)
매리 레이번 전킨(M. L. Junckin, 1865~1952, 한국명 전부인)
윌리엄 데이비스 레이놀즈(W. D. Reynolds, 1867~1951, 한국명 이눌서)
팻시 볼링 레이놀즈(Patsy B. Reynolds, 1868~1962, 한국명 이부인)

7인의 선발대는 세인트루이스에 집결하여 합동 환송 예배를 드린 후 출발했다. 한국행 여행에는 1887년부터 워싱턴 주재 조선대리공사로 있었던 이채연의 부인도 동행했다. 전킨이 편도선염을 심하게 앓아서 1주일간 치료를 받았고, 레이놀즈 부부도 함께 남았다. 테이트 남매와 데이비스, 이채연의 부인이 조선으로 먼저 떠난 후 나머지 일행인 레이놀즈 부부, 전킨 부부도 1892년 9월 태평양을 횡단하는 요코하마행 증기선에 탑승했다.

먼저 떠난 테이트 남매, 데이비스, 이채연의 부인 일행은 10월 5일에 요코하마에 도착했다. 이채연의 부인이 많이 아팠기 때문에 데이비스는 조선 입국을 서둘렀고, 테이트 남매는 요코하마에 머물며 레이놀즈와 전킨 부부를 기다렸다.

1892년 10월 17일 데이비스와 이씨의 부인이 인천 제물포항에 도착했다. 16일 후인 11월 3일에 테이트 남매를 비롯한 나머지 일행이 제물포에 당도했다. 이들은 당일 배를 구해 밤새 한강을 거슬러 한양에 도착했다.

1893년 1월 미국 북장로교, 미국 남장로교, 호주 장로교 회원들은 '장로교 조선 공의회'를 조직하고, 첫 회의에서 남장로교가 맡을 선교지역으로 충청도와 전라도로 결정했다. 서북지역과 경기도, 경상북도는 미국 북장로교에서 이미 활동하고 있었고, 경상남도 지역은 호주 장로교에서 선교활동을 하고 있었기 때문이다. 감리교 구역을 제외하고 남은 지역이 충청도 일부와 전라도였다.

그러므로 전라남북도의 한국기독교 역사와 문화유산 이야기는 미국 남장로교 선교사들의 선교행전을 읽는 것으로 시작된다.

전주 예수병원

미신을 타파하고 근대의학으로

1897년에 대한제국이 건국되기는 했으나 뭐 하나 제대로 성과를 내지 못하고 있었다. 반면 선교사들이 시작한 교육과 의료 사업은 착실한 결실을 거두고 있었다. 복음 전도 또한 괄목할 성과를 내기 시작했고 한국 선교사를 지원하거나 선교비를 후원하는 일들이 이어지고 있었다.

전주의 의료선교는 해리슨에 의해 시작되었다. 해리슨은 미국에 있을 때 전문 의사는 아니었으나 의학 훈련을 받았기 때문에 가벼운 환자는 진료할 수 있었다. 그는 전주성 서문밖에 약방을 마련하고 중하지 않은 환자들을 치료하며 인심을 얻었다. 용하다는 소문이 나자 환자들이 몰려들기 시작했다. 해리슨은 미국 남장로교 선교부에 정식 의사를 보낼 줄 것을 요청했다. 그리하여 마티 잉골드가 파송되어 1898년 11월 3일 은송리 작은 초가에서 진료를 시작하였다. 이것이 전주 예수병원의 시작이었다.

전주예수병원

마티 잉골드의 기도

어렸을 때부터 선교사의 꿈을 품고 기도했던 마티 잉골드(Mattie, B. Ingold, 1867~1962)는 의과대학을 수석으로 졸업했다. 의학 이론과 실기에서도 두드러진 실력을 갖추었다. 그녀는 지체없이 선교사로 지원하고 한국으로 떠났다. 그녀가 뛰어난 실력을 갖추기 위해 누구보다 땀을 흘렸던 것은 오직 선교사가 되고자 하는 꿈이 있었기 때문이었다.

마티 잉골드 그녀는 선교사가 되기 위해 의사가 되었다. 전주 선교부에 합류해 진료를 시작했고, 그것이 예수병원의 시작이었다.

잉골드는 1897년 9월 제물포에 도착했다. 얼마 후 전라북도 전주에 들어와 어학공부에 매달렸다. 그리고 1898년 전주성문 밖 은송리에 허름한 초가 한 채를 구입하고 11월 3일에 첫 진료를 보았다. 첫날에는 6명의 환자를 보았고, 첫 한 달 동안 약 100명을 진료하였다. 당시 한국 사람들은 기초 위생과 청결만 유지해도 나을 수 있는 병이 많았다. 간단한 치료에도 즉시 효과를 보는 일이 많았다. 덕분에 용한 의사로 소문이 났다. 마티 잉골드는 진료소 일기를 써 내려갔다.

- 11월 15일: 영양부족으로 심하게 쇠약한 어린아이가 여기 있는데 사람들은 말하기를 이 아이가 태어난 지 21일이 되기 전에 그 마을의 이웃들이 개를 죽였기 때문이라고 하였다.
- 12월 12일: 병들어 죽어가는 한 여자를 데리고 왔는데 그 집 귀신을 노하게 해서 그렇게 되었다는 것이다.
- 12월 14일: "당신 얼굴이 왜 그렇게 일그러졌소?" "내가 태어난 지 21일이 되기 전에 이웃사람이 병아리를 죽였기 때문입니다."
- 1월 2일: 한 어린아이가 머리에 상처가 생겨서 약을 발라주기 위해 머리털을 좀 잘라주었더니 그 어머니가 집에 가져가려고 머리털을 조심스럽게 전부 다 주워 모으는 것이었다. 만약 머리털을 버리면 그 아이가 죽어서 뱀이 된다고 무서워하였다.
- 1월 12일: 한 여자가 자기의 병에 대해 아주 작은 목소리로 속삭이는 것이었다."크게 이야기하세요"라고 말했더니 그 여자는 병 귀신이 자기 말을 들으면 더 나빠진다고 두려워하였다.
- 3월 22일: 폐병으로 곧 죽을 것 같은 한 여자가 귀신을 쫓아내기

위해 많은 돈을 썼다고 하면서 여자 귀신이 그 여자 속으로 들어 갔다고 말하더라는 것이다.

- 3월 22일: "악한 마음을 갖게 되면" 두통과 여드름이 생긴다고 한다.
- 일자 미상: 한 여자가 귀신을 모시고 있는 이웃집에 대해 이야기하기를 그 집에는 열 자녀가 있었는데 병이 나게 하는 귀신들을 잡아서 내쫓지 못했기 때문에 여덟 자녀가 죽었다는 것이다. 드디어 그들은 귀신들을 잡아서 병에 집어넣어 묻었다. 그래서 다른 두 아이들을 구할 수 있었고 그 후 아프지도 않았다는 것이다.
- 이 일(의료선교)은 시골지역보다 선입견이 더 심한 여기에서 좋은 인상을 주기 시작하였고 적어도 시골사람들은 도시 사람들처럼 약을 먹는 것을 그렇게 두려워하지 않는다. 그래서 이제 이곳 사람들에게는 상당한 신뢰감이 있으며, 외국제 약을 먹게 되면 이런저런 무서운 결과가 발생하지 않을까 하는 질문을 종전처럼 그렇게 자주 묻지는 않는다.

복술인이었던 복만이라는 여자는 잉골드에게 감동받아 전도부인이 되었다. 발목에 심한 독종이 생겨 고생하던 유경선은 한 달 이상 정성 어린 치료를 받고 예수를 영접했다. 그녀는 온 가족을 전도하는 열성을 보였다.

잉골드는 약을 거의 무료로 주었지만, 그냥 주는 것은 주저했다. 왜냐하면 약의 가치를 떨어뜨리고 환자를 난처하게 하기 때문이었다. 무료로 주면 가치를 하찮게 여기는 경향이 있다. 비쌀수록 좋다는 대중의 인식을 생각할 때 무조건 싸게 또는 무료로 준다고 능사

말 타고 진료에 나서는 잉골드

가 아니다. '싼 게 비지떡'이라는 말이 있다. 약의 효능도 그렇게 여길 것이기 때문이다. 그렇더라도 가난한 사람들에게 약값을 제대로 받을 수도 없었다. 그래서 적은 비용이라도 지불하고 가져가게 했다. 그래서 1,586명의 외래환자와 21명의 입원환자로부터 받은 수입은 약 29.04달러였다.

마티 잉골드의 헌신적인 진료와 치료는 이 지역 사람들이 가졌던 서양인과 기독교에 대한 반감을 누그러뜨리는 계기를 마련해주었다.

1905년 마티 잉골드는 루이스 테이트(Lewis B. Tate) 목사와 혼인했다. 테이트 목사는 잉골드가 제물포에 도착했을 때 마중 나간 적이 있었다. 혼인 후 잉골드는 진료소를 사임하고 테이트 목사의 사역을 도왔다. 잉골드는 진료소에서와 마찬가지로 여성 사역에 집중했다. 여성들에게 성경을 가르쳤고, 그녀들이 전도부인이 되도록 일으켜 세워 주었다. 부부는 1925년에 미국으로 돌아갔다. 건강이 악화되었기 때문이다.

포사이드의 헌신

전주예수병원은 1904년부터 마티 잉골드 후임으로 윌리엄 포사이드(Wiley Hamilton Forsythe, 1873~1918, 한국명 보위렴) 선교사가 맡았다. 포사이드는 감동적인 일화를 여럿 남긴 선교사로 유명하다. 그는 거리의 멀고 가까움을 가리지 않고 치료가 필요한 곳이라면 달려갔다. 1905년 완주 봉동읍에 사는 부자가 강도에게 상해를 입었다는 소식을 듣고 60리를 달려갔다. 응급처치 한 덕분에 부자는 목숨을 건질 수 있었다. 치료가 끝났지만 날이 저물어 그 집에서 묵게 되었는데, 도둑들이 다시 쳐들어왔다. 도둑들은 포사이드를 일제 경찰이라고 오인하고 공격했다. 그 과정에 포사이드는 귀가 잘리는 중상을 입었다. 전주에서 이 소식을 듣고 동료 의사 둘이 달려왔다. 부자는 헌신적인 선교사들에게 감동을 받아 예수를 믿었다. 이 일로 반신반의했던 양반 출신 부자들이 교회를 다니기 시작했다.

포사이드

사람들은 이 병원을 '야소병원'이라 불렀다. 정식 이름을 붙인 것은 아니었지만 이곳에서 치료받은 환자들이 그렇게 불렀다. 그래서 얼마 안 가 정식 이름으로 채택되었다. 1912년 예수병원은 서양식 아름다운 건물을 신축하고 진료를 보았다. 중국 건축가와 서울에서 이름난 목수가 내려와 건물을 지었다. 때문에 전라도 일대에서 가장 아름다운 건물이라는 소문이 났다. 그러나 안타깝게도 1935년 화재로 전소되어서 지금은 남아 있지 않다. 화재 후 병원에서 진료받던, 또는 진료받았던 이들이 헌금하거나 지원하여 재건할 수 있었다. 전주 사람들에게 예수병원이 얼마나 듬직한 존재였는지 알 수 있는 대목이다.

1940년이 되자 일제는 신사참배를 강요했다. 교회를 비롯해 기독교계 학교, 기독교계 병원에도 요구했다. 선교사들은 신사참배를 단호히 거부했다. 그러자 일제는 한국에 있던 선교사들을 추방했다. 그래서 전주예수병원은 문을 닫아야 했다. 해방 후인 1947년 다시 개원했으나 한국전쟁으로 다시 닫아야 했다.

해방 후 기생충 박멸에 기여

1947년부터 22년 동안 예수병원 병원장으로 근무했던 폴 크레인(Paul S. Crane, 한국명 구바울) 선교사는 암 치료와 기생충 근절을 위해 헌신했다. 그는 1919년 미국에서 태어나 아버지 크레인 목사가 있는 순천에서 자랐다. 미국에서 의과대학을 졸업하고 1947년에 전주예수병원으로 왔다. 그는 한국 최초로 체계적인 수련제도를 도입했고, 1950년 간호학교를 설립해 간호사를 양성했다.

1963년 말 복통을 호소하는 소녀를 진단한 결과 장폐색증임을 확인, 급히 수술에 들어갔다. 소녀를 괴롭히고 있던 것은 회충이었다. 폴 크레인은 소녀의 몸에서 꺼낸 회충을 세었다. 그 결과 무려 1,063마리가 나왔다. 폴 크레인은 한국인의 위생 상태에 분노를 넘어 절

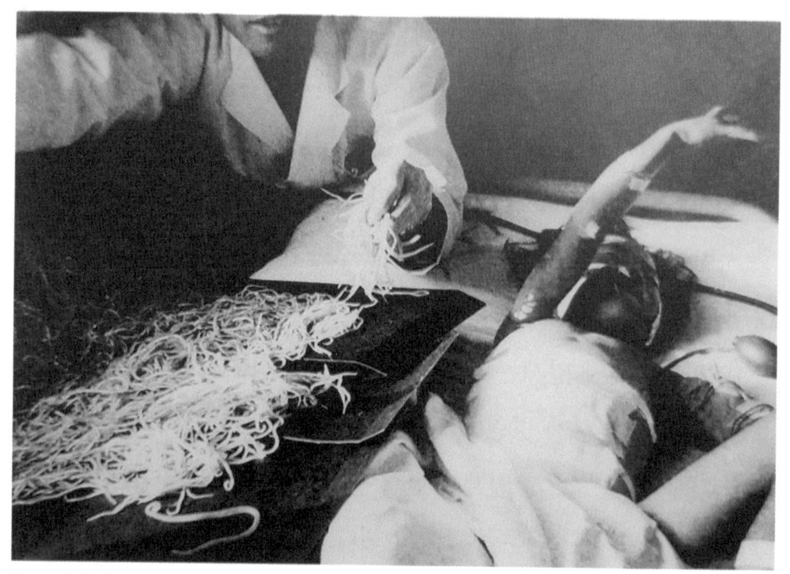

폴 크레인이 소녀의 몸에서 꺼낸 회충(사진: 전주예수병원)

망했다. 이대로 있을 수 없다고 생각한 그는 전세계에 이 소식을 알리고 협조를 호소했다. 이에 전세계에서 한국 기생충 박멸 사업을 적극 지원하기 시작했다. 이때부터 기생충 박멸에 뛰어들어 30여 년 만에 사실상 퇴치에 성공하였다.

1963년에는 우리나라 최초로 암등록사업을 시행해서 암환자 치료를 위한 체계를 세웠다. 1979년이 되면 방글라데시에 의료선교사를 파송해서 받은 사랑을 나누어주기 시작했다.

다가산 선교사 사택과 묘원

예수병원 맞은편에는 '전주기독교근대역사기념관', '구바울기념의학박물관'이 있다. 전주에서 펼쳐졌던 선교행전의 역사가 친절한 설

다가산 선교사 묘역

명과 사진 자료로 전시되어 있다. 박물관 뒤편은 산으로 이어지는데 다가산이라 한다. 전주선교부가 은송리에서 옮겨온 곳이 화산인데, 화산의 한 줄기가 다가산이다.

다가산으로 조금만 올라가면 선교사들이 거주하던 사택이 숲속에 드문드문 보이는데 현재는 3채만 남았다. '**선교사들을 위한 숙소**'로 지어진 건물은 안타깝게도 쓰레기 재활용장으로 사용되고 있다. 보존할 방법을 강구해야 할 듯하다. '**조요셉 선교사가 머물던 집**'은 예수병원 직원 어린이집으로 쓰이고 있다. 가장 높은 곳에는 '**설대위 선교사 사택**'이 잘 보존되어 있다.

유치원으로 사용되고 있는 조요셉 선교사 사택 뒤로 올라가면 '선교사묘역'이 있다. 전주 선교부와 예수병원에서 활동했던 선교사들과 그들의 자녀가 잠들어 있다. 리리 데이비스 해리슨, 윌리엄 맥컬리 전킨, 데이비드 씨 랭킨, 윌리엄 랜카스터 크레인, 미첼 자녀, 윌리암 린톤 자녀, 윌리암 클락 자녀, 헨리 티몬스 쥬니어, 마티 잉골드 자녀, 해진, 로라 메이 피츠, 넬리 랭킨, 프랭크 고울딩 켈러 병원장, 박영훈 의사가 잠들어 있다.

전주서문교회

전주천변과 서문시장에 뿌린 복음

미국 남장로교에서 파송한 7인의 선교사가 전라도에서는 처음으로 전주에 선교부를 설치하고 군산, 목포, 광주 일대로 선교구역을 확대했다. 전주는 조선왕조의 뿌리가 되는 고장이었다. 이곳에 교회가 무사히 정착된다면 전라도 다른 지역에 미치는 파급효과는 상당할 수 있었다. 그래서 전주서문교회는 전라도 일대 기독교의 시금석이 되는 곳이라 할 수 있었다.

어학선생 정해원

전주서문교회는 1893년에 설립되었다. 미국 남장로교에서 파송한 7인의 선교사 중 한 사람인 레이놀즈(Reynols) 목사의 어학선생 정해원이 전주 완산 자락에 초가를 구입하여 예배를 드린 것에서 시작되었다. 선교사가 아닌 정해원이 시작한 이유는 시국이 불안했기 때문이다. 당시 전라도는 수령들의 수탈이 너무나 가혹하여 백성의 분

전주서문교회

노가 극에 달하고 있었다. 민심이 흉흉해지자 난리가 날 것 같다는 소문이 돌았다. 그렇기 때문에 외국인이 전라도로 들어가는 것은 위험하기 짝이 없었다. 그래서 한국인을 대신 보낸 것이다. 선교사 대신 파견될 한국인은 신앙이 굳고, 식견이 있으며, 정직하고 추진력을 갖춘 인물이어야 했다. 선교사들은 숙고 끝에 레이놀즈의 어학선생이었던 정해원을 보내기로 결정했다.

정혜원은 레이놀즈의 파송을 받고 1893년 늦은 봄 전주에 도착했다. 그리고 곧 전주성 남문(풍남문) 밖이면서 전주천 건너 은송리에 있는 초가를 52냥 주고 구입했다. 그는 틈나는 대로 이웃들을 찾아다니며 인사를 나누고, 민심을 파악하였다. 그리고 적당한 때를 구하여 복음을 전하였다. 그 후 주일이면 그동안 사귄 몇몇 사람들과 은

은송리초가예배당 은송리에 있는 초가는 전주에 복음이 전해지는 기초가 되었다. 시작은 미약하나 나중은 창대하였다.

송리 집에서 예배를 드리기 시작했다. 전라도 지역 민심이 어느 정도 안정에 접어들었다고 파악되자 선교사들이 전주로 내려와 사역을 시작하였다. 그러나 예상과 달리 다음 해 동학농민운동이 시작되었다. 광풍처럼 휘몰아치는 민심의 소용돌이 속에 전주는 농민군에게 점령되고 말았다. 때문에 선교사들은 전주에서 철수해야 했다.

1년 정도 공백기를 보낸 후 정세가 안정되자 선교사들은 다시 전주로 내려왔다. 지난날 정해원이 뿌린 씨앗이 있어서 교회는 다시 세워졌다. 1897년에 남자 2명, 여자 3명에게 세례를 주면서 은송리교회는 세례교인이 있는 교회가 되었다.

이 날이야말로 자생적인 전주교회가 생기는 밝고 기념할 만한 날이다. 모든 복의 근원이신 하나님을 찬양하라. 다섯 사람이 세례를 받았다. 테이트의 사환(김내윤), 유씨 · 김씨 · 함씨 부인 그리고 김 부인의 아들 옥와(김창국)가 세례를 받았다. 전씨도 세례를 받기로 했었으나, 무슨 이유에서인지 나타나지 않았다. 레이놀즈가 그 예배 설교자로서 세례식을 집례하였다. – 윌리엄 해리슨(하위렴) 기록

이때 세례받은 김창국은 훗날 평양신학교를 나와 목사가 되었다. 제주도 선교사로 6년간 지내면서 독립운동가 조봉호와 독립자금 모금을 주도하였다. 1922년 광주남문밖교회, 1924년 광주 양림교회에서도 사역하였다.

그 후 교인이 늘어나자 해리슨 선교사가 거주하던 은송리집을 개수하여 예배당으로 전용하기로 하였다. 교인들 스스로 헌금하고 예배당을 개수하는 데 팔을 걷어붙이고 나섰다.

화산자락에 터 잡은 선교부

선교사가 거주하던 주택이 예배당으로 전용되자 선교사들이 거주할 사택이 별도로 필요해졌다. 게다가 전북지역 선교를 효과적으로 수행할 선교부도 필요한 상황이었다. 그래서 은송리예배당 뒤에 있는 완산을 1,500달러로 구입하고 주택을 짓기로 했다. 그러자 전주지역 유림(儒林)들이 반발하고 나섰다. 완산에는 조선 왕가인 전주 이씨 조상묘 몇 기가 있었다. 그래서 전주 사람들은 완산을 건들지 않았다. 완산은 조선왕실의 뿌리라 여겼던 것이다. 일반인들은 완산에 손을 댈 수 없었다. 그런데 완산 아래쪽이긴 하지만 예배당을 개

수한다고 공사를 벌인 것도 부족해 아예 완산 자락을 차지하겠다고 하니 화들짝 놀랐던 것이다. 심지어 완산에 집을 짓는다고 땅을 파헤치니 난리가 난 것이다. 전라감영에서는 선교부를 다른 곳으로 이전할 것을 종용하였다. 전주 주민들의 불안한 수근거림을 알고 있었던 선교사측에서는 거부할 수도 없는 상황이었다. 예수병원 설립자 잉골드의 1897년 12월 21일 자 일기에 보면 '그들은 우리가 왕의 대지를 차지하여 그 위에 집을 지었으니 사형을 당할 것이라 한다.'며 걱정하고 있다. 전라감사 이완용은 이 사실을 조정에 알렸다. 선교사들을 함부로 대할 수 없다는 것을 이완용도 알고 있었기 때문에 조정에 보고하여 처분을 기다렸다. 당시 상황을 고종실록을 통해서 살펴보자. 고종 36년(1899 기해/광무 3년) 7월 11일(양력) 기록이다.

상(上)이 이르기를, "완산에 외국인의 집이 있다고 하는데 과연 그런가?"하니, 이재곤이 아뢰기를, "과연 미국인이 지은 집이 있습니다."하자. 상이 이르기를, "신중해야 할 곳에 외국인이 와서 사는 것은 매우 불미스러운 일이다, 도신과 상의하여 좋은 말로 타일러 값을 주고 사서 허물어버려 다시는 거주하지 못하게 하라."

고종은 외국인을 잘 타이르라고 명한다. 지난날 선교사들이 권총을 차고 자신의 침전(寢殿)을 지켰던 것을 모를 리 없었다. 아관파천 때에는 외로운 고종 주변에서 위로가 되어 주었던 그들이었다. 다른 이들 같았으면 경을 쳤을 일이었다. 선교사들도 이를 모를 리 없었기 때문에 조정의 명에 순순히 따랐다. 전주선교부는 은송리를 떠나 서문 밖이면서 전주천 건너인 화산자락으로 이동했다. 전주성 밖 남

화산동 언덕으로 이전한 전주선교부

쪽에서 서쪽으로 이동한 것이다. 새로 배정받은 선교부 자리는 제법 너른 산자락이었다. 당시에는 주민들이 거주하지 않던 황무지였고 몰래 매장한 무덤들이 산재해 있는 버려진 땅이었다. 선교사들이 화산 자락에 자리잡고 병원, 선교사 사택, 학교를 건립하자 전통의 도시 전주에 새로운 풍경이 나타났다. 주민들은 서구식 풍경이 궁금해서 이곳을 기웃거렸고, 선교사들은 그들을 반갑게 맞이하면서 복음을 전했다.

은송리에서 서문밖으로 이전

은송리예배당으로 불리던 전주서문교회는 앞서 살펴본 바와 같이 교인이 늘어나 기존 예배당을 개수 확장한 바 있었다. 그러나 얼마 되지 않아 교인들이 계속 늘어나서 예배당을 새로 지어야 했다. 그래서 선교부가 있는 화산자락에서 가까우면서도 주민들을 더 효과적으로 만날 수 있는 전주성 서문(패서문, 沛西門) 밖에 있는 채소밭을 구입했다. 교인들은 어려운 생활에도 정성껏 헌금했다. 모든 교인이 함께 예배할 수 있는 예배당을 짓는다는 감격이 있었기 때문이다. 교인들은 어려운 살림에도 건축비의 2/3를 헌금하였다. 이렇게 하여 지금의 자리에 전주서문교회가 들어서게 되었다. 1905년에 완공된 새 예배당은 57평이며 일자형으로 지어졌다. 지붕은 한옥처럼 기와로 하였다. 반면 벽체는 벽돌과 창문으로 마감한 서양식이었다. 예배당 내부에는 휘장을 쳐서 남녀가 나눠서 예배드릴 수 있게 했다.

을사늑약이 체결된 후 일제는 한국의 국권을 하나씩 도둑질했다. 나라 잃은 분노와 절망의 세월이었다. 유교와 불교는 더 이상 한국민들의 위로가 되어 주지 못했다. 사람들은 교회로 몰려들었다. 전주서문밖교회는 전킨과 테이트 목사의 헌신에 힘입어 계속 성장했다. 1908년부터 담임한 레이놀즈 목사는 성경을 교육하여 교인들의 수준을 높이는 한편, 전도에 열정을 다하도록 했다. 전주서문밖교회 청년들은 레이놀즈의 지도를 받고 전주 주변 교회에 나가 헌신 봉사할 정도로 성장하였다. 1911년이 되자 교인들이 늘어나 기존 예배당으로는 감당할 수 없게 되었다. 그러자 교회를 증축하기로 하였다. 이번에는 ㄱ자 모양이었다. 기존 일자형 예배당을 그대로 두고 건물을 덧붙이는 ㄱ자형으로 증축한 것이다. 휘장을 칠 필요가 없었다. 총 89평 큰 규모의 예배당이었으며 500명을 수용할 수 있었다. 전주서문밖교회는 교회를 증축한 것 외에도 교회를 분립해 나갔다. 교인들을 서문밖예배당에 다 수용할 수 없었기 때문에 지역별로 교회를 분립했다. 남문밖교회, 전주완산교회 등 10개의 지교회가 생겨났다.

그럼에도 1935년에는 연건평 760m²(230평) 규모의 2층 벽돌 예배당을 지어야 했다. 1955년에는 전주서문교회라는 이름으로 바꾸었고, 1983년에는 지금의 예배당을 지었다.

전주서문교회가 양적 팽창을 이룰 수 있었던 것은 예수를 닮은 교인들이 많았기 때문이다. 전주서문교회는 참 신앙인의 발자취로 가득한 곳이다. 전주지역 3.1만세운동을 총지휘한 후 중국 상해로 망명해서 임시정부에서 의정원 의장을 맡았던 김인전 목사가 있었다. 1921년에 부임한 배은희 목사는 평양신학교에서 3.1만세운동을 주도했던 이력이 있었다. 그는 전주서문교회 담임으로 부임한 후 교육, 농촌부흥 운동에 힘썼다. 신간회 전주지부장을 역임하기도 했다. "거두리로다, 거두리로다"라는 찬송가를 불러 별명이 거두리가 된 이거두리는 노방전도에 힘썼고, 소외된 사람들의 친구가 되어 주었다. 그가 죽었을 때 나무꾼, 걸인들이 돈을 모아 묘비를 세워주었다.

전주서문밖교회(1911) ㄱ자 모양으로 증축한 전주서문밖교회, 500명을 수용했다.

거리의 성자라 불리는 방애인 선생은 사랑의 전도사가 되었다.

전주서문교회에는 신흥학교와 기전여학교 학생들이 주일마다 줄 맞추어 들어서던 곳이다. 전주천 다가교를 건너 교회로 들어서면 교회가 들썩들썩했다. 그러나 1939년 신사참배 거부로 두 학교가 폐교되자 순치(脣齒)의 관계였던 전주서문밖교회는 허전함에 망연할 수밖에 없었다. 주일이면 교사의 인솔하에 교회로 걸음을 옮기던 학생들이 없어진 것이다. 두 학교 교사와 학생 70~80%가 서문밖교회 교인이었기 때문이다. 주일학교 교사로 봉사하던 학생들도 없어졌다. 해마다 교내 성탄 축하 행사, 학생 심령부흥회, 학예회 등을 예배당에서 했는데 이젠 볼 수 없게 된 것이다.

신사참배에 굴복

신사참배를 하느니 차라리 학교 문을 닫겠다며 신흥과 기전여학교가 자진 폐교한 지 9개월도 못 되어 전북 노회는 신사참배를 결의했다. 신사참배는 국민의례일 뿐 종교행위가 아니라는 이유를 붙였다. 전라도 교계에서 큰 역할을 했던 전주서문밖교회도 예외는 아니었다. 선교사들은 일제의 간교한 술책을 파악하고 강력하게 반대하였다. 일제는 한국인 목사와 선교사들 간에 반목을 조장하였다. 한국인 목사들은 자신의 자리를 보전하기 위해 일제의 술책에 협조하기 시작했다. 일제는 이를 이용하여 선교사들을 일제히 추방시켜 버렸다. 물론 선교사들의 추방은 일본이 2차세계대전의 전범국이 되면서 미국, 영국 등 서방 국가들과 적국이 된 이유가 컸다. 그동안 선교사들은 일제에게 골치 아픈 존재였다.

전주서문밖교회 담임을 맡고 있던 김세열 목사는 '국민정신총동원 조선예수교장로회 전북노회연맹'을 조직하고, 전주지역 교회에서 신사참배를 끌어내는 데 주도적 역할을 하였다. 그리고 다음과 같은 청원서를 일본 당국에 제출하였다.

전주부 소재 5개 교회 도제직회에서는 당국의 누차 간절한 지도에 의하여 만방 무비한 황국신민 된 지위를 자각하고 검토한 결과 신사는 종교가 아니므로 신앙과 기도가 없고 따라서 참배는 황실의 조선(祖先)과 국가의 공로자에 대하여 충심, 숭경의 정성을 드림으로써 국민의 적성(赤誠)을 피력하는 것임을 깊이 인식하는 동시에 국민의 당연한 의무일 것을 확신하고 이에 전북노회로서 신사참배하기로 결의하기를 청원합니다. – 전주서문교회 홈페이지

전주서문교회는 가장 아프고, 숨기고 싶은 치부를 홈페이지에 올려놓았다. 한국교회가 걸어온 길은 영욕의 시간이었다. 영광스러운 장면만 너무 강조한 나머지 교만해져 버렸다. 교회는 오점이 있을 수 없다는 자만에 빠졌다. 치욕스러웠던 과거를 숨기지 않을 때 교만의 의자에서 내려와 겸손의 바닥에서 무릎을 꿇을 수 있는 법이다. 지금 한국교회는 무릎을 꿇어야 할 때다.

저항의 둑이 무너지자 일제는 그 자리를 집요하게 파고들었다. 김세열 목사의 체면을 유지시켜 주면서도 서서히 교회를 옥죄어 오기 시작했다. 예배를 하나님이 원하는 방법이 아닌 일본제국이 원하는 방법으로 바꿀 것을 요구했다. 우선 교회에 일장기를 걸도록 했다. 심지어 성경과 찬송가도 그들이 원하는 방법으로 읽고, 불러야 했다.

성경 내용 중에서 애국심을 돋울 수 있는 부분은 사용하지 못하게 했다. 찬송가 역시 가사를 수정하거나 삭제하거나 전곡을 함께 부르는 것도 금지했다. 이 모든 것은 예배당에 경찰관이 입회하여 미리 검열하거나 감시하였다.

예배를 드리기 전에 먼저 저들이 원하는 의식을 진행하도록 했다. 모든 교회는 예배당 안에 소형 신사를 설치해서 예배 전에 신사참배를 하도록 했다. 그다음에 국민의례를 했다. 일본 천황은 현인신(現人神)이므로 그에게 충성을 맹세하는 '궁성요배'와 '황국신민서사 봉창'한 후 하나님께 예배를 드려야 했다. 한번 고개를 숙이니 저들은 더 많은 것을 요구하였다.

황국신민서사 비석 일제는 전국에 황국신민서사탑을 세우고, 한국민들에게 암송하게 했다. 대부분 깨어지거나 매몰되었지만 해남 해창주조장에 있다.

예배가 끝난 후에는 예배당에서 시국 강연을 하였다. 심지어 주일 오후에는 방공호를 파거나, 저들이 원하는 근로 봉사를 하게 했다. 황국신민이 되려면 일본어를 국어로 사용해야 한다며 일본어로만 예배를 드리게 했다. '주일학교'를 '수련회'로 명칭을 바꾸게 했다. 하나님께 드린 헌금을 '국방헌금'이라 하여 빼앗아 갔다. 예배당 건물을 일본군이 사용한다는 명분으로 빼앗았다. 두 교회를 강제로 합하고 그중에 하나를 빼앗아 군인들을 주둔시켰다.

교계 지도자들은 우상에 고개를 숙인 목사들로 채워졌다. 신사참배를 반대한 교계 지도자들은 구속되어 고문과 구타를 당하다가 순교하는 일이 허다하게 일어났다. 신앙의 지조를 저버린 교계 지도자들은 충남 부여에 건설 중인 조선신궁 공사장에 자발적 근로보국대가 되어 일손을 보탰다. 어떤 이들은 일본으로 직접 건너가 이세신궁에 참배하는 등 적극적인 친일 행로를 걷기도 했다. 한번 무너진 신앙 지조는 걷잡을 수 없이 무너져 내렸다.

기독교계의 일본화는 차곡차곡 진행되어 '일본기독교 조선감리교단', '일본기독교 조선장로교단'이 설립되었다. 한국 불교계도 마찬가지였다. 전국 모든 사찰의 주지를 친일 승려로 채웠으며, 처를 두는 대처승으로 만들어버렸다. 한국 종교계를 일본에 예속시키고 저들의 말 잘 듣는 노예로 만들고자 했다.

일제가 일으킨 전쟁이 막바지에 치닫자 저들은 최후의 발악을 하기 시작했다. 금속으로 된 것은 모조리 가져갔다. 집집마다 돌아다니며 쇠붙이를 거둬갈 뿐만 아니라, 교회 문짝, 종, 예배에 사용되는 기물 등 금속으로 된 것은 모조리 쓸어갔다. 교계에서는 자진해서 국방헌금을 하고 전쟁 무기를 바치기 위한 국민 총동원에 자진해서 나서기도 했다.

이러한 행위는 교회를 지키기 위한 것이었다고 변명했지만, 교세는 위축되었다. 지역별로 수십 개 교회가 사라졌다. 신사참배 결의 전 한국교회는 절정에 이르고 있다. 교회 수와 교인 수가 최고에 이르고 있었다. 교회를 지키기 위해 선택한 변절이 교회를 더 큰 어려움에 몰아넣었다.

그러나 일제의 간교한 회유와 협박에도 굴하지 않고, 오직 영원한 천국만 바라보았던 순교자들이 있었기에 한국교회는 무너지지 않을 수 있었다. 핍박하는 일본을 위해 오히려 기도하고, 저들을 용서해달라고 기도했던 순교자들이 있었기 때문에 하나님이 이 민족을 긍휼히 여겨 주셨다. 아브라함에게는 의인 10명이 없었지만, 한국교회에는 하나님이 원하시는 의인들이 남아 있었다.

그런데 신사참배를 앞장서서 주도했고, 굴종하기를 마다하지 않았던 교계 지도자들은 해방 후 여전히 교계에 남았다. 저들이 간음했던 일본 신사는 해방과 동시에 분노한 한국민들에 의해 잿더미가 되었다. 굴종했던 교계 지도자들은 해방 후 굴종의 대상만 달라졌을 뿐 같은 행보를 보여주었다. 민주주의를 억압하는 독재 정권에 맞서기보다는 독재자의 편이 되어 그들을 찬양했다. 제헌국회가 하나님께 기도로 시작했고, 이승만이 성경에 손을 얹고 선서했다고 해서 그들을 기독교인이라 할 수 있는가? 그들의 죄악으로 죽임당한 이들의 피가 아직도 울부짖고 있다. 십자군처럼 하나님의 이름으로 악한 일을 저지르는 자들은 얼마든지 있다. 공산주의로부터 나라를 지킨다는 핑계로 학살을 방조한 것은 일제에 굴종했던 전력을 숨기기 위한 자기 위안에 불과했다. 그런다고 하나님 앞에서 죄가 숨겨질 수 있다던가? 한국교회가 위기라 한다. 진정한 회개가 없는 교회는 언제든지 사세에 따라 하나님을 버릴 준비가 된 집단인 셈이다.

누가 먼저 돌로 칠 것인가?

꿈에도 그리던 해방이 되었다. 한반도 전역이 기쁨에 넘쳐 만세를 불렀다. 한편 교계는 신사참배 문제로 또 한 번 홍역을 치러야 했다. 이번엔 '신사참배 전력을 가진 교계 지도자를 어떻게 처리할 것인가?'였다. 특히 전주서문밖교회는 신사참배를 앞장서서 주도했던 김세열 담임목사 치리 문제가 골칫거리였다. 그런데 담임목사 문제를 다루어야 할 당회원도 누구 하나 신사참배를 하지 않은 이가 없었으니, 누가 누구에게 돌을 던질 수 있단 말인가? 본인 스스로 죄를 통감하고 목사직, 당회원직을 내려놓으면 좋으련만 그것도 아니니 어찌할 바를 모르고 헤매는 상황이었다. 해방 후 어수선한 정국(政局)도 이들의 처신과 운신의 폭을 주저하게 만들거나 오히려 넓혀 주기도 하였다.

김세열 목사는 속죄기도회를 열 것을 노회 소속 목사들에게 통보했다. 1945년 9월 3~4일 서문밖교회에는 해당 교역자들이 모였다. 모임 인도자는 따로 없었다. 자진하여 자기 죄를 고백하고 속죄하는 기도를 올리기로 하였다. 곳곳에서 속죄의 울음이 터졌다. 그리고 교역자 스스로 자진하여 근신하되 향후 1년간 자숙하는 의미로 성례(성찬, 세례) 집례를 하지 않을 것이며, 성찬례 때에 수찬하지도 않을 것을 결의하였다. 그러나 자진하여 사퇴하는 이들은 없었다. 교회에 짐만 안긴 것이다. 그것을 바라보는 평신도의 마음은 더 착잡했을 것이다.

내가 떠나면 교회는 누가 지키겠냐는 교만함도 있었다. 신사참배를 하지 않은 이가 있다면 나에게 돌을 던지라는 마음도 있었을 것이다. 하나님과 자신의 문제인데, 세상의 비판에만 신경을 쓴 결과였다.

독립투사 김인전(金仁全) 목사

독립투사 김인전 목사

김인전 목사(1876~1923)의 고향은 한산모시로 유명한 충남 서천군 한산면이다. 그의 집안은 대대로 유학을 신봉했던 명문가였다. 1903년 그의 부친 위당 김규배가 어느 영국인이 건네준 성경을 받아 읽고 난 후 감화를 받아 기독교로 개종할 것을 선포하자 온 집안이 따랐다. 위당 김규배는 수원 군수를 지낸 인물로 위망(危亡)에 빠진 나라를 걱정하고 있었다. 기독교인이 된 김규배는 서울로 올라가 동향인 월남 이상재와 YMCA 활동을 활발하게 하였다. 새문안교회 장로, 경신학교 교사를 지냈고 고향으로 돌아와서는 많은 교회를 설립하였다.

부친의 신앙에 영향을 받은 김인전은 부친과 함께 고향 서천에 한영학교를 설립했다. 교명(校名)은 '한산에 영재를 육성한다'는 뜻이었다. 교장은 윌리엄 볼(William Ford Bull, 한국명 부위렴)선교사가 맡았으며 김인전은 교사로 재직하였다. 교사로 재직하던 중 1910년 평양신학교에 입학하여 신학을 공부하였다. 신학을 공부하던 중에 군산 구암교회에 출석하였으며, 군산에 소재한 영명학교 교사로도 활동하였다.

신학교를 졸업한 1914년에는 전주서문밖교회 2대 담임이 되었다. 전주서문밖교회에 담임으로 시무하면서 선교사들이 설립한 신흥학교와 기전여학교 운영에도 적극 참여하였다. 김인전 목사는 학생들에게 신앙뿐만 아니라 민족의식을 심어 주었다. 그래서 3.1만세운동 때에는 그의 제자들이 주도적으로 나서게 되었다. 전주 3.1만세운동은 신흥과 기전학교 학생들이 주도하였다. 특히 기전여학교 출신 임영신은 독립선언서를 가져와 전주에 전달하였고, 김인전의 동생 김가전과 서문교회 교인 최종삼은 전주지역 만세운동을 조직하고 주민들을 규합하는 데 큰 역할을 하였다. 전주 독립만세운동은 군산으로 이어졌으며, 곧이어 서천으로 확대되었다. 군산에서는 김인전의 가르침을 받은 영명학교와 구암교회가, 서천에서는 한영학교 학생들이 만세운동을 주도하였다.

일제는 전주 독립만세운동의 배후를 파악하기 위해 분주하였다. 일제의 의도를 간파한 김인전 목사는 전주를 떠나 상해로 갔다. 그리고 그해 9월 11일 출범한 상해임시정부에 합류하였다. 1920년 상해임시정부 전라도 대표로 의정원 의원이 되었고, 1922년에는 오늘날 국회의장에 해당하는 의정원 제4대 의장으로 취임하였다. 김인전은 독립운동단체를 조직하고 지원하는 일을 마다하지 않고 나섰다. 그러나 독립운동단체들이 독립의 방법론에 대한 인식 차이로 하나되지 못하고 분열하자 이들을 규합하기 위해 동분서주하였다. 또 독립군을 양성하기 위해서는 자금이 많이 들기 때문에 독립군이 노동자 역할도 해야 한다고 주장했다. 그래서 독립군과 노동자가 하나되는 '대한노병회'를 조직하기 위해 애썼으나 현실의 벽에 가로막히고

서문교회에 건립된 김인전 목사 기념비

말았다. 상해임시정부의 법통과 정당성을 확보하기 위해서도 노력했으나, 독립단체 간에 의견이 일치되지 않아 성공하지 못했다. 독립을 위한 김인전의 헌신은 건강 악화라는 결과를 가져왔다. 그는 어느 날 갑자기 쓰러지고 말았다. 그의 나이 48세였다. 세상을 떠나기에는 너무 아까운 나이였다.

그의 유해는 중국에 안장되어 있다가 1993년이 되어서야 박은식, 신규식, 노백린, 안태국 등 여러 동지들과 조국으로 돌아와 국립현충원에 안장되었다. 천안 독립기념관에는 상해임시정부요인 밀랍 인형이 있다. 그곳에서 김인전 목사를 만날 수 있다.

전주서문교회 마당에는 김인전 목사 기념비가 있다. 원래는 전주 중화산동 다가공원(전주 3.1운동이 시작된 곳)에 건립되었던 것이나 교회마당으로 옮겨졌다. 시민 공간에서 교회 내부로 옮겨진 것이다.

안타까운 일이다. 김인전 목사는 기독교인들만의 인물이 아니다. 그런데 기독교인만 알아야 할 인물처럼 교회마당으로 옮겨지고 만 것이다.

반면 서천군 금강 하구둑에는 '김인전공원'이 있다. 김인전 목사의 제자인 임학규의 아들 임종석 장로가 동분서주하며 공원을 조성하는 일에 앞장섰다. 김인전 목사의 흉상과 공적비가 금강을 배경으로 건립되어 있다. 그는 서천을 대표하는 인물이 되어 새롭게 조명되고 있다. 김인전이 누구인 줄 몰랐던 이들도 공원 이름 때문에 궁금증을 가지고 찾아보게 된다. 한국 기독교인 중 김인전 목사를 아는 이들이 얼마나 될까?

독신전도단을 만든 배은희 목사

배은희(裵恩希, 1888~1966) 목사는 경북 달성에서 태어났다. 17세에 부친을 여의고 방랑하던 중 우연히 복음을 듣고 예수를 믿게 되었다. 자신의 집을 예배당으로 내놓았으며, 교회 안에 숭덕학교(崇德學校)를 세워 농촌계몽운동을 하였다.

독신전도단을 만든 배은희 목사

1919년 3.1만세운동 때에는 학생시위에 앞장서 민족의 울분을 터트리기도 하였다. 3월 8일 대구만세시위에 주도적으로 가담하였다가 일제의 감시가 심해지자 마산과 부산 등지로 피해 다녀야 했다.

1920년 평양신학교 졸업 후 1921년 전주서문밖교회에 부임하여 목회를 하였다. 1927년에 조직된 민족유일당 신간회 전주지부장을 맡아서 활동하였다. 교회 안에 유치원, 야학을 개설해서 지역민의 의식을 깨우는 일에 진력하였다. 농촌지역 교회 활성화를 위해 '독신전도단'을 조직하고 활동하였다. '독신전도단'은 훗날 '복음전도단'으로 개편되어 열악한 농촌지역으로 들어가 복음을 전하고, 농촌 살림 개량에 힘을 보탰다. 배은희 목사는 "기독 청년에게 희생은 사랑", "청년들이 조선 교회를 살리자"라고 강조했다. 1930년대 후반 일제가 신사참배를 강요하자 '복음전도단'은 강력하게 반발하였다. 이로 인해 강제해산 당하고 배은희 목사는 투옥되었다.

배은희 목사는 전주서문교회 청년이자 교사였던 방애인의 삶을 기록한 『방애인소전』을 출판해 그녀의 삶을 세상에 알렸다. 1936년에는 산상보훈을 해설한 『천국오강(天國五講)』, 『기독교는 무엇인가』를 각각 출판하였다. 그는 목회와 저술, 애국계몽운동을 통하여 신앙적 삶을 사는 것이 무엇인지 알리고자 했다.

1937년 일제가 신사참배를 요구하자 차라리 숭덕학교를 폐교하겠다며 맞섰다. 일제의 거듭되는 탄압과 강요에 맞서다가 허약해진 몸에다 동료 목회자들이 신사참배에 굴복하는 모습을 보고 실망하여 스스로 전주서문교회를 사임하였다.

1945년 해방이 되자 전북치안대책위원장을 맡았고, 1946년에는 대한예수교장로회 총회장으로 선출되었다. 한국전쟁 중이던 1951년 경북 달성군 국회의원 보궐선거에 출마해 당선되었다. 그 후 그의 삶은 정치인으로 더 많은 시간을 보냈다.

신흥학교와 기전여학교

교육 선교의 요람

신흥학교는 1900년 9월 미국 남장로교 선교사 레이놀즈(Reynolds. W. D.)의 사택에서 김창국이라는 소년을 가르침으로 시작되었다. 1904년 해리슨의 사택으로 옮기면서 교사 5명, 학생 10명인 학교 모

1900년대 초 신흥학교

양을 갖추었다. 1906년에는 니스베트(Nisbet. J. S.) 선교사가 '예수교 학교'로 교명을 변경했다. 교육의 목표는 '하나님을 알고 믿으며 사람을 사랑함으로써 사회와 국가에 바람직한 기독교인을 교육함'이라 하였다. 이 해에 희현당(希顯堂) 부지와 건물을 사서 학교를 옮겼다. 희현당은 조선 숙종 26년(1700)에 전라도 관찰사 김시걸이 전라도 유생 중 뛰어난 인재를 모아서 교육하기 위해 설립한 지방 대학이었다. 지금도 신흥중학교 뜰에는 희현당 사적비와 중수비가 보존되어 있다. 1908년에는 첫새벽이라는 뜻인 '신흥학교'로 교명을 변경하였다. 이는 예수의 정신을 배워서 애족 · 봉사 · 생산하는 인물이 되게 한다는 뜻이다.

1919년 3월 13일 신흥학교 학생들은 기전여학교 학생들과 만세운동을 주도했다. 전주 만세운동은 김인전 목사의 지도로 전주서문

신흥학교 강당 신흥학교 강당으로 사용되고 있는 스미스 오디토리엄

밖교회, 신흥학교, 기전여학교의 연합에 의해 계획, 준비되었다. 약 4,000장의 독립선언서를 등사하여 배포하였고, 신흥학교 지하실에서 2,000장의 태극기를 만들어 거사를 준비했다. 3월 13일 장날이 되자 이들은 채소 가마니에 태극기를 담아 전주교(현 싸전다리)를 건너 남문시장에서 태극기와 인쇄물을 배부하며 만세를 불렀다. 이들은 일경에 체포되어 재판을 받을 때도 총독부를 강하게 비판하며 하나님의 감동과 원조로 조선의 독립을 기도하였다고 당당하게 주장하였다. 이 때문에 신흥학교 앞에는 3.1만세운동 기념비가 세워졌다.

1928년 리처드슨 여사의 지원을 받아 학교 건물을 지었으며 '리처드슨 홀'이라 불렀다. 훗날 학교 내에 여러 건물이 지어지자, 리처드슨관은 '본관'이라 불렀다. 이 본관은 1982년 화재로 소실되었고, 본관 입구인 포치만 남아 원래 자리에 보존되어 있다. 1930년 1월 25일 광주학생운동에 동조하며 전주학생운동 시위를 주도하였다. 1936년에는 리처드슨 여사가 추가로 지원하여 강당을 완공할 수 있었다. 강당의 명칭은 리처드슨 여사의 오빠이자 미국 남장로교 전도국 총무인 스미스 박사의 이름을 따서 '에그버트 더블유 스미스 오디토리엄'이라 했다. 강당은 현재도 사용되고 있다. 본관과 강당 두 건물은 미국 남장로교 선교회의 전라도 선교 역사를 보여주는 상징적인 건축물이다. 1937년 일제가 신사참배를 강요하자 선교사는 강력하게 반대를 표명하면서 자진 폐교를 단행했다. 신사참배하느니 차라리 학교 문을 닫겠다는 의지였다. 이에 학생들은 주변 공립학교로 전학을 가야 했다. 해방 후 신흥학교는 다시 문을 열고 교육을 시작하였다.

기전여학교는 1900년 테이트(Mattie Tate, 한국명 최마태) 선교사

기전여학교

집에서 6명의 소녀가 모임으로 시작되었다. 테이트 선교사는 소녀들에게 일주일에 두 번씩 성경과 일반 과정을 교육하였다. 1904년에는 테이트의 뒤를 이어 전킨 목사 부인이 교장으로 취임했다. 1908년에는 갑자기 세상을 떠난 전킨 목사를 기념해서 '기전여학교'로 개칭했다. 1909년에는 전주선교부가 있는 화산으로 옮겨서 벽돌조 2층 건물을 지었다. 기전여학교는 신흥학교와 함께 3.1만세운동을 주도하다가 13명이나 구속되었다. 1930년 광주학생운동 관련 시위에 동참했다가 39명의 학생이 구속되었다. 1937년 신사참배를 거부하고자 신흥학교와 함께 자진 폐교하였다. 해방 후 다시 학교 문을 열고 교육을 이어 나갔다. 1956년에는 지금의 기전대학교 자리로 이전하였다. 이곳은 일제강점기 신사가 있던 곳이다. 2004년 기전학교는 전주시 효자동으로 옮겨서 교육을 이어오고 있으며, 원래 자리에는 기전대학교가 들어섰다.

걸인들의 후견인 이거두리

거두리로다, 거두리로다

이름도 특이한 이거두리(1872~1931)의 본명은 이보한(李普漢)이다. 족보에는 이성한으로 기록되어 있다. 익산 만경강변 목천포 근처 부잣집 아들로 태어났다. 그의 어머니는 처녀 때에 아이를 가졌다. 혼인도 하지 않은 상태로 아이를 가진 것과, 신분이 양반이 아니라는 이유로 천대받다가 집을 나가버렸다. 이보한은 양반 부잣집의 장남으로 태어났지만 계모에게 괄시당하며 살아야 했다. 홍역을 앓을 때 신열로 눈이 충혈되자 집에서는 왼쪽 눈에 된장을 붙여 놓고 방치했다. 결국 이 때문에 애꾸눈이 되고 말았다. 그는 외로울 때면 전주에 있는 큰집에 갔다. 큰어머니는 이보한을 보듬어 주었다. 큰어머니 입에서는 언제나 찬송이 흘러나왔는데, 이보한이 평생 입에 달고 다녔던 노래였다. "거두리로다, 거두리로다, 기쁨으로 단을 거두리로다!" 사람들은 그를 거두리라 불렀다. 별명은 거두리였지만 집에서는 그를 거두어 주지 않았다. 그는 거두는 사람, 거두어 주는 사람이 되었다.

1894년 미국인 선교사 테이트가 전주로 들어왔다. 테이트는 영향력있는 양반을 전도하면 주변에 큰 영향을 끼칠 것이라 생각하고 이보한의 부친 이경호를 찾아왔다. 서양 오랑캐가 집을 찾아온 것이 못마땅했던 이경호는 상대를 하지 않으려 했는데, 다짜고짜 사랑채로 들어와 큰절을 하며 어눌한 조선말로 "아부지 안녕하십니까?" 인사를 했다. 이경호는 "아무나 아버지라 하니 상놈이로구나!"하며 혀를 끌끌찼다. 그런데 테이트는 환심을 더 사려고 이경호의 귀를 만지면서 "아부지 귀가 참 잘생겼습니다"라고 했다. 기가 막힌 이경호는 종들을 불러 "이놈을 당장 끌고 가 버르장머리를 고치라"고 명령했다. 테이트 선교사는 곤죽이 되도록 맞았다. 그런데 당시 고종황제는 "선교사를 나와 같이 대우하라"고 특명을 내렸었다. 선교사들로부터 도움을 많이 받았던 고종이었다. 이 때문에 이경호는 전라감영으로 끌려갔다. "예수를 믿겠다"고 선교사에게 사정을 한 뒤에 풀려났다. 집으로 돌아온 이경호는 가족회의를 열어 "누가 나 대신 예수를 믿겠느냐?"고 물었다. 그때 이보한이 나섰다. 이보한이 예수를 믿게 된 것은 여러 사정이 있었지만, 독실했던 큰어머니의 영향이 절대적이었다. 그러니 선뜻 예수를 믿겠다고 나선 것이다.

그는 기인(奇人)이었다. 기독교인이자 기인이었다. 세상 사람들이 보기에도, 기독교인들이 보기에도 기인이었다. 어쩌면 정상인의 삶으로는 비정상 세상에서 그의 품은 큰 뜻을 이룰 수 없었기 때문인지도 모른다. 아니면 세상 사람들이 그의 깊은 속내를 모르고 겉모습만 보고서 기인이라 한지도 모른다.

그는 전주서문교회를 다녔다. 김인전 목사를 존경했다. 김인전 목

전주향교 김인전 목사가 독립운동을 논하기 위해 유림들을 자주 찾았던 곳이다.(사진:문화재청)

사는 민족 운동가이자 전주지역의 정신적 지주였다. 김 목사는 나라를 걱정하는 일이라면 그가 누구든 찾아갔다. 김 목사는 향교를 찾아가 유림들과 자리를 같이하는 일이 잦았다. 김 목사가 향교로 향할 때면 이거두리는 앞에서 교통정리를 했다. "쉬 비켜서라, 김 목사님 나가신다!" 하였다. 눈이 오는 날에는 앞에서 눈을 쓸어 주었다. 김 목사는 그런 그를 말리지 않았다. 그의 마음을 누구보다 잘 알기 때문이다. 이거두리는 김 목사의 영향을 강하게 받았다. 그의 삶에 투철한 민족의식, 애민의식이 있었던 것은 김인전 목사의 영향이었다.

이거두리가 주로 활동했던 곳은 전주천변 시장과 걸인들의 거주지였다. 그는 부자들의 사랑방에도 자주 드나들었다. 부자들로부터 식량, 의복, 구호 금품을 받는 대로 굶주리고 헐벗은 걸인들에게 나눠주었다. 때로는 본인이 직접 소금을 짊어지고 다니며 팔아서 수익금으로 가난한 이들을 도왔다. 그는 구호품을 내놓은 부자들을 칭송하고 그것을 세상에 알렸다. 그래서 부자들은 그의 요구를 거절하지 못했다. 속으로는 배가 아파도 드러내놓고 거절하지 못했다. 인색한 부자라는 소문이 더 무서웠기 때문이다. 게다가 그는 자신을 위해서 어떤 것도 사용하지 않았다. 그랬기에 어떤 부자는 그를 존경하였고 금품을 내놓았다.

어느 날 어떤 부잣집 사랑채에 있을 때 거지가 구걸하러 왔다. 이거두리는 얼른 자신의 주머니에서 돈을 꺼내 주었다. 그것을 본 주인은 "왜 자네가 주는가? 내가 주어야지"하고 물었다. "자네가 주면 조금 줄 것 같아서..." 부자는 그가 꺼내 준 만큼 그에게 돌려 주었다.

김제의 어느 부잣집 잔치에 걸인 70명을 끌고 가 거나하게 먹였다. 부자는 70명이나 먹이느라 재산이 축났지만, 그 일이 신문에 나서 인심 좋은 부자로 칭송받았다. 걸인들이 돌아다니면서 김제 부자가 베푼 사실을 소문내주었기 때문이다.

이거두리는 전주뿐만 아니라 군산, 익산, 김제 등을 돌아다니며 걸인들을 도왔다. 그는 걸인들이 수동적으로 받기만 하는 존재가 아니라 능동적으로 역할을 하도록 했다. 일반인들이 꺼리는 일을 하도록 하였다. 그래서 걸인들은 귀찮은 존재가 아니라 필요한 존재로 인식되었다.

이거두리는 부자들에게 돈을 거두어 독립운동 군자금으로도 보냈다. 당대의 국창이라 불렸던 이화중선이란 여인도 선생을 존경해

전주3.1운동 발상지 기념비 이거두리가 가난한 이들과 동고동락했던 서문시장, 전주천변, 싸전다리

서 반지를 빼어 주었다. 그가 죽은 후 상해임시정부 살림이 어려워졌다는 이야기가 있을 정도였다. 3.1만세운동 때에는 걸인들을 이끌고 선두에 서서 만세를 불렀다. 그가 서울에 갔을 때 만세운동이 일어났다. 그는 서울에서 만세운동에 동참했다. 그러다 헌병에게 구타당해 기절하고 말았다. 그가 깨어난 곳은 감옥이었다. 그는 만세운동의 실질적인 주모자를 밝혀주겠다고 나섰다. 일본 경찰이 솔깃해서 그에게 먹을 것을 대주고 후대해 주었다. 종로경찰서장이 물었다. "그래, 주모자는 누구며 그가 어디에 있는지 말해 주겠소?" 그는 대답했다. "예, 주모자는 하나님인데, 주소는 구만리 장천이요." 이 일로 온몸이 터지도록 매타작 당했다. 그러자 그는 갑자기 미친 사람처럼 아무데나 오줌을 갈기고, 똥을 싸서 벽에 발랐다. 일본 경찰은

'너무 때려서 미쳤나 보다'하며 풀어 주었다. 그는 전주로 돌아오는 길에 수원에서도 만세에 동참했다. 그곳에서 체포되자 '나는 종로경찰서장 친구다'라고 하였다. 수원경찰서에서 종로경찰서로 알아보니 그는 광인이니 그냥 보내주라고 했다. 천안에서도 만세를 불렀다. 그때마다 경찰서로 끌려가 맞았다. 그는 전주로 돌아와서도 만세운동을 위해 움직였다. 걸인들에게 태극기와 선언서를 배포하는 일을 맡겼다.

그는 교회 안에서 열성적으로 신앙활동을 하지는 않았다. 그에게 생활이 곧 신앙이었고, 신앙이 생활이었다. "내가 하고 싶은 일은 하지 말고 하기 싫은 일을 하라"는 말을 붙들고 살았다. 육신이 좋아하는 일, 물질적인 욕심은 버리고 영적인 것, 하늘의 것, 보이지 않는 것을 위해 살았다. "예수 믿는다고 다 천당 가는 것이 아니오. 천당에는 가난하고 고생했던 사람들로 가득 차 있더라. 자기만 잘 먹고 어떻게 천당 가겠는가" 행동 없이 말로만 신앙 생활하는 교인들에게 던지는 일침이었다. 그는 서문교회 주일학교 아이들 앞에서 종종 설교할 기회가 있었다. 그때 그는 자기 윗저고리를 벗어 던지면서 "가난한 이에게 이렇게 벗어 줘라. 있는 것으로 구제하고 불쌍하면 주라"고 가르쳤다.

한평생 돈을 모을 줄 몰랐던 그의 성품 때문에 가정 형편은 말이 아니었다. 그도 늙으니 몸이 쇠약해졌고 결국 병들어 눕게 되었다. 앓는 소리가 집 밖까지 들렸지만 치료비를 구할 수 없었다. 그렇게 시름시름 앓던 그는 1931년 8월 16일 숨을 거두고 말았다. 회갑을 앞둔 나이었다.

그가 세상을 떠났다는 소식이 퍼지자 제일 먼저 달려온 이들은 전주의 거지들과 그의 도움을 받았던 가난한 이들이었다. 그들은 마치 자기 부모 형제가 죽은 것처럼 가슴을 치며 통곡하였다. 상여 뒤로 10리가 넘는 인파가 따랐다. 그에게 은혜를 입은 걸인들은 장지에서도 "선생님 집을 마련해 드립니다"하면서 손으로 땅을 팠다. 정성을 다해 안장했다. 훗날 나무꾼들과 걸인들은 돈을 모아 비석을 세웠다.

李公 거두리 愛人碑(이공 거두리 애인비) / 平生性質 溫厚且慈(평생성질 온후차자) / 見人飢寒 解衣給食(견인기한 해의급식)

평생에 성품이 따뜻하고 사랑이 넘쳐 주리고 헐벗은 사람에게 입혀 주고 먹여 주었다.

수많은 일화를 남겼던 이거두리(이보한)는 전라도 사람들의 기억에 생생하게 남아 있다. 아니 각인되어 있다. 그가 행했던 이야기들이 이제는 전설처럼 회자되고 있다. 낮은 자들의 진정한 친구 이거두리가 "거두리로다! 거두리로다!" 찬송가를 불렀던 전주천, 싸전다리, 남문시장을 거닐면서 어떻게 사는 것이 예수를 닮는 것인지 생각해 보자.

거리의 성자 방애인

성자라 불린 여인

개신교에서 성자(聖者)라 불리는 이가 몇이나 될까? 그렇게 부르는 것이 가당키나 한 것일까? 옳고 그름을 떠나 '방애인(方愛仁)'이 누구길래 성자라 부르는 것일까? 어떻게 살았길래 '거리의 성자'라 불릴까?

방애인은 1909년 황해도 황주읍에서 태어났다. 그녀는 제법 유복한 가정에서 태어난 것으로 보인다. 조부 때부터 교회를 다니기 시작했고, 할머니와 어머니가 신앙심이 두터웠던 것으로 전해진다. 할아버지는 자선사업을 많이 하여 원근에서 존경받고 있었다. 게다가 그녀의 부모는 황주 지역 신식 학교와 유치원을 후원하고 있었다. 이런 가정에서 성장한 방애인은 교회(황주읍교회)에서도 사랑을 한 몸에 받으며 아름다운 인품을 갖춘 여성으로 자랐다.

방애인

일찍이 기독교 신앙을 받아들인 가정에서 태어난 덕분에 방애인은 신식교육을 받을 수 있었다. 그녀가 다닌 양성학교는 미국 북장로교 선교사 마펫(S.A.Moffett, 마포삼열)의 후원을 받아 설립한 교회 부속 학교였다. 양성학교를 졸업한 방애인은 1921년 평양 숭의여학교로 진학하였다. 그러나 숭의여학교가 여러 가지 문제로 어수선해지자 개성 호수돈여학교로 옮겼다. 호수돈여학교는 수많은 애국지사를 배출할 정도로 민족주의적 성향이 강한 기독교계 학교였다.

1926년 호수돈여학교를 졸업한 방애인은 이화여자전문학교에 진학하기를 희망했으나 가족들의 반대로 전주에 있는 기전여학교 교사로 부임하였다. 그녀의 나이 18살이었다. 방애인은 기전에서 보통과를 담당하였다. 그녀는 풍금 연주도 제법 해서 음악 교사도 겸하였다. 그녀는 그녀가 가진 재능을 구제 활동에도 적극 활용하였다. 수재민 구호를 위해 음악회를 열었을 때 풍금 연주를 여러 번 담당하였다. 방학 때면 여름성경학교에 참가해 어린이들에게 복음을 전했다. 서양 음악을 접하기 어려웠던 시절 음악을 통해 가난하고 상실된 마음을 위로하는 역할을 하였다.

방애인은 기도하는 사람이었다. 학생이 병이 나면 밤새도록 기도하였다. 학생이 상심하여 어찌할 줄 모를 때면 방에 데리고 가 기도해주고 위로하였다. 잘못한 학생이 있을 때면 아름다운 말로 권면하여 돌이키게 하였다. 수업료를 내지 못하여 쫓겨난 학생이 있으면 그 부모를 찾아가 좋은 말로 위로하고 형편이 안 되면 자신의 적은 월급을 떼어 도와주었다. 그녀에게 도움받아 졸업한 학생이 적지 않았다. 학생들의 신앙을 위해서도 기도와 권면을 아끼지 않았다. 학생들은 “방 선생님!” 하면서 방애인을 찾았다. 그녀를 부르는 소리는 매우 다정하였으며, 부모를 찾는 듯 했다. 학생들이 졸업하는 그 순간까지도 제자들의 앞날을 염려해 기도하기를 멈추지 않았다. 졸업한 학생 명부를 작성하고 그네들의 이름을 한 명 한 명 불러가며 기도하였다.

오늘은 3월 23일 우리 학교의 졸업식 하는 날이다. 수일 전부터 졸업을 맞이하는 학생들은 기쁨으로 준비에 분주하다. 그러나 나는 그들의 갈 길이 막연함으로 기도하지 아니할 수 없다. 저들의 기쁨 대신에 나는 기도에 고심하였다. 뜻밖에 전주에 고등여자성경학원이 시작되어서 학생들이 그곳으로 더러 되므로 감사하기 짝이 없다.[1]

방애인은 교회학교 교사로서도 엄청난 열정을 보여주었다. 그녀는 전주서문밖교회가 경영하는 중산리주일학교를 담당하였다. 제법 먼 거리에도 불구하고 3년을 하루 같이 주일마다 그곳 어린이를 섬겼다. 주일학교를 마치면 어린이들을 모아 기도회를 인도하여 신앙에서 기도가 얼마나 중요한지 가르쳐 주었다. 게다가 가난하고 병든 교인들을 돌보느라 그녀는 밥 한 번 제대로 먹지 못했다. 가난한 여인들 중에 그녀가 벗어주는 옷을 입지 않은 이가 없었다.

그녀가 전주 기전학교 교사로 근무했던 시기는 두 기로 나눠볼 수 있다. 제1기는 1926년 4월 1일부터 1929년 3월까지다. 앞서 살펴본 바와 같이 호수돈여학교를 졸업하고 전주로 부임했던 시기에 해당

1 방애인 소전

된다. 이미 평범한 삶이 아니었던 그녀가 고향 황주로 갔다가 전주에 돌아온 1931년 9월 1일부터 1933년 9월 16일 24세로 세상을 떠날 때까지의 삶은 차원이 달랐다.

기전여학교는 다시 방 선생을 맞게 되었으니 때는 1931년 9월 1일이었다. 양은 벌써 이전의 방 선생이 아니었다. 향수니 크림이니 하는 화장품은 자취도 볼 수가 없을 뿐만 아니라 값진 주단이니 세루니 하는 옷감조차 그에게선 찾아볼 수가 없었다. 그는 하늘이 주신 얼굴 그대로의 사람이요, 검박한 단벌옷의 사람이었다.[2]

그렇다고 해서 앞선 시기의 그녀가 품행이 방정하지 못했다는 뜻이 아니다. 1기에서 보여준 그녀의 삶, 그것만으로도 세인이 감히 따를 수 없는 길이었다. 2기에서 보여준 그녀의 삶이 너무나 감동적이었기에 1기의 삶이 오히려 번거로울 뿐이었다. 그녀를 변화시킨 것은 도대체 무엇이었을까? 고향인 황주에 갔을 때 무슨 일이 있었던 것일까? 부유했던 집안이 몰락이라도 했단 말인가? '도대체 무슨 일이 있었던 것이냐?'고 주위에서 물으면 고요히 웃을 뿐이었다.

방애인은 전주 기전여학교를 그만두고 고향인 황주로 돌아갔다. 예전에 다니던 황주읍교회에 출석하며 예전과 다름없이 살아가고 있었다. 그러던 중 황주읍교회 담임목사가 바뀌었다. 황주읍교회는 담임목사가 바뀐 것을 기회로 새로운 기풍을 만들고자 대부흥회를 개최했다. 이 시기에 방애인은 갈급했던 영적 체험을 한 것으로 보인다. 그녀의 일기를 보자.

2 위의 책

1930년 1월 10일에 나는 처음으로 신의 음성을 듣다. 눈과 같이 깨끗하라. 아아! 참 나의 기쁜 거룩한 생일이다.

며칠 후 그녀는 또 다른 체험을 한다.

나는 어디로서 인지 손뼉치는 소리의 세 번 부르는 음향을 듣고, 혼자 신성회에 가다. 아아! 기쁨에 넘치는 걸음이다.

성령 체험 후 그녀는 더 이상 이 세상에 속한 사람이 아니었다. 부유한 집안의 딸이라는 것도 거추장스러울 뿐이었다. 그녀의 얼굴엔 범상치 않은 긍정 에너지만 넘칠 뿐이었다. 그녀의 사랑은 대상을 구분하지 않았다. 버림받은 고아, 누구도 돌보지 않는 불쌍한 노인, 저주받았다고 돌을 던졌던 한센인에게까지 무차별 사랑을 퍼부었다. 가까운 지인의 아픔, 믿지 않는 가족에게도 사랑을 나눠주고도 남았다.

어느 날 방애인은 사람들에 둘러싸여 놀림 받는 정신 질환 노파 곁에 고요히 다가갔다. 노파의 손을 따뜻하게 잡아 주며 그를 위해 눈물의 기도를 했다. 지금까지 놀리던 사람들도 방애인의 기도에 눈물을 떨구었다. 그녀는 한센인을 보고도 피하지 않았다. 한센인을 보면 작고 가녀린 손으로 그들의 썩어가는 살길을 어루만지며 뜨거운 눈물의 기도를 하여 주었다.

주의 능력과 사랑이 내 손을 통하여 이 괴로운 병에서 구원하여 주옵소서. 주시여 자비와 긍휼을 아끼지 마시옵소서.

방애인은 언제나 기도를 했다. 밤이 깊도록 기도하였다. 어디를 가든지 기도부터 했다. 그녀의 진정한 무기는 기도였다. 주님 앞에 나가는 진솔한 기도였다. 기도를 무기로 내면을 뚫고 올라오는 자아를 이겼다.

방애인은 거리를 떠도는 고아를 위해 고아원을 짓기로 했다. 그녀는 교회(전주서문교회) 청년들과 가가호호를 다니며 주민들을 설득하여 기부금을 받았다. 가난한 사람들은 적은 돈이라도 내놓았지만, 정작 부자들은 모른 척하였다. 방애인은 실망하지 않고 꾸준히 찾아가 설득하였다. 포기하지 않고 찾아오는 방애인의 모습에 탄복한 부자는 기어이 기부금을 내놓았다. 이 무렵 전주는 7,644호에 37,842명

전주고아원 방애인이 설립한 고아원. 아이들의 천국은 전주서문교회 옆에 있었다.

이 살고 있었다. 방애인과 동료들은 모든 집을 다 방문하였다.

방애인은 교육받지 못하여 이름조차 쓸 줄 모르는 여성을 교육하는 일에 많은 시간을 썼다. 방학이 되어도 고향에 돌아가지 않고 전주 근처 농촌으로 갔다. 야학을 열어 농촌 여자들에게 한글을 가르쳤다. 돌아오는 길에는 추위에 떨고 있는 고아를 업고 왔다.

밤 열한 시쯤이다. 눈보라와 바람이 귀를 에이고 코를 베는 듯하게 춥던 밤이다. 우리 가족은 자려 하던 때이다. "사모님"하고 부르는 소리가 들렸다. 이는 애인 양이다. 눈보라를 뒤집어쓴 채, 등에는 잠을 자는 고아를 업었다. "이 아이가 길가에서 너무 추워서 떨기에 업고 왔습니다." 애인 양은 그 밤으로 머리를 깎아 주고 목욕을 시키고 새 옷을 입히어 고아원에 업어다 두고 갔다. 이것이 애인 양이 고아를 업어 들이는 정성이다. – 전주서문교회 배은희 목사

방애인은 평화의 사도였다. 그녀가 나타나면 어디라도 평화가 깃들었다. 전주 시장 골목에 가면 싸움이 예사로 벌어졌다. 더구나 무뢰배들이 무섭게 싸울 때면 상인들의 피해도 컸다. 누구도 그들의 싸움을 말릴 수 없었다. 그런데도 방애인은 그들 가운데로 나섰다. 그들에게 다가가 눈물과 온유한 목소리로 기도하고 그들을 어루만졌다. 그러면 그들은 싸움을 멈추고 그녀의 기도에 귀를 기울였다. 그리고 웃으며 화해하고 헤어졌다.

전주시민들에게 천사같은 마음을 전해주던 방애인이 열병에 걸려 갑자기 세상을 떠났다. 너무나 갑작스러운 일이었다. 1933년 6월 여름방학식이 끝나자 그녀는 고향 황주로 갔다. 거기서도 쉬지 않

방애인묘 방애인의 무덤을 찾은 전주기독여자청년회원들

고 전도와 기도, 봉사의 시간을 가졌다. 9월이 되어 개학을 앞둔 어느 날 몹시 추위를 느끼고 두통이 심했다. 그럼에도 피곤하고 병든 몸을 이끌고 전주로 돌아왔다. 학교 개학식에 빠질 수 없었기 때문이다. 그녀는 개학식에 참석한 후 돌아와 누웠지만 점점 위독해졌다. 결국 예수병원에 입원하고 말았다. 열은 떨어지지 않았다. 40도에 달했다. 부모님이 황급히 병원으로 달려왔다. 겨우 부모의 얼굴을 확인한 방애인은 회생하지 못하고 눈을 감고 말았다. 그녀가 죽었다는 소문은 삽시간에 전주 시내에 퍼졌다. 눈물을 흘리지 않는 이가 없었다. 그의 보살핌을 받았던 고아들과 한센인, 걸인들은 부모를 잃은 듯, 창자가 끊어진 듯 통곡했다. 그의 장례 행렬에는 소복 입은 학생들이 뒤따르며 마치 부모가 떠난 듯 울었다. 그녀의 나이 불과 24살이었다. 배은희 목사가 그녀의 사후 황주 고향에 들렀을 때 그녀의

어머니에게서 눈물겨운 이야기를 들었다.

목사님 보시오. 옷이 하도 없어서 할머님이 입으시던 털 안을 받친 갓옷 저고리 한 개와 햇솜을 둔 바지 한 개를 보냈더니, 한번 입어보지도 않고 다 남에게 주었어요. 금번 제가 죽은 후에 옷이라고 찾은즉 해어져 입지 못할 것 몇 개밖에 없더이다.

TIP 전주 기독교 유적 탐방

▮ 전주예수병원

전북 전주시 완산구 서원로 365 예수병원 / TEL.063-230-8114

▮ 전주기독교근대역사기념관, 구바울기념의학박물관

전북 전주시 완산구 서원로 382 / TEL.063-230-8778

▮ 전주서문교회

전북 전주시 완산구 전주천동로 220 / TEL.063-287-3270

전주기독교근대역사기념관은 10:00~17:00까지 관람할 수 있다. 매주 토,일요일은 휴무다. 토요일이 휴무인 것은 아쉽다. 근대역사기념관 뒤로 올라가면 선교사 묘원과 선교사 주택들이 있다. 선교사 묘원에서 예수병원을 조망할 수 있다.

신흥중학교 입구에는 3.1운동기념비가 있고, 학교 내부에 본관 포치, 강당 건물이 남아 있다. 강당 뒤에는 신흥학교 역사를 소개하는 패널이 설치되어 있다. 신흥학교에서 시내방향으로 내려오면 전주천(다가교)을 건너게 되고, 그곳에 전주서문교회가 있다. 교회 담장과 내부(역사관)에 자료들이 전시되어 있다.

주차장 옆에는 방애인 선생이 만들었던 고아원터 표지가 있다. 서문교회에서 전주천을 따라 거슬러 올라가면 서문시장이 나온다. 전주천변에 전주3.1운동 발상지 표석이 있고, 이거두리 선생의 흔적도 볼 수 있다.

[추천 1]

전주서문교회 → 다가교 → 신흥학교, 기전학교 → 예수병원 → 전주기독교 근대역사관 → 선교사묘원 → 엠마오사랑병원 → 전주싸전다리, 남문시장(도보 3시간)

서동의 고향 익산

고조선 준왕이 위만에게 나라를 빼앗기고 남쪽으로 내려와 마한 54개국 중 하나인 건마국(乾馬國)을 세웠던 땅, 서동(薯童)이 마를 캐다가 선화공주와 혼인하고 백제왕이 된 땅, 고구려 유민 안승이 보덕국을 세웠던 역사의 땅이 익산이다. 시조 시인 가람 이병기 선생이 난초를 벗 삼아 지냈던 문학의 고장 또한 익산이다.

미륵사지 무왕의 꿈꾸었던 백제 재건의 열망이 이곳에 서렸다.

익산은 먼 옛날 백제 무왕(서동)이 미륵사를 장건했던 곳이다. 절의 규모가 무려 3만 평이나 되었다. 이곳에는 우리나라 최초의 석탑이 있어서 교과서마다 소개하고 있다. 절터에 남은 수천 년 역사의 향기는 내력이 깊어서 답사객들이 많이 찾는다. 익산은 석탑을 최초로 만들 정도로 질 좋은 화강암이 난다. '황등석'이라는 이름으로 최고의 대접을 받으면서 전국으로 팔려나간다. 무왕이 별궁을 지었던 왕궁리유적, 무왕과 선화공주의 무덤으로 전해지는 쌍릉, 고래등 같은 기와집이 많은 함라마을, 일제강점기 일본식 주택들 등 많은 것을 간직하고 있는 곳이 익산이다.

익산 송대는 원불교에서 성지로 삼는 곳이다. 소태산 박중빈이 휴양과 집필을 위해 머물렀던 곳으로 많은 원불교도가 찾는 곳이 되었다. 덕분에 원광대학교가 자리 잡게 되었다.

여산면 원수리에는 국문학자이자 시조 시인인 가람 이병기 선생의 생가와 문학관이 있다. 선비같은 풍모로 난초를 어루만지며 아름다운 시어를 탄생시켰던 선생의 향기가 지금도 눅진하게 남아 있다.

익산은 북쪽에 금강을, 남쪽에 만경강을 끼고 있다. 주변에는 논산, 완산, 전주, 김제, 군산, 서천이 둘러싸고 있다. 금강과 만경강이 남북으로 흐르고 있으니, 그 사이에 있는 익산은 풍요로운 곳이 틀림없다. 때문에 일제강점기에는 저들의 수탈을 견뎌내야 했던 곳이었다. 지금도 익산 곳곳에 남아 있는 일제강점기 흔적들이 그때를 말해주고 있다. 한때 이리시와 익산군으로 나뉜 적도 있었다. 서쪽 지금의 익산 중심지는 이리시였고, 이리시를 둘러싼 주변 지역은 익산군이 되었다. 지금은 통합되어 익산시가 되었다.

두동교회

안면도 소나무로 지은 ㄱ자 예배당

익산시 성당면 두동편백마을에는 ㄱ자 모양의 오래된 예배당이 있다. 우리나라에서 단 두 곳 남은 ㄱ자 예배당 중 하나다. 나머지 하나는 김제에 있는 금산교회 예배당이다.

잘 정돈된 마을 길을 걷다 보면 두동교회 본당과 선교교육관이 보이는데 마을 규모에 비해서 상당히 크다. 새로 지은 예배당 옆에는 ㄱ자 모양의 한옥교회와 오래된 종탑이 있다. 백 년은 됨직한 반송은 오래된 예배당의 연륜을 더욱 돋보이게 하며 마당 한 켠을 지키고 있다. 새것을 짓느라 옛것을 허물어 버리는 것이 다반사지만 두동교회는 옛것을 소중하게 여겨 남겨 두었다. 아무래도 꼭 보존해야 했던 소중한 사연이 있는 듯하다.

이 마을에 복음이 전해진 때는 1923년이었다. 해리슨 선교사와 김정복 씨가 순회하며 복음을 전하자 믿는 사람들이 생겨났다. 이 무렵 이 마을은 부자 박재신의 땅을 밟지 않고는 지나다닐 수 없었다. 그는 꽤 괜찮은 사람이었다. 가난한 마을 사람들의 세금을 대납하

두동교회ㄱ자 예배당 남녀칠세부동석을 수용한 결과 ㄱ자 모양이 되었다.

기도 했고, 기근이 들면 창고를 열어 굶주린 이웃을 도와주기도 했다. 마을 사람들은 그의 선행에 감사하는 마음으로 선행비를 세워주기도 했다. 선한 성품이어서 그랬는지 부인이 이웃 마을 부곡교회에 다니는 것을 묵인하였다. 그러다 부인이 임신하자 사랑채를 내주어 먼 예배당으로 가지 않고 집에서 마을 사람들과 예배를 드리게 했다. 손이 귀한 집안이라 부인과 태중의 아기를 배려한 것이었다. 하지만 박재신의 귀한 아들이 5살에 병사하고, 고모의 장례 절차를 두고 전도사와 의견 충돌이 생기자 사랑채를 닫아 버렸다.

편안하게 사용하던 예배당이 갑자기 사라진 것이다. 이곳 성도들은 다른 장소에 예배당을 마련해야 했다. 마을 땅 대부분이 박재신의 것이라 그의 소유가 아닌 땅을 구해야 했다. 어렵게 조그마한 땅을 찾아서 구입하고 예배당을 짓기로 하였다. 하지만 예배당 지을 비용이 턱없이 부족했다. 그러던 중 안면도 소나무를 벌목해서 실은 배가 군산 앞바다에서 침몰하는 사고가 발생했다. 물에 떠다니던 소나무는 밀물을 따라 금강을 거슬러 올라와 마을에서 멀지 않는 성당포구에 닿았다. 그래서 이 소나무를 헐값에 구입할 수 있었다. 안면도는 소나무로 유명한 곳이다. 예부터 나라에서 쓸 소나무를 기르기 위해 보호하던 섬이었다. 일제강점기엔 이곳 소나무를 개인이 벌목해서 마음대로 팔아 버리는 일이 잦았다. ㄱ자 교회당은 이 목재로 지어졌다. 교회는 가난했다. 굵은 목재를 살 수 없었다. 교회 기둥과 서까래와 대들보는 가늘다. 가는 목재를 사용하면 지붕에서 내리누르는 무게를 견디기 힘들어진다. 그러므로 서까래가 다 노출된 천장(天障) 구조를 하였다. 지붕 위에도 기와가 아닌 함석을 덮었다. 지붕을 가볍게 하기 위함이다. 함석지붕을 두드리는 비가 내리면 그때마다 찬송가 소리는 더 우렁찼을 것이다.

두동마을 교인들은 스스로 박재신의 사랑방을 벗어나 새로운 예배당을 세우기 위해 기도했다. 은밀히 보시는 하나님께서 예배당에 사용할 목재를 준비해 주셨다. 이제 집주인의 눈치를 살피지 않고도 예배를 드리게 되었다. 예배당으로 향하는 발걸음이 훨씬 가벼웠

ㄱ자 예배당 내부 안면도 소나무로 지은 예배당 내부는 지금도 튼실하다.

으리라. 박재신의 선행에만 기대어 신앙을 유지한다면 그의 마음이 변했을 때 모든 것이 허물어진다는 것을 알게 된 것이다. 교회 사역도 마찬가지다. 어떤 한 사람의 능력에만 기대어 그것을 유지한다면 쉬운 길이긴 하나 허물어지는 것도 순간이다. 교회 공동체는 다양한 일꾼을 찾아내고 양성해서 선순환할 수 있게 해야 한다.

ㄱ자 모양으로 지은 것은 남녀를 구분하기 위해서였다. 유교적 질서가 허물어진 지 오래되었지만, 현실에서는 남녀칠세부동석(男女七歲不同席)이 여전히 위력을 발휘하고 있었다. 특히 시골일수록 더 강했다. 진리를 거역하는 것이 아니라면 전통적 관습이라도 복음의 진보를 위해 효과적으로 사용할 필요가 있다. ㄱ자 모양으로 지어 남녀를 구분해서 예배를 드리게 하였더니, 남자도 여자도 교회 출석

에 대한 부담이 없어졌다.

복음이 전해지던 초창기에는 우리 전통문화를 존중하려는 풍토가 있었다. 그래서 더 빠르게 복음이 전파될 수 있었다. 두동교회 장마루에 앉으면 우리가 걸어온 길과 앞으로 걸어가야 할 길을 생각해보게 된다. 우리는 다음 세대에게 어떤 믿음의 유산을 물려줄 수 있을까? 어떤 교회를 전해주게 될까?

남전교회

익산 3.1운동을 주도한 교회

남전교회는 익산 지역 최초의 교회다. 군산 선교부 전킨 선교사 집을 왕래하면서 복음을 들은 7명이 이 지역 이윤국의 집에 모여 예배 드린 것에서 시작되었다. 1897년 10월 15일이다. 1899년 3월에 두 명의 성도가 세례를 받았다. 가을에는 12명이 세례받는 결실이 있었다.

교회를 시작한 지 1년 만에 20여 명의 신도가 생겼다. 1902년 100여 명으로 늘었고, 1907년에는 장로를 세웠다. 1910년에는 도남학교(道南學校)를 설립해 문맹퇴치에 앞장서는 등 지역 사회에 공헌했다. 여학교를 따로 설립해 미성학교(美聖學校)라 하였다. 나중에 두 학교를 통합하고 '신성학교(新聖學校)'라 하였다. 일제에 의해 폐교될 때까지 32년 동안 오산면 일대의 교육을 담당했다.

1919년 3.1만세운동이 일어나자 도남학교 교사였던 문용기가 익산 만세시위를 주도했다. 문용기는 도남학교 학생, 남전교회 교인들을 규합해 만세 시위를 이끌었다. 익산 만세운동은 4월 4일 익산 솜

남전교회

리장터에서 시작되었다. 200여 명으로 시작해 장터에 모인 사람들이 합류하면서 규모가 커졌다. 만세시위는 다음 날 익산 함열면 산상에서 논산 강경까지 횃불시위를 벌여서 장관을 이루었다. 익산 만세시위는 전국에서 유일하게 단일 교회가 주도한 것이었다.

문용기(1878~1919)는 영명학교, 도남학교 교사로 교육을 통한 독립을 꿈꾸었다. 그러다 3.1만세운동이 일어나자, 익산 지역 기독교계 인사들과 교류하면서 익산 만세운동을 이끌었다. 그러나 안타깝게도 4월 4일 솜리장터 만세 도중 일본 경찰의 무차별 진압으로 태극기를 든 양팔이 잘렸고 결국 순국하고 말았다. 이날 문용기와 함께 남전교회 박영문, 장경춘, 박도현도 함께 순국했다. 문용기 열사의 피묻은 옷은 독립기념관에 소장되어 있다. 오산면사무소 앞에는 문용기 열사 추모비가 세워졌다.

남전교회는 애국지사 김인전 목사, 박연세 목사(군산 만세운동을 이끔)의 모교회다. 이 교회의 박병호(1909~1950)는 해방 후 애국청년단을 인솔하고 대한독립청년단을 조직해 반탁, 반공 운동에 앞장섰다. 한국전쟁이 터지자 공산군은 박병호를 체포해 익산시 소라산에 끌고 가 처형했다. 그의 나이 41살이었다.

남전교회는 군사정권이 민주주의를 억압하던 1970년 기독교 인권운동에 앞장섰으며, 1980년에는 반부패 운동, 농민권익운동에도 나섰다.

남전교회는 들판 가운데 있다. 주변에 산이 없다. 남쪽으로 만경강이 흘러갈 뿐이다. 산으로 둘러싸인 마을이 익숙한 우리에게는 약간 생소하다. 교회는 한국기독교장로회 총회에서 유적 1호로 지정했다. 교회 앞에는 기념공원이 조성되었는데 익산 4 · 4 만세운동 순국열사비, 십자가, 박병호기념비가 있다.

남전교회 3.1만세운동 순국열사비

TIP 익산 기독교 유적 탐방

▮ 두동교회

전북 익산시 성당면 두동길 17-1 / TEL. 063-861-0348

▮ 남전교회

전북 익산시 오산면 남전1길 87 / TEL. 063-841-2095

익산에는 두 교회 외에도 주목할 교회들이 있다. 1900년에 설립된 **제내교회**는 1950년 21명의 교인이 공산군에 의해 죽임을 당했다. 순교자의 후손들이 목사나 장로가 되어 기독교계의 기둥이 되었다. **황등교회**는 1928년에 설립되었고, 한국전쟁 때 4명이 순교자를 배출했다. 1960년에 황등중학교, 성일고등학교, 황등교회 어린이집을 설립해 지역 교육에 큰 역할을 담당하였다. 황등교회에는 1884년 미국에서 만든 종이 있다. 원래 종은 일제에 의해 빼앗겼고, 두 번째 종은 중리교회에 기증하였다. 현재 종은 1951년 미국에서 가져온 것인데, 1884년에 제작된 것이다. 현재 한국교회가 소유하고 있는 종 중에서 가장 오래된 것이라 한다.

탁류가 쏟아지던 군산

군산은 채만식의 소설 '탁류'의 배경이 되는 도시다. 비단처럼 아름다운 금강이 갯벌과 만나면서 탁류를 바다로 쏟아내는 그곳에 군산이라는 도시가 있다. 1899년 개항되기 전까지는 작은 어촌에 불과했다. 제법 큰 강인 금강이 바다와 합류하는 지점이라 내륙과의 연결성이 좋아서 일찍이 국가에서 운영하는 세곡 창고가 있었다. 그래서 왜구들이 이곳을 노렸고 최무선 장군이 화약으로 적선을 불태운 진포대첩이 있었다. 고려말~조선초 왜구를 막기 위해 군산도(선유도, 대장도, 무녀도 등)에 수군진을 설치했다. 세종 때에 군산진을 진포(지금의 군산)로 옮겼다. 그래서 원래 수군진이 있던 곳을 고군산(고군산군도)이라 불렀고, 옮겨진 곳은 군산이 되었다.

1899년 군산이 개항되었다. 일본의 지속적인 요구가 있었다. 개항하면 대한제국의 발전에 도움이 될 것이라고 속였다. 전라도 일대에서 생산된 쌀을 일본으로 실어나가기 위한 속셈이 있었으나 그것을 알 리 없었다. 고종황제는 대한제국의 재정을 투입하고, 대한제국 백성들의 노동력으로 축항공사를 벌였다. 군산항 일대에 각국 조계지

고군산군도 왜구를 막기 위해 군산진을 설치했던 곳

를 설정하고 여러 나라가 공정하게 활동하기를 바랬다. 그러나 군산에 관심을 둔 나라는 일본뿐이었다. 항구를 중심으로 일본인들의 거주지가 확대되었다. 바둑판처럼 도로를 계획하고 일본식 주택이 들어섰다. 세관, 은행, 상점, 일본주택, 일본식 절, 신사들이 차례로 들어섰다. 도시 외곽으로는 가난한 한국인 노동자들이 자리 잡았다.

군산은 1899년 이후 만들어진 도시다. 그래서 근대문화유산이 많다. 개항 후 지어진 집들로 즐비한 신도시였다. 그래서 대부분 문화재가 대한제국, 일제강점기의 것들이다. 군산항의 뜬다리(부잔교), 군산세관, 조선은행, 일본제18은행, 일본식주택, 동국사(일본식 사찰) 등이 남아 있어 그곳에 가면 120년 전으로 시간여행을 할 수 있다.

군산에서 한국인은 일용직 노동자였다. 군산항 진흙바닥에 눈처럼 쏟아진 쌀을 보면서 굶주린 배를 움켜쥐어야 했다. 설움이 응고되어 어디 하소연할 데라도 찾아야 했다. 어떤 이들은 미두(米豆)에 손을 댔다가 가산을 탕진했고, 어떤 이들은 술을 마셨다. 어떤 이들은 저 멀리 언덕 위에 선 교회를 찾아가 예수를 믿고 새 삶을 얻었다.

군산선교부

금강변에 우뚝 선 복음기지

1894년 3월 레이놀즈와 드류는 제물포에서 배편을 이용해 군산항에 도착했다. 호남선교 여부를 알아보기 위해 답사차 온 것이었다. 이들은 배편을 이용해서 군산, 전주, 목포, 순천 등지를 둘러본 후 서울로 돌아갔다. 당시 호남지방에는 동학농민운동이 들불처럼 일어나고 있었기 때문에 답사 후에 즉시 선교활동을 개시할 수 없었다.

수덕산 선교부(station 선교거점)

동학농민운동이 잠잠해진 1895년 3월 인천항을 출발한 전킨과 드류 선교사는 11일이나 걸려 군산항에 도착했다. 보통 4일이면 되는 길을 풍랑, 안개 등 악천후를 만나 심하게 고생하며 겨우 도착했다. 군산에 도착하자 드류는 환자들을 진료하기 시작했다. 치료받기 위해 찾아오는 이들이 제법 있어서 순서를 기다리는 환자에게 전킨은 복음을 전했다. 이들은 약 한 달간 군산에 머물렀는데 군산 사람들

수덕산 선교기념비

의 따뜻한 마음을 확인하고 선교가 성공할 수 있으리라는 확신을 갖고 서울로 돌아갔다.

1895년 가을 전킨과 드류는 다시 군산으로 내려왔다. 이번엔 선창에서 멀지 않은 수덕산 아래에 있는 집 두 채를 매입했다. 한 채는 전킨이 예배당으로 사용하고, 한 채는 드류가 병원으로 사용하였다. 1896년 전킨과 드류의 가족들이 내려와 합류했다. 그 후 리니 데이비스를 비롯한 여러 선교사가 군산선교부에 합류해 군산 선교는 활기를 띠게 되었다, 조지 톰슨이 쓴 『한국 선교 이야기』에는 당시 군산을 이렇게 묘사하고 있다.

1896년 군산은 100채 정도 초가가 있는 작은 어촌이었다. 부두도 없었고 우체국, 전신국도 없었다. 길은 좁고 구부러졌으며 더러웠다. 사람들은 무지하고 미신을 숭배하여 남자들은 술에 취하고 노름에 빠져 있으며 여자들은 다투기나 하고 영혼을 숭배하는 자들이었다. 그럼에도 불구하고 그들은 모두 외국인들을 진심으로 환영했다. 1896년 여름은 군산 가족들에게 덥고 먼지투성이 시련의 시기였다. 언덕에는 나무가 없었으며 들에는 풀이 없었고 집에는 유리창이 없었다. 전킨이 살고 있는 집은 해변에 가까웠기 때문에 끊임없이 홍수가 났다. 그들의 음식은 고기, 쌀, 닭고기와 달걀 등 지방에서 살 수 있는 것뿐이었다. 그리고 모든 요리는 숯불화로에서 해야 했다. 이것이 군산 가족들이 보낸 삼년이었다.

대한제국 고종황제는 1899년 5월 군산항 개항을 포고하였다. 일제의 간계를 파악하지 못하고 개항을 덜컥 선언해 버린 것이었다. 고종은 군산항을 각국 조계지로 설정해서 여러 나라가 대한제국과 교류할 것이라 판단했다. 그러나 군산항이 필요했던 것은 일본뿐이었다. 다른 나라는 군산항에 관심이 없었다. 대한제국의 재정을 사용하여, 한국 노동자들의 땀을 투입하여 일본의 쌀 수탈 기지를 만들어 준 셈이었다.

큰 배가 접안 할 축항공사를 할 때 건축 자재는 바다에서 가까운 수덕산에서 조달했다. 수덕산은 여기저기 파헤쳐져 망가질 대로 망가졌다. 그 후 일본인들이 수덕산 주변을 차지하고 거드름을 피우기 시작했다. 그러자 선교사들은 선교부 이전을 결정했다.

궁멀 선교부

군산선교부는 수덕산을 떠나 5km 떨어진 궁멀(구암동)로 옮겼다. 궁멀이라 불리는 구암동산은 금강변에 있으며 수덕산보다 높은 언덕이었다. 구암산이라고도 불리는데 남북으로 길게 생겼으며, 두 봉우리를 가지고 있다. 구암동산 북쪽에는 금강이 있으며 산의 동쪽과 서쪽에는 냇물이 흘러 금강에 합류한다.

구암동의 옛 지명은 '궁포(弓浦)'였다. 구머리(구멀) · 구암(귀암) · 궁멀(궁말) · 구암포 등 다양하게 불렸다. 고깃배가 수시로 드나들었고 작은 조선소가 있는 포구였다. 구암산의 모양이 거북이가 금강으로 들어가는 형상이라 해서 '거북 龜(구)'를 써 '거북이 마을'이란 뜻의 '구멀(구말)'이라 하였으나 발음이 변하여 '궁멀(궁말)'이 됐다고 한다. 궁멀(弓乙里)은 '구암리'와 함께 불렸던 지명으로 구암산을 끼고 흐르는 두 줄기(구암천, 둔덕천)의 금강지류가 활처럼 휘어져 흐른다고 해서 '활 궁(弓)'을 썼다고도 한다. '멀'은 마을을 뜻하는 순우리말이다. 구암산 역시 궁멀산, 서양산, 미국산, 청년산 등 별칭이

궁멀선교부

제법 많았다. 선교사 사택이 여러 채 들어서 있었기에 '서양산' 혹은 '미국산'이라 했다. 남쪽 동산(구암교회 뒤)은 청년산이라 했는데, 유학 온 청소년들이 많았기 때문이다.

선교부는 선교사들의 주거, 전도, 의료, 교육이 유기적으로 운영되는 곳이었다. 선교사들은 선교거점을 중심으로 주변부로 전도를 확대해 나가는 전략을 썼다. 이러한 선교거점으로는 서울의 정동과 연동, 수원, 공주, 청주, 전주, 군산, 광주, 순천, 목포, 대구, 안동, 부산 등이 대표적인 곳이었다.

군산 구암동산이 선교거점으로 결정된 후 선교사 사택, 영명학교(현 군산제일고등학교), 멜볼딘여학교(군산영광여자고등학교), 안락소학교, 기숙사, 도서관, 군산예수병원(원명은 프랜시스 브리지 앳킨슨 기념병원), 궁멀교회(구암교회)가 세워졌다. 금강변 나루터에는 전도선이 정박해 있었다. 전킨과 드류는 이 배를 타고 금강을 오르내리며 전도하거나, 바다로 나가 서해안 일대와 섬들을 돌아다니며 전도 구역을 확대하였다. 드류는 자신이 치료한 환자들의 마을을 방문하기도 하였다.

1894~1910년 군산에서 활동한 선교사는 레이놀즈, 전킨 부부, 드류(의료), 볼, 알렉산더, 다니엘, 케슬러, 패터슨, 쉐핑, 어아열, 그릴, 린톤, 브랜드, 베일 등이 있었다.

이 일대에 세워졌던 선교부는 1960년까지 원래 모습을 유지하고 있었다. 영명학교는 해마다 졸업생을 배출하였고, 멜볼딘여학교도 남아 있었다. 그러나 1966년 근처에 화력발전소가 들어서게 되자 구암동산은 화력발전소와 사기업의 소유가 되었다. 화력발전소 직원

아파트 등이 산기슭에 들어서면서 궁멀선교부 모습이 사라지고 말았다. 이곳에 있던 전킨 선교사와 자녀들의 묘지는 전주로 옮겨졌다. 현재 구암동산은 군산 3.1운동 역사공원으로 꾸며졌다. 역사공원 내로 들어서면 구암교회, (구)구암교회 예배당, 3.1운동 100주년 기념관, 기념탑 등 다양한 기념물로 채워져 있다.

구암교회

구암교회는 1896년 4월 6일 전킨 선교사의 집에서 예배를 드림으로써 시작되었다. 시작 시점에 대해서는 여러 의견이 있지만 1896년

구암교회

설립을 위주로 설명하고자 한다.

앞서 선교부에서 설명한 것처럼 1896년 군산으로 내려와 본격적으로 선교를 시작한 두 사람이었다. 한옥 두 채를 구입하고 한 채는 전킨의 살림집 겸 예배당으로, 한 채는 드류의 살림집 겸 병원으로 사용했다. 1896년 4월 6일 예배에서 장인택, 김봉래, 송영도 등 세 사람이 문답 후 원입교인이 되었다. 이때를 구암교회의 시작으로 본다. 교회는 건물이 있어야 설립되는 것이 아니다. 두세 사람이 모여 예배를 드리는 곳에서 시작된다. 그러니 이때를 구암교회 설립으로 보는 것이 타당하다.

1899년 군산선교부가 수덕산에서 궁말로 이전하면서 교인들이 궁말로 따라오거나, 흩어졌다. 원래 지역에 남은 교인들은 새로운 교회(지금의 개복교회)를 설립하고 예배를 드렸다. 궁말로 이전된 교회는 그곳 이름을 사용하면서 구암교회라 부르게 되었다. 구암교회는 전킨 선교사와 드류 선교사의 헌신으로 날로 부흥하였다. 전도선이라 부르는 배를 타고 금강을 거슬러 올라가거나, 바다로 나가 섬 지역을 다니며 전도하고 병자들을 치료해 주었다. 전킨이 건강 문제로 잠시 떠나자 1898년에는 해리슨(W. B. Harrison, 한국명 하위렴) 목사가 와서 헌신하였다. 1899년 불(W. F. Bull, 한국명 부위렴) 목사와 데비스(L. F. Davis), 엘비(L. Alby)가 합류하면서 군산선교부와 구암교회는 일시에 부흥하게 되었다.

1910년에는 오인묵을 장로로 세워 정상적인 조직을 갖춘 교회로 발전하였다. 1914년에는 한국인 김필수 목사가 재임하면서 폭발적인 부흥을 보았다. 나라 잃은 설움이 극에 달할 때였다. 교회는 상실

감에 젖은 한국민을 위로하면서 심리적인 안정을 주고자 노력했다.

구암교회는 군산선교부와 한 몸이었다. 1896년에는 영명학교를 세웠다. 1902년에는 멜본딘여학교도 세웠다. 예수병원 운영에도 협력하여 교육과 의료 사업을 통해 선교를 확대해 나갔다.

구암교회는 군산지역 3.1만세운동을 주도하였다. 구암동산에서 3월 5일 시작되어 모두 28회나 지속했으며 3만 명이 넘는 인원이 만세를 불렀다.

영명학교

영명학교는 1909년 전킨이 설립했다. '영명(永明)'이란 학업을 쌓아 온 누리를 밝게 비추라는 뜻이다. 어린 학생들을 교육하는 것 외에도 지역 주민들을 대상으로 생활계몽 · 문맹퇴치 · 미신타파에도 힘썼다.

1919년 영명학교

설립 초기에는 보통과 중심으로 운영되다가 미국에서 의학박사가 되어 돌아온 오긍선에 의해 소학교와 중학교로 분리되었다. 중학교에는 4년제 고등과, 2년제 특별과가 있었다.

영명학교는 구암교회와 함께 군산지역 3.1만세운동을 이끌었으며(군산 3.1운동 100주년 기념관 참고) 이 때문에 고등과, 특별과가 폐지되는 어려움을 겪었다. 1940년 일제의 신사참배 요구를 거부하면서 자진 폐교하였다. 해방 후 학교 문을 열었고, 교명을 '군산제일고등학교'로 바꾸었다.

멜본딘여학교

멜본딘여학교는 영명학교와 함께 전킨에 의해 설립되었다. 영명학교는 강변에 있었던 아름다운 학교였다. 1913년 3월 교육연한 1년인 멜본딘여학교로 설립 인가를 내고 이듬해 3월에 첫 졸업생 5명을 배출하였다.

멜본딘 여학교

흥미롭게도 '멜본딘'이라는 학교는 미국에도 있다는 것이다. 버지니아 스턴톤에 있던 '메리 볼드윈대학'의 본래 이름은 미 남장로교가 건립했던 여성 고등교육기관인 '어거스타 여자신학교(Augusta Female Seminary)'였다. 이 대학은 1842년에 개교하였는데, '어머니날'을 최초로 제정한 인물이 이 학교 출신이다. 전킨 선교사의 아내 메리번 전킨, 불의 아내 앨비 불, 유진 벨의 아내 로티 벨이 이 학교 출신이었다. 이 학교 1회 졸업생 가운데 '메리 줄리아 볼드윈'이 있었고, 그녀는 1863년에 이 학교 교장이 되었다. 남북전쟁으로 학교 운영이 어려워지자, 그녀는 탁월한 능력을 발휘해 학교를 살려냈다. 1895년 그 공로를 인정하여 교명을 '메리 볼드윈 신학교'로 개명하였다.

앨비 볼 선교사가 안식년을 맞아 미국으로 돌아갔을 때 그녀는 자신의 모교와 모교회를 방문하여 군산의 선교 상황을 보고하고 후원을 간절히 요청했다. 이에 모교(메리 볼드윈학교) 학생들은 1000달러를 보내왔고, 버지니아 렉싱톤 장로교회 여전도회원(메리 볼드윈 대학 동문)들이 적극 호응하여 왔다. 이들의 후원으로 영명학교에는 3층 교사(校舍), 여학교는 2층 교사를 지을 수 있었다. 이를 기념하여 여학교는 '멜볼딘(기념)학교'라 했다.

멜볼딘여학교는 신사참배를 반대하면서 자진 폐교를 단행했다. 해방 후 1965년에 '군산영광여중 · 고'로 교명을 바꿨다. 교명은 바뀌었지만 여전히 기독교적 가치관을 교육의 목표로 삼고 기독교적 인재를 양성하는 데 힘쓰고 있다.

멜본딘여학교 출신 인물로는 이순길(1891~1958) 지사가 있다. 그녀는 대한민국 애국부인회에서 활동했다. 그곳에서 상해임시정부에 독립자금을 전달하는 임무를 수차례 수행했다. 그녀의 가족은 모두 독립운동에 헌신하였다.

멜볼딘여학교 교사들의 항일운동도 눈여겨봐야 한다. 1919년 군산 3.5만세운동을 주도한 뒤 체포돼 1년 6개월간 투옥되었던 **고석주(1867~1937)** 애국지사는 신민회, 대한자강회, 국민회 등에서도 활동했다. 출감 뒤 서천군에 교회를 세우고 교육사업으로 지역 사회에 공헌하였다. **윤석구(1892~1950)** 애국지사는 1913년 만주로 건너가 독립운동에 가담하였다. 황포군관학교 2기로 졸업하였고, 대한민국 임시정부에서 활약하였다. 1922년 독립자금을 마련하기 위한 목적으로 귀국해 멜본딘여학교 교사로 활동했다. 교사로 근무하면서도 일제의 감시를 피해 꾸준히 임시정부에 군자금을 보냈다. **황현숙(1902~1964)** 애국지사는 천안에서 3.1만세운동을 주도해 1년간 옥고를 치렀다. 그녀는 공주형무소에서 유관순 열사를 만났다. 그 후 멜본딘여학교 교사로 재직하였다. 1929년 광주학생운동이 발발하자 동맹휴학을 주도하였다. 이 일로 체포되어 투옥되자 옥중단식투쟁을 벌이기도 하였다. **김영순(1892~1986)** 애국지사는 1915년 멜볼딘여학교 교사로 있다가, 3.1운동 후 모교인 서울 정신여학교 사감으로 옮겨갔다. 1919년에 결성된 대한민국 애국부인회에 가입하였다가 체포되어 옥고를 치렀다. 신간회에서 활동하였으며 여성의 지위향상과 독립항일운동에 힘썼다. 그녀는 끝까지 창씨개명하지 않아 아이들을 교육시킬 수 없었다. 남편 이두열 지사도 항일운동을 하다가 옥고를 치렀다.

군산예수병원(궁멀병원, 구암병원)

드류(Dr. A. D. Drew, 한국명 유대모) 선교사는 1895년 3월 전킨과 함께 군산으로 내려와 의료선교를 시작하였다. 1899년 군산항이 개항되자 군산선교구역은 구암동산으로 이전하였다. 구암동산에다 병원을 세우고 가난하여 진료받지 못하는 한국인들을 정성껏 치료하였다. 이것이 군산에 생긴 최초의 서양식 병원이었다.

예수병원의 원래 이름은 '프랜시스 브리지 앳킨슨 기념병원'이다. 이름이 너무 길었다. 그래서 병원을 다녀온 사람들은 '야소(耶蘇)병원'이라 불렀다. 다른 지역 예수병원도 정식 명칭 대신 치료받은 한국인들이 '야소병원'이라 부르면서 붙여진 이름이었다. 후에 '구암병원'이라 불렀다.

드류와 전킨은 전도선을 타고 먼 곳까지 다니면서 치료와 복음 전하는 일을 하였다. 6~7년 후 드류는 미국으로 귀국하게 되었고, 1904년 T. A 다니엘이 부임해서 병원을 확장하였다. 그 후 병원은 군산 주민들을 성심껏 진료하면서 변화를 거듭하였다.

군산예수병원은 1941년 일제의 탄압으로 선교사들이 강제 추방될 때 이곳에 근무하던 미국인 의료선교사들도 함께 추방되었다. 이때 군산 예수병원은 폐원되었다. 대개 다른 지방의 경우 해방 후 선교사들이 재입국하여 병원을 다시 시작하였다. 군산은 그렇지 않았다. 이영춘 장로(이영춘 가옥 참고)가 병원과 보건대학 등을 설립하고 활동하고 있었기 때문으로 보인다.

일제강점기 군산에는 일본인들에 의해 병원이 지속적으로 개원되었다. 그만큼 일본인들이 많이 거주했다는 뜻일 것이다. 1934년이 되면 선교사가 운영하는 병원 1개, 일본인이 운영하는 병원 8개, 조선인 병원 3개가 있었다. 1909년 일제가 도마다 1개씩 일종의 도립 병원인 자혜병원을 개원했는데, 군산에는 1922년에 설립되었다. 자혜병원은 훗날 '의료원'이 되었다.

알레산드로 다말 드류 선교사

알레산드로 다말 드류(Alessanddro Damar Drew, 1859~1926, 한국명 유대모)와 부인 루시 드류 선교사는 1894년에 한국으로 왔다. 그들이 한국에 도착했을 때 동학농민운동과 청일전쟁 여파로 콜레라가 창궐하고 있었다. 드류와 전킨 선교사는 서소문밖에 구제소를 마련하고 치료에 전념했다. 1894~1895년에 800명의 콜레라 환자를 치료했다. 동학농민운동과 청일전쟁의 여파가 어느 정도 가라앉았다고 판단되자 남장로교 선교사들은 호남으로 출발했다.

1895년 드류는 전킨과 함께 군산으로 내려와서 준비된 의료 선교를 시작하였다. 마치 그들이 오기를 기다렸다는 듯이 1896~1897년에만 4,000명의 환자를 돌봤다. 드류는 멈춤이 없었다. 그래서 호남 사람들은 그를 '뜨거운 심장을 가진 의사'라 불렀다. 너무 열정적인 사역을 한 결과일까? 그만 풍토병으로 건강을 잃어 미국으로 강제 송환되어 돌아가야만 했다. 그는 짧은 기간 한국에서 활동했지만 누구보다 한국을 사랑했고, 군산을 사랑했다. 미국 남장로교 선교 본부에서 선교부를 나주로 옮기자고 했을 때 강력하게 반대하며 기다려 달라고 해서 결국 군산선교부가 설립되도록 했다.

미국에 돌아가 항만 검역관으로 일하면서 한국인을 돕는 일에 헌신하였다. 한인교회를 다니며 나라 잃은 한국인들을 위로하고 지원하였다. 그래서 그들 부부에게는 늘 가난이 따라다녔다. 1902년 10월 14일 한국인 신혼부부가 미국 입국비자도 없이 샌프란시스코에 도착했다. 그들은 즉시 경찰에 끌려갔다. 그들이 끌려가는 모습을 본 드류는 이들의 신원 보증을 서주고 그의 집으로 데려가 함께 지냈다. 그 한국인 신혼부부는 도산 안창호였다. 드류는 도산 안창호에게 건강이 회복되면 군산으로 돌아갈 것이며 그날을 기다리고 있다고 말했다.

1906년 4월 18일 새벽에 샌프란시스코에 강진이 몰아닥쳤다. 이 지진으로 3,000명 이상이 죽었고, 30만명 이상의 이재민이 발생했다. 도시의 80%가 파괴되었다. 고종황제는 어려움에 처한 한국 교민들을 위해 1,900불을 보냈는데, 지금으로 환산하면 9억원 정도 된다. 고종은 이 지원금의 처리를 드류에게 맡겼다. 드류는 신문에 광고를 실어 한국 교민들이 형편에 따라 돈을 지원받을 수 있도록 했다.

이렇게 한국을 사랑하고 한국으로 돌아갈 날을 고대하던 드류는 1932년 12월 세상을 떠났다. 우리는 그의 삶에서 선교가 무엇인지 확인하게 된다. 한국에서 뿐만 아니라 미국에 돌아가서도 한국인들을 위해 헌신했다. 한국인은 한반도에도 미국에도 있었기 때문이다. 지금 한국으로 밀려오는 외국인들을 보며 드류와 같은 선교사가 많이 나타나기를 기대해 본다.

군산 3.1만세운동 100주년 기념관

구암동산 위에 서양식 붉은 벽돌로 세워진 '군산 3.1운동 100주년 기념관'은 100여 년 전 이곳에 있었던 영명학교 교사(校舍)를 본떠서 복원한 것이다. 옛 사진을 보고 겉모습만 복원했다고 한다.

3.1독립만세운동 이후 한강 이남에서 최초로 일어난 군산 3.5만세운동은 군산영명학교를 졸업한 김병수가 1919년 2월 28일 민족대표 33인의 한사람인 이갑성과 접촉하여 독립선언문 200장을 건네받고 군산으로 내려와 영명학교 교사 이두열, 박연세, 송현옥, 고석주, 김수영에게 전했으며, 영명학교 교사와 학생, 예수병원 직원, 구암교회 교인, 시민 등 500여 명이 참여한 호남 최초의 만세운동이었다.[3]

군산 3.1만세운동 100주년 기념관 영명학교 교실을 복원해서 기념관으로 사용하고 있다.

---

3 군산 3.1만세운동 100주년 기념관

군산 3.1만세운동은 3월 5일에 시작되었다. 일회성으로 끝난 것이 아니라 5월까지 지속되었다. 원래 서래장날인 3월 6일에 계획된 것이었다. 김병수(당시 세브란스 의전학생)가 가져온 독립선언서를 3,500매로 복사하고, 태극기 수백 장을 만드는 등 만반의 준비를 하였다. 그러나 3월 4일 새벽 서울에서 일어난 만세운동 때문에 학교를 예의주시하던 일제 경찰의 급습을 받아 지도자들이 연행되었다. 만세운동이 좌절될 위기에 처한 것이다. 김윤실 교사와 학생들은 3월 4일 체포된 교사 석방을 요구하는 시위를 했다. 일본 경찰이 이 시위를 무력으로 진압하자 시민들의 분노가 끓어올랐다. 그러자 영명학교 교사들과 학생들은 거사 일을 하루 앞당겨 대한독립만세를 불렀다. 영명학교 교사와 학생, 멜본딘여학교 교사와 학생, 예수병원 직원, 구암교회 교인 등이 주도하여 나가자 시민이 합세하였고 시위규모는 500명에 이르렀다. 이들은 영명학교를 출발하여 서래장터, 군산경찰서까지 나아갔다.

이때 일경에 검거된 사람만 90명이었다. 만세운동의 여파는 오랫동안 지속되어 옥구 · 대야의 항일운동, 임피장터 만세운동, 군산 공립보통학교 방화 항일운동으로 이어졌다. 일제의 강경한 진압으로 사망 53명, 부상 72명, 투옥 195명이 발생했다. 전라도 내에서 일어난 가장 큰 규모의 항일운동이었다.

쌍천 이영춘 가옥

흙에 사랑을 심은 이영춘 장로

군산은 개화기 이후에 만들어진 도시다. 일본인들이 전라도 일대에서 생산되는 쌀을 노리고 군산에 터를 잡았다. 일본인들은 싼 이자로 돈을 빌려서 한국인에게 고리대금을 놓아 돈을 벌었다. 돈을 갚지 못하면 담보로 잡은 농토를 빼앗았다. 전라북도 땅의 8할이 일본인 소유였을 정도다. 게다가 1935년에는 우리나라 쌀 생산량의 54%가 일본으로 유출되었다.

구마모토 리헤이는 전라도 일대에 대규모 농장을 가진 부호였다. 1935년 구마모토는 논 3,000정보(1,000만평, 여의도 면적의 10배)를 소유하고 있었고, 그의 농토를 빌려 농사짓는 소작인이 3,000가구에 2만 명이나 되었다. 그는 군산에 별장을 짓고 농장을 관리했다.

구마모토는 악덕 지주로 명성이 높았다. 무려 60~70%에 이르는 소작료를 가져갔고, 지시를 어기면 폭행도 서슴지 않았다. 1933년에는 수확량이 절반으로 줄었음에도 소작료를 30% 올려 소작쟁의를 유발했다. 마지못해 소작료를 낮췄던 구마모토는 이듬해에 소작료를 20% 인상해 분노를 샀다. 구마모토는 소작료 불납 운동이 일어나자 이를 무마하기 위해 장학금 지급, 의료혜택 등을 약속하게 되었다.

구마모토는 2만 명에 달하는 소작인들이 곧 자기의 부(富)를 채워줄 자원이라는 것을 인식하였다. 소작인이 건강해야 더 많은 소출을 낼 수 있으리라 생각했다. 소작인들을 달래고 효율적으로 관리하기 위해 의료혜택을 줄 필요가 있었다. 그래서 구마모토는 이영춘 박사를 고용하여 소작인들을 진료하게 했다.

이영춘은 1903년 평안남도 용강군에서 태어났다. 평양고등보통학교를 졸업하고 세브란스 의학전문학교에서 공부했다. 1935년에 일본 교토제국대학에서 조선인 최초 의학박사 학위를 받았다. 세브란스 의전으로 돌아와 학생들을 지도하던 중 구마모토의 제안을 받았다. 이영춘 박사는 구마모토에게 조건 하나를 제시했다. 진료를 시작한 후 10년이 되면 '농촌위생연구소'를 설립해 달라는 것이었다. 예방의학의 중요성을 누구보다 잘 알았던 이영춘 박사는 한국 농촌이 겪고 있는 질병 문제를 해결해 보고자 했다. 이영춘 박사는 농장 사무실을 개조해 자혜진료소를 만들었고 소작인들이 있는 곳이면 어디든 진료를 다녔다. 근무 시간 외에는 농장에 속하지 않은 조선인들을 진료했다. 그가 진료한 환자는 하루에 20~100여 명에 이르렀다고 한다.

쌍천 이영춘 박사

이영춘 박사의 호는 쌍천(雙泉)이다. 건전한 정신과 육체를 의미

한다고 한다. 한편 그는 개정교회 장로였다. 그는 세브란스 의전에서 에비슨 선교사의 가르침을 받았다. "영혼과 육체를 치료하는 의사가 되라"는 가르침이었다. 그는 평생 그리스도인의 사명을 잊은 적이 없었다. 가난한 사람들 곁에 있으려 했으며, 그에게 준 은사는 가난한 농민을 위해 사용했다. 그래서 그의 호 쌍천에는 "하나님 사랑, 이웃 사랑"이라는 뜻도 담겼다.

1945년 해방과 동시에 구마모토 농지와 별장은 적산이라 하여 미군정에 몰수되었다. 정부 수립 후에는 대한민국 소유가 되면서 토지는 농민에게 불하되었다. 이영춘 박사는 군산을 떠나지 않고 남았다. 농장병원을 인수한 후 의료 인력을 양성하기 위해 간호대학을 설립하고 병원을 증설하였다. 보건과 위생을 근본적으로 개선하는 일에 관심을 쏟았다. 이영춘 박사는 기생충, 결핵, 성병, 이 세 가지가 '민족의 독'이라고 규정했다. 한국이 기생충 박멸에 성공한 것도 이영춘 박사의 공로가 컸다. 그가 돌본 환자는 헤아릴 수 없었으며, 그가 다닌 지역은 실로 광범했다. 그리스도인 의사로서, 그리스도인 교육자로 살았던 이영춘 박사는 영광의 자리가 아닌 철저하게 낮은 곳에 있었다. 그래서 그런지 1980년 소천할 때에 유산하나 남기지 않았다.

구마모토 별장 즉 이영춘 가옥은 프랑스인이 설계하고 일본인이 시공했다고 알려졌다. 별장을 지을 때 조선총독 관저보다 더 화려하게 지으려고 했다. 매우 비싼 고급 자재를 사용해서 별장을 꾸몄다. 외부는 유럽풍으로 하였으며, 내부는 일본식 다다미방, 한식 온돌, 서양식 응접실을 갖추었다. 외벽에는 백두산 낙엽송, 창문에는 스테인드글라스, 바닥은 티크 목재를 사용했다. 거실에는 외국에서 수입

이영춘 가옥(사진:문화재청)

한 샹들리에를 달았다. 벽에는 유화를 걸었고, 고종황제 일가가 사용했던 의자, 침대를 수집했다. 집 내부 곳곳에 벽난로를 설치해 추위에 약한 일본식 집을 보완했다. 얼마나 잘 지었든지 지금도 완벽할 정도로 남았다. 집 밖으로는 오래된 나무들이 둘러서 있어 아름다운 정원이 되었다. 일본식 가옥으로는 원형을 잘 간직하고 있어서 드라마, 영화의 배경으로 많이 사용되었다. 지금은 이영춘 박사 기념관으로 사용되고 있다.

TIP 군산 기독교 유적 탐방

▮ 구암교회

전북 군산시 영명길 22 / TEL.063-442-3565

▮ 이영춘 가옥

전북 군산시 개정동 / TEL.063-452-8884

군산 수덕산 아래 신흥교회가 있다. 그곳에 주차하고 교회 오른편 뒷산으로 올라가면 '전킨, 드루선교사 군산 첫 선교지 기념비'가 있다.

두 번째 선교부가 있었던 구암동산에는 구암교회, 구암교회 舊예배당, 군산 3.1운동 100주년기념관(영명학교)이 있다. 무궁화가 심어진 구암동산을 탐방하다 보면 멀리 보이는 군산시내와 동산 아래로 흐르는 금강이 매우 아름답다. 3.1만세운동이 벌어졌던 그날을 회상하면서 구암동산을 돌아보자. 구암동산 아래 주차장이 잘 갖추어져 있다. 지경교회는 구암동산에서 10km 거리에 있다. 교회에는 주차할 공간이 충분히 있다. 이영춘 가옥은 10:00에 개관하며 월요일에는 휴관한다.

[추천1]

수덕산 선교지 기념비 → 구암동산 → 이영춘 가옥

지평선을 간직한 김제

우리나라에서 지평선을 볼 수 있는 곳은 전라북도 김제다. '징게 맹갱외에밋들'. '징게'는 김제, '맹갱'은 만경, '외에밋들'은 너른 들 또는 하나처럼 보이는 들을 뜻한다. 우리나라 대표 곡창지대인 김제 만경평야의 옛말이다. 조정래는 이 너른 들을 소재로 아리랑을 썼다. 예부터 들이 넓어서 물을 공급하는 저수지를 축조했으니 '벽골제'라 한다. 백제 때에는 이곳을 벽골군이라 불렀다. 벽골제 남쪽을 일러 호남지방이라 한다. 김제 북쪽에는 만경강이 흘러 군산시와 경계를 이루고, 남쪽에는 동진강이 흘러 부안군과 경계를 만든다. 두 강이 만든 드넓은 김제평야는 모악산 서쪽으로 펼쳐져 있다.

김제평야 어디서나 동쪽 모악산을 바라본다. 아기를 안은 어머니의 모습을 닮았다고 해서 모악산(母岳山, 794m)이라 했다. 옛 이름은 '으뜸이 되는 태산'이라는 뜻의 '큰뫼' 또는 '엄뫼'다. 큰뫼에서 큰은 금, 뫼는 산으로 음역해서 금산이라 했다는 이야기도 있다. 금산사 앞으로 흐르는 시내에 사금이 나서 금산이라 했다는 설도 있다. 바위가 많은 산이 아닌데도 岳(악)자를 넣었다. 시인 고은은 '내 고장

벽골제 지금도 완연히 남아 있는 제방은 매우 인상적이어서 벽골제 남쪽을 호남이라 한다.

모악산은 산이 아니외다. 어머니외다'라고 노래했다.

모악산 자락에는 유명한 금산사가 있다. 백제 때에 창건되었고, 통일신라시대에 진표가 미륵신앙의 터전으로 확장했다. 미륵은 미래에 올 부처라 한다. 후백제의 견훤이 아들 신검에게 왕위를 찬탈당하고 유폐되었던 곳이 금산사였다.

조선 선조 때에 정여립은 모악산 자락 제비산에 머물며 혁명을 꿈꾸다 역적이 되어 죽어야 했다. 이 사건으로 호남 선비 수천 명이 학살당해야 했다. 이런저런 신비로운 이야기가 누적되어 있는 모악산과 금산사, 그래서 이곳에서 여러 신흥종교가 탄생했다. 모악산 아래 금평 저수지 자락에 증산법종교 본부가 있다. 증산교 창시자 강증산이 동곡약방을 열었던 곳도 모악산 자락이다. 그는 후천개벽을 외쳤는데, "천지개벽이 일어날 때 모악산 주변 30리 안에 들어온 자만 살아남는다" 했다. 그가 도통했다고 전해지는 곳도 모악산 자락의 대원사다. 대원사는 증산교, 대순진리교 교인들의 성지가 된다. 원불교 창시자 소태산 박중빈도 대원사에서 수행했다고 한다. 이렇게 불교의 미륵신앙 중심지이자 다양한 신흥종교가 나타난 모악산 골짜기 금산에 뭉클하고 아름다운 이야기를 품은 금산교회가 있으니 실로 보물이 아닐 수 없다.

금산교회

예수를 닮은 이가 누구인가

문화재 표지판은 갈색바탕을 쓴다. 그래서 금산사 가는 길에 '금산교회(金山敎會)' 갈색 표지판을 봤을 때 교회가 문화재로 지정되었다는 것을 짐작할 수 있었다. 문화재로 지정된 교회이니 궁금하지

금산교회 전경

않을 수 없다. 금산사에서 멀지 않은 곳에 있으니 들어가 보자.

교회로 들어서면 벽돌로 지은 예배당(1988년 건축)이 한쪽에 밀려난 듯 있고, 마당 안쪽에는 포복하듯 낮게 엎드린 ㄱ자 한옥이 있다. 종탑 또한 나무로 만든 옛 모습을 하였다. ㄱ자 한옥은 옛날 예배당이었다. 이 예배당이 문화재로 지정되었다. 금산교회는 1905년에 5칸 한옥 예배당을 지었다. 신도가 늘어난 1908년 인근 마을에서 재실을 판다는 소식을 듣고 그것을 사들여 남북방향 5칸에 동쪽으로 2칸을 덧대어 ㄱ자 모양의 예배당을 지었다. ㄱ자로 건물을 지은 이유는 남녀칠세부동석 때문이다. ㄱ자 모양의 예배당은 기독교가 한국 전통문화를 어떻게 수용했는지 보여주는 좋은 사례가 된다. 당시에 많은 교회가 ㄱ자 모양의 예배당을 지었다. 지금은 금산교회와 익산 두동교회 두 곳만 남아 있지만 말이다. 어떤 교회는 ㄱ자 모양

금산교회 ㄱ자 예배당 한옥으로 된, ㄱ자 모양으로 된 예배당이 있어 무척 반갑다.

으로 짓지 않더라도 예배당 내부에 휘장을 쳐서 남녀를 구분하기도 했다.

동쪽 문으로는 여자들이 출입하고, 남쪽 문으로는 남자들이 출입했다. 예배당 안으로 들어가면 ㄱ자로 꺾인 부분에 설교하는 강대상이 있다. 설교자의 입장에서 보면 왼쪽에는 여자, 오른쪽에는 남자들이 앉아서 예배를 드리는 모습이 된다. 설교자는 양쪽을 다 볼 수 있다. ㄱ자로 꺾어 지었지만 신도들이 많아서 앞자리까지 바짝 앉으면 남녀가 서로 바라볼 수 있게 된다. 그래서 설교단 앞에 커튼을 드리워서 남녀가 서로 바라볼 수 없도록 했다. 1940년에 와서야 커튼을 치웠다.

예배당 천장은 서까래가 노출된 연등천장을 하였다. 상량에 글씨를 썼는데, 남자석에는 한자로, 여자석에는 한글로 하여 읽어볼 수 있게 하였다.

일천구백팔년 / 양사월삼일 음삼월삼일 / 오시샹양 / 녀희가 하ᄂᆞ님의 셩뎐이 된 것과 하ᄂᆞ님의 셩신이 너희안헤 거ᄒᆞ심을 아지 못ᄒᆞ나뇨 누구던지 하ᄂᆞ님의 셩뎐을 더럽게ᄒᆞ면 하ᄂᆞ님이 그 사ᄅᆞᆷ을 멸ᄒᆞ실지라 하ᄂᆞ님의 셩뎐은 거륵ᄒᆞ니 너희도 또ᄒᆞᆫ 그러ᄒᆞ니라(전고三ㅇ十六-七) 쥬여 당신 오실때까지 늘 거륵게 ᄒᆞ시옵쇼셔 아멘

설교단 뒤에 설교자가 들어오는 작은 문이 하나 있다. 이 문은 매우 작게 만들어졌는데, 문으로 들어오는 설교자가 머리를 숙이도록 만든 것이다. 목사들은 이 문으로 출입하며 겸손을 배웠다고 한다. 예배당 내부에는 교회 역사가 사진과 문서로 정리되어 있고, 옛날에

사용하던 예배용 도구들이 전시되어 있다. 테이트 선교사, 조덕삼 장로, 이자익 목사의 사진과 초상화가 걸려 있다. 교회 맞은편에는 금산교회 역사전시관이 별도로 마련되어 있어서 교회 이야기를 자세히 볼 수 있다.

부자 조덕삼과 마부 이자익

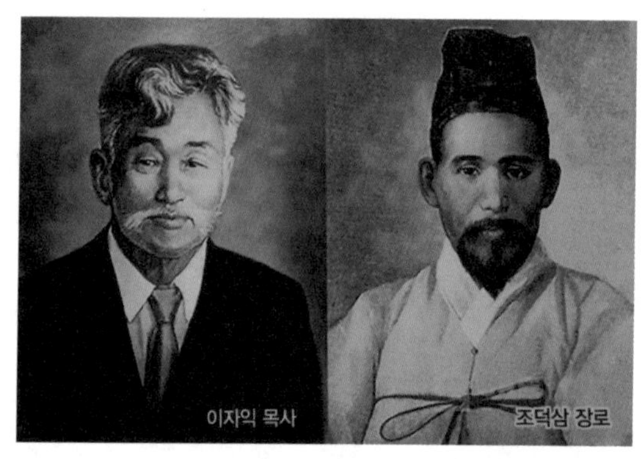

이자익 목사와 조덕삼 장로(사진:금산교회 역사관)

금산교회는 ㄱ자 모양의 교회라서 문화재로 지정되었지만, 그것보다 더 가치 있는 멋진 이야기가 서려 있는 곳이다. 이곳을 탐방하는 교인들은 ㄱ자 모양의 예배당을 어루만지며, 이곳에 스며 있는 아름다운 이야기를 듣고서 감동받는다.

금산교회는 호남선교를 담당한 미국남장로교 7인 선교사 중 한 명인 테이트(L.B.Tate, 한국명 최의덕) 선교사의 전도에서 시작되었다. 테이트는 전주선교부에 머물며 인근 지방(김제,정읍,익산,남원)을 순회하며 전도하고 있었다. 전주에서 정읍을 오가기 위해서는 모악산 자락을 넘어야 했다. 그 길에 금산리를 지나다녔다. 그는 주로 말을 타고 먼 거리 전도 여행을 다녔다. 그러던 중 말을 쉬게 하고 먹이도 줄 겸 마방에 들렀다가 마방 주인 조덕삼을 만났다.

조덕삼(1867~1919)의 조부는 평안도 출신으로 중국을 오가며 홍삼을 팔던 무역상이었다. 조부는 무역으로 상당한 부를 축적하였다. 부친 조종인은 평안도를 떠나 평야가 많고 금(金) 생산이 많은 금산에 내려와 금광을 하며 돈을 모았다. 조종인의 아들 조덕삼은 부유한 집안의 자제이자 무역하였던 상인 가풍으로 인해 개방적인 생각과 지식을 갖추고 있었다. 성격이 호탕하고 사람을 좋아하여 붙임성이 좋았다. 지나가는 여행객을 먹이고 재우는 섬김을 잘하였다. 테이트 선교사도 몇 번 마방에서 신세를 졌다.

조덕삼에게는 머슴이자 마부 이자익(1882~1961)이 있었다. 이자익은 경남 남해군 출신으로 어려서 부모를 여의고 가난하게 살았다. 16살이 되자 무작정 섬을 떠나 육지로 나왔다. 여수 여관에서 잡일을 하다가 금산사 승려를 만나 김제로 왔다. 금산사에 머물며 지내던 중 아랫마을에 살던 조덕삼의 눈에 들었다. 조덕삼의 권유로 그 집 마부로 들어가 일하게 되었다. 이자익은 충직했으며 명석했다. 조덕삼의 장남 조영호가 서당에서 공부할 때 어깨 너머로 습득한 천자문을 술술 낭독하여 주변을 놀라게 했다. 조덕삼은 같은 훈장 밑에서 공부하도록 허락해 주었다.

테이트 선교사는 오며가며 조덕삼의 마방에 쉬어가거나 머물렀다. 그때마다 조덕삼에게 예수를 전했다. 그러나 조덕삼의 마음은 완고하게 닫혀 있었다. 정작 복음을 먼저 받아들인 이는 이자익이었다.

이자익은 마부 생활을 청산하고 김종규와 장사를 하였다. 근면하고 성실했던 그는 제법 돈을 벌게 되었다. 그리하여 김여장의 딸 김선경을 아내로 맞아 장가도 갈 수 있었다. 1902년 이자익은 테이트

ㄱ자 예배당에서 예배드리는 미니어쳐 남녀가 분리되어 앉았다

선교사를 만났다. 테이트가 전하는 복음을 듣고 회심하여 예수를 믿기로 했다. 부인 김선경과 김종규도 전도해서 함께 신앙생활을 하였다. 그리고 조덕삼에게도 예수를 전했다. 이자익의 권유를 듣고 조덕삼은 테이트를 다시 만났다. 그리고 예수를 믿기로 했다.

주일이면 두 사람은 원평교회에 함께 출석하여 예배를 드렸다. 조덕삼이 이자익 보다 15살 위였다. 두 사람은 1905년 함께 세례를 받고 집사가 되고 영수가 되었다. 1905년 조덕삼의 헌신으로 금산리에 예배당을 세웠다. 당시는 두정리교회라 했다.

조덕삼의 헌신

1907년 금산교회 장로를 선출하게 되었다. 후보는 조덕삼과 이자익이었다. 테이트 선교사의 사회로 투표가 진행되었다. 그런데 모두의 예상과 달리 선출된 이는 이자익이었다. 모두 당황했다. 내심 불안하기도 했다. 예배당을 내어준 것도, 예배 후 밥을 먹이는 것도, 교인들의 생활에 도움을 준 것도 모두 조덕삼이었다. 이만하면 조덕삼이 당연히 장로가 되어야 하지 않겠는가? 그런데 이자익이 선출되었다. 당시 사회 분위기로 보아서 하얗게 질릴 일이 아니겠는가? 이제 동네에서 얼굴을 들고 살 수 없고, 그의 토지를 빌려 농사짓는 것도 어렵게 될 예감이 들었다. 모두가 불안해하던 중에 조덕삼이 발언권을 얻어 앞에 나섰다. 침묵 속에 조덕삼이 입을 열었다.

우리 금산교회 교인들은 훌륭한 일을 하였습니다. 이자익 영수는 저보다 믿음이 좋습니다. 이같은 분이 교회 일꾼이 되어야 합니다. 이렇게 된 것은 하나님의 뜻입니다. 저는 이자익 장로를 잘 받들어 교회를 위해 헌신하겠습니다.

신분제가 철폐되었는데도 그것을 뛰어넘지 못하고 분열되었던 교회가 얼마나 많았던가? 하나님 안에서 모두가 평등하다고 하는데, 그것을 인정하기 싫어 교회를 떠났던 이들이 얼마나 많았던가? 장로로 선출되지 못했다고 교인들에게 실망해서 교회를 떠나는 이들이 또 얼마나 많았던가?

장로가 된 이자익은 선교사를 대신해 설교하였고, 교회를 성심으로 섬겼다. 조덕삼 역시 이자익 장로를 도와 교회를 섬겼다. 이자익이 장로가 되었고 조덕삼이 아름답게 헌신했다는 이야기를 듣자 사람들이 교회로 모여들었다. 1908년 예배당을 확장 신축해야 했다. 조덕삼은 과수원 일부를 내놓았고, 인근 재각도 자비로 사서 옮겨 지었다. 이때 ㄱ자 모양의 예배당이 만들어졌다. 1909년 조덕삼 역시 장로가 되었다. 당연한 결과가 아니겠는가?

이자익은 1909년 정식 조사(전도사)로 임명되었다. 남원, 고창 일대를 다니며 복음을 전했다. 그의 전도로 3곳에 예배당이 세워졌다. 조덕삼은 이자익을 평양신학교에 보내 신학을 공부하도록 도왔다. 공부를 마치고 목사가 된 이자익을 금산교회로 청빙해서 담임목사로 시무하게 한 이도 조덕삼이었다. 옛날 머슴이었던 이자익을 목사로 섬기게 된 것이다. 이자익은 조덕삼의 평가와 기대대로 훌륭한 목사가 되었다. 장로회 총회장을 세 번이나 역임하였는데, 한국 장로교 역사상 유래가 없는 일이었다. 조덕삼 장로 가정은 3대째 금산교회를 섬기고 있다.

이자익 목사는 해방 후 장관 제의도 거절하고 어렵고 가난한 교회와 교계를 위해 헌신하였다. 1954년 대전신학교를 설립하는 데 큰 역할을 하였다. 대전신학교 '이자익 목사 기념관' 개관식에 참석한 이자익 목사 손자 이규완 장로(고분자화학 박사)는 조덕삼 장로의 손자 조세형 장로(4선 국회의원)에게 허리를 굽혀 감사를 전했다. 두 집안은 지금까지도 돈독한 관계를 맺고 있다고 한다.

유광학교 설립과 교회의 시련

1906년 조덕삼 영수는 사재를 털어 유광학교를 설립했다. 예수를 믿고 예배에 참석하면서 교육의 중요성을 깨달은 것이다. 을사늑약이 체결되고 국가적으로 암울한 상황이 반복되고 있었기에 절박함도 있었다.

초대교장에 조덕삼, 교사로 곽동호, 김재선, 김윤찬, 박윤근 등이 활동했다. 한글과 역사를 가르쳤다. 체육, 성경과 신앙교육 등도 병행하였다. 선교사들의 노력으로 한글성경이 소개되었고, 성경을 읽으려면 한글을 알아야 했다. 한글은 우리의 정서를 가장 잘 표현할 수 있는 글이다. 역사를 가르친 것은 한민족이 겪고 있는 현실을 똑바로 바라보기 위함이었다. 학교를 운영하는 데 많은 어려움이 있었지만 그때마다 교회는 협력하여 학교를 유지하였다.

조덕삼 장로의 아들 조영호는 부친이 설립한 유광학교 교장으로 있었다. 조영호는 만주로 가서 독립운동하다가 부친이 소천하자 돌아와 교육에 헌신하였다. 1938년 장로회 총회에서 신사참배를 결의하자 이자익 목사와 조영호 장로는 거부하였다. 신사참배를 거절한 이유로 예배당과 학교는 폐쇄되었다. 조영호 장로는 불경죄로 김제경찰서에 구속되었다.

해방 후 예배당 문은 열렸다. 그러나 한국전쟁으로 수난은 다시 시작되었다. 인민군이 모악산 아래 주둔하며 예배당을 차지하고 인민위원회 사무실로 사용했다. 예배당을 빼앗기자 교인들은 조기남 전도사 사택에 모여 예배를 드렸다. 모악산 아래 금산리 일대는 낮에는 국군, 밤에는 인민군이 차지하는 일이 반복되었다. 조기남 전도사는 피난을 권유하는 사람들에게 '교회를 지키고, 예배를 인도해야 하며, 아무 잘못이 없어 해받지 않을 것'이라 말했다. 그러나 9월 30일 밤 인민군들은 조기남 전도사를 총살했고, 동네 집들에 불을 놓았다. 금산교회 주일학교 교사였던 김윤철(26세)도 피살되었다. 그는 자신을 죽이는 자들에게 "나를 죽일 수 있어도 영혼까지 죽일 수 없다"고 말하며 순교했다.

ㄱ자 예배당 내부 금산교회 예배당은 개방되어 있어 ㄱ자 예배당을 체험할 수 있고, 다양한 자료가 전시되어 있어 매우 의미있는 장소다.

TIP 김제 기독교 유적 탐방

▌금산교회

전북 김제시 금산면 모악로 407 / TEL.063-548-4055

금산교회는 언제든지 방문할 수 있다. 단체는 미리 연락하고 방문하기 바란다. 금산교회 목사님의 자세한 설명을 들을 수 있다. 한옥예배당 내부에는 조덕삼 장로, 이자익 목사, 교회 역사와 관련된 자료들이 전시되어 있다. 교회 앞에는 금산교회 역사관도 있다. ㄱ자 예배당에서 남녀가 따로 앉아서 예배드리는 모습을 재현한 미니어처, 오래된 풍금, 금산교회 당회록, 교회종 등을 볼 수 있다.

제 7 부

전라남도

유달산과 삼학도가 지키는 목포

목포는 대중가요 '목포의 눈물', '목포는 항구다'로 인해서 그곳에 가 보지 않았어도 마치 가 본 듯한 도시가 되었다. 목포에는 유달산이 있고, 삼학도가 있다. 그 유명한 삼학도는 일찍이 간척되어 더 이상 섬으로 부르기 민망하게 되었다. 그래서 삼학도가 섬인 줄 알고 찾다가 못 찾는 이들이 많다. 목포 여행의 백미는 케이블카다. 유달산에서 고하도까지 운행하며 산과 바다, 도시가 어우러진 아름다운 풍경을 선물한다. 주홍빛 노을이 도시에 떨어질 때 케이블카를 타면 서양풍 풍경화 속으로 풍덩 빠져들게 된다.

목포는 내륙으로 들어가는 목에 해당되는 포구라 하여 '목포'라 하였다. 고려 왕건이 이곳을 점령했을 때는 남포 또는 남개로 불렸다. 목재가 많이 나서 나무포-남포로 불리다가 목포가 되었다는 설도 있다.

조선시대에는 지리적 중요성이 인정되어 수군진이 설치되었다. 『세종실록지리지』에 의하면, 이곳 목포진에는 함선 8척, 수병 490명이 배속되어 있었다. 임진왜란 때에 이순신 장군은 고하도에 진을

유달산에서 바라본 목포 멀리 삼학도가 보이고, 유달산 아래에는 근대문화유산이 많다.

세우고 함선 건조와 군량미 조달에 힘썼다. 명량에서 승전하였지만 조선 수군을 재건하기 위해서는 좀 더 안정적인 기지와 군자금이 필요했다. 장군이 선택한 곳은 고하도였다. 유달산 노적봉은 이순신 장군이 노적가리처럼 보이게 해서 왜군을 속였다.

목포는 항구도시 인천, 군산과 비슷한 분위기를 지녔다. 작은 어촌에 불과했던 이곳은 1897년에 개항되었는데 나라 안에서 4번째였다. 개항 후 목포는 조선의 4대 항구이자 6대 도시로 성장하면서 근대도시의 면모를 갖추게 되었다.

목포는 남해안과 서해안이 만나는 길목에 있다. 또 영산강 하구에 있어 내륙으로 들어갈 수 있는 이점이 있다. 이러한 지리적 이점으로 1897년 10월에 전격 개항되었다. 이때부터 목포진 또는 목포항이라 불렀다. 목포항이 개항되자 개항의 이점은 일본인들의 독차지가 되었다. 전라남도의 비옥한 토지를 노리던 일본인들이 몰려들자, 일본인을 보호한다는 구실로 일본영사관이 들어섰다. 그래서 목포 유달동, 만호동은 외국자본에 의해 조성된 계획도시가 되었다. 한국인들은 외곽으로 밀려나 항구 노동자로 힘겹게 살아야 했다. 일본인들이 거주했던 곳은 유달산 남쪽이라 '남촌'이라 불렸고, 수돗물이 나오는 곳이었다. 반면 한국인들이 살았던 곳은 '북촌'이라 했고 열악한 환경이었다.

목포 유달동, 만호동 일대에는 잘 구획된 도로를 따라 근대문화유산이 수두룩하다. (구)일본영사관, (구)동양척식주식회사 목포지점, (구)목포공립심상소학교, (구)목포부립관사, (구)목포 일본기독교회, 붉은 벽돌창고, (구)목포 화신연쇄점, 일본식 가옥 수십 채, (구)동아부인상회 목포지점 등이 여전히 남아 있다. 도시재생 사업으로 이런 건축물들은 박물관, 전시관, 공연장, 갤러리, 카페 등으로 재활용되어 많은 관광객을 불러들이고 있다. 그밖에도 갓바위, 유달산, 신안해저유물박물관 등 많은 관광지가 목포에 있다.

목포선교부

전남 선교의 탯자리

미국 남장로교 선교사 유진 벨은 전남지역 선교 책임을 맡아 1895년부터 활동을 시작했다. 동학농민운동과 청일전쟁의 여파가 있었지만 조금씩 안정되고 있었다. 처음에는 전남의 중심지 나주에 선교부를 설치하려 하였다. 그러나 나주 지역 보수 유림의 강경한 저항에 부딪쳤다. 살해하겠다는 위협도 서슴지 않았다. 그러던 중 목포가 개항된다는 소식이 들려왔다. 유진 벨은 선교부를 목포로 옮기기로 결정했다. 목포는 서남해안 도서 지역을 다니며 복음을 전하는 데 유리할 것이라는 판단이 있었다. 또 영산강을 따라 내륙으로도 들어갈 수 있었기 때문에 더없이 좋은 장소였다.

1898년 가을에 목포선교부가 설립되었다. 유진 벨은 목포의 변두리 만복동(양동)에 있는 야산을 매입했다. 이곳은 돌보지 않는 무덤으로 가득 찬 언덕이었다. 이곳에 천막을 치고 교회를 시작하였다. 이것이 목포 양동교회의 시작이었다.

유진 벨이 들어온 후 오웬 의료선교사, 스트래퍼(Fredrica E. Straeffer,

유진 벨 선교사의 전도 딸을 데리고 다니며 농부에게 복음을 전하는 모습

한국명 서여사) 선교사가 합류했다. 1899년 유진 벨과 오웬에 의해 병원 선교도 시작되었다.

1902년 스트래퍼에 의해 정명여학교가 시작되었다. 1903년에는 유진 벨 사택에서 남자아이들을 가르치기 시작했는데 영흥학교의 시작이었다.

영혼 구원을 위해 교회를 세우고, 육신을 치료하기 위해 병원, 개화된 삶으로 인도하기 위해 학교를 세웠다. 특히 의료와 교육은 전도에 매우 효과적인 수단이었다. 치료받은 환자는 스스로 교회 문을 열었고, 개화된 가르침을 받은 학생은 예배에 참석하였다. 목포 선교 10년 후인 1909년, 양동교회 교인 수가 550명이나 되었다.

양동교회

유달산 돌로 지은 예배당

목포 양동교회는 110년이 넘었다. 현재 예배당은 1910년 유달산 돌[4]로 지은 것으로 문화재가 되었다. 종탑과 출입문이 약간 변형된 것 외에는 원형을 잘 간직하고 있다. 이 예배당은 등록문화재 제114호로 등재되었고, 국가보훈처 현충시설로도 지정되었다.

양동교회의 시작은 유진 벨 선교사가 목포에 도착하면서부터였다. 그는 유달산 아래 양동에 천막을 치고 첫 예배를 드렸다. 이 예배는 전남 최초로 설립된 양동교회의 시작이었다. 1898년 오웬이 목포에 도착해 진료소를 열고 의료 선교를 시작하자 교인이 늘기 시작했다. 스트래퍼가 합류해 여성과 어린이 사역을 도왔다.

개항할 때 목포는 150여 가구 500여 주민들이 거주하는 곳이었으나, 개항 후 인구가 폭발적으로 늘어났다. 항구 노동자가 되어 힘겨운 삶을 이어 나가던 이들은 마음 둘 데 하나 없었다. 그들이 사는 곳

4 유달산 암석은 화산재가 굳어진 응회암이다. 정명여중 내에 선교사 주택, 교실 건물 등도 유달산 응회암으로 지었다.

양동교회 유달산 응회암을 가져와 예배당을 지었다.

은 일본인 거주 구역과 구분되었으며, 기반 시설이 갖추어지지 않은 형편 없는 곳이었다. 희망이라곤 아무것도 없었다. 그런 곳에 병든 이들을 치료하고, 자녀들을 교육하는 곳이 있었으니 교회였다. 그래서 교회는 항구 노동자들에게 유일한 희망이 되었다.

교회로 사람들이 몰려들었다. 목포는 외지인 특히 외국인이 낯설지 않았다. 서양인에 대한 반감도 다른 지역에 비해 낮았다. 1900년 8월에는 첫 세례식이 있었다. 1903년에는 교인이 300명으로 늘었다. 교인들은 좀 더 여유로운 예배당을 짓기로 마음을 모으고 새 예배당을 건립하였다. 1906년에는 더 큰 예배당이 필요할 정도로 교회가 성장하였다. 그리하여 1911년에 지금의 석조예배당을 세우게 되었다. 돌은 유달산에서 가져왔다. 왼쪽 측면 출입문 위에는 '大韓隆熙四年

(대한융희4년)'이라는 글씨가 태극무늬와 함께 새겨져 있다. 대한제국 융희황제 4년에 완공했다는 뜻이다. 융희황제는 순종황제를 말한다. 순종은 1907년에 황제가 되었다. 1907년은 고종황제의 마지막 해에 해당되니 융희 4년은 1911년이 된다.

양동교회 문설주 융희4년은 순종황제 재위 4년을 말하며 1911년이 된다.

양동교회는 다른 지역 교회와 마찬가지로 지역 사회에서 중대한 역할을 하였다. 한말과 일제강점기에는 앞이 보이지 않을 정도로 암울한 시기였다. 교인들은 교회에서 설교를 들으며 독립에 대한 희망을 가졌다. 하나님은 언제나 공의로우시며, 정의롭다는 것을 믿었기 때문에 불의한 세상을 바로잡아 주실 것이라는 믿음이 있었다. 성경에는 허다한 증거가 있었다. 폭압적인 일제의 지배로부터 우리를 해방시켜 주실 것이라는 믿음이 있었다. 정의와 공의의 편에 서는 것이 하나님 말씀에 순종하는 것이라는 믿음도 있었다. 그랬기 때문에 교회는 언제나 독립운동을 독려하였다.

1919년 3.1만세운동 때에 이 교회 이경필 목사를 비롯한 교인들은 영흥학교, 정명여학교 학생들과 함께 시위를 준비했다.

광주(光州)보다 다소 늦은 시기에 시작한 목포의 만세운동은 1919년 4월 8일 목포 양동교회와 정명여학교 일대에서 여학생들을 중심으로 궐기했다. 당시 정명여학교의 교장이었던 커밍(Daniel. J.

목포선교 100주년 기념비 양동교회 마당에 세웠다.

Cumming, 한국명 김아각) 목사는 거사를 준비하기 위해 광주에서 독립선언서, 2.8독립선언서 사본, 결의문 등이 담긴 봉투를 비밀스럽게 전달받았다. 이후 목포 만세운동은 정명여학교 학생들과 목포 양동교회 교인들을 중심으로 은밀하게 조직적으로 준비되었다.[5]

목포에서는 3월 20일에 만세운동이 한 번 일어났다. 그러나 이때는 교인들과 학생들이 나서지 않았다. 돌발적으로 일어난 만세운동이었기 때문이었다. 교회와 학생들이 주도면밀하게 준비한 때는 4월 8일이었다. 목포 만세운동은 양동교회 교인, 영흥학교와 정명여학교 학생들이 주도했다. 시위대 200여 명이 체포되었다. 조사 과정에 구타는 일상이었고, 고문도 행해졌다. 양동교회 교인 서상술은 일제가

5 지역N문화 홈페이지(https://ncms.nculture.org)

휘두른 칼에 맞아 죽었고, 박상봉은 체포되어 고문받다 죽었다.

1926년 박연세 목사가 담임으로 부임하였다. 그는 일제의 폭압적인 지배에 반감을 갖고 있었으며, 설교를 통해 비판하였다. 일제가 황국신민화정책을 노골적으로 추진하여 한국민들을 노예화하려 하자 그 속셈을 통렬히 비판하는 설교를 하였다. 황민화정책에는 신사참배가 있었다. 신사참배를 한다는 것은 하나님 외에 다른 신을 인정하는 것이었다. 박연세 목사는 단호히 거부했다. 결국 일제에 의해 체포, 투옥되어 고난을 당했다. 박 목사는 1944년 대구형무소 독방에서 동사(凍死)하였다. 박연세 목사는 독립유공자로 추서되었다.

목포 양동교회 교인들은 깨어 있었다. 이들은 목포 근대화에 지대한 공헌을 하였다. 교인들은 주변 지역으로 흩어져 교회를 세웠다. 그들이 설립한 교회에는 야학이 있었고, 미래 세대를 위한 학교가 세워졌다. 성도들은 설교와 교육을 통해 민족 사랑을 배웠다. 교회는 그런 역할을 했다.

정명여중 선교사 사택

천정에서 독립운동 자료 발견

목포정명여학교(木浦貞明女學校)는 1903년 선교사 스트래퍼(Straeffer. F. E)에 의해 시작되었다. 전남 최초의 여성 교육기관이었다. 개교 당시 교사는 스트래퍼와 조긍선 뿐이었고, 학생은 10명이었다. 시작은 초등과정(보통과)이었다. 초창기에는 부족한 재정에다 여성 교육에 대한 미온적인 태도가 많아서 학교를 성장시키는 데 어려움을 겪어야 했다. 그럼에도 조금씩 나아져서 1912년 애너벨 니스벳(Anabel Lee major Nisbet, 1869~1920, 한국명 유애나) 선교사가 2층 석조 교사(校舍, 105평)를 지었다. 이때 중등 과정을 신설하였으며, 78명의 학생이 더 나은 교육을 받았다.

목포 3.1독립만세운동 선두에는 정명여학교 학생들이 있었다. 4월 8일 2교시 수업이 끝나는 종소리를 시작으로 학생들은 정문을 나가 시가를 행진하며 만세를 불렀다. 이 일로 정명학교 학생 40여 명이 체포되어 심한 고문과 구타를 당했다. 2년 후인 1921년에도 정명여학교 학생 만세시위가 있었다. 워싱턴에서 국제회의가 열려 동아

독립운동 자료가 발견된 교실 천정을 수리하던 중 독립운동 관련 자료가 무더기로 발견되었다.

시아 질서를 재편하는 문제가 논의된다는 것을 전해 들은 학생들이 다시 한번 '대한독립만세'를 외쳤다. 이 일로 학생 6명이 체포되어 6~10개월 실형을 살아야 했다. 1929년 광주학생독립운동에도 동참하는 등 일제에 저항하는 학생들의 의지가 꺾이지 않았다.

1937년 일제의 신사참배 요구가 심해지자, 학교는 거부하였다. 차라리 학교를 자진 폐교하는 선택을 했다. 신사를 참배하느니 차라리 학교 문을 닫겠다는 단호함을 보여주었다. 정명여학교는 1947년에야 다시 문을 열 수 있었다. 정명여학교 출신 독립유공자는 무려 14명에 달한다.

정명여학교 독립운동은 일찍이 알려져 있었지만, 구체적으로 그 사료가 등장한 것은 1983년 우연한 공사 때문이었다. 정명여학교에서 사용 중인 교실이 너무 낡아 천정을 보수하였는데 이곳에서 **2.8 선언서 원본, 3.1운동선언서 사본, 警告我二千萬同胞(경고아이천만 동포)**라 쓰인 격문, **朝鮮獨立 光州新聞(조선독립 광주신문)**, 만세 시위 도중 널리 불렸던 **독립가 사본** 등이 무더기로 발견됐다. 이곳은 1935년에 신축된 석조 건물로 선교사들의 주거용으로 건립되었다. 지금은 전남교육문화유산 제5호로 지정되었으며 북카페로 이용되고 있다. 아래는 천정에서 발견된 정명여학교 학생들의 '독립가'다.

터졌고나 죠션독입셩 / 십년을 참고참아 이셰 터젓네
삼쳘리의 금수강산 이쳔만 민족 / 살아고나 살아고나 이 한소리에

피도죠션 뼈도 죠션 이피 이뼈는 / 살아죠션 죽어죠션 죠션것이라
한사람이 불어도 죠션노래 / 한곳에셔 나와도 죠션노래

정명여자중학교 내에는 선교사 사택이 2채 남아 있다. 두 채 모두 1979년 학교 측이 매입해서 사용하고 있다. 1호 석조주택은 목포에서 태어난 유진 벨 선교사의 딸, 샬롯(Charlotte Linton, 한국명 인사레)이 살았던 곳이다. 그녀는 남편 린톤(William Linton)이 세상을 떠난 후 이 집에서 살았다. 1990년 화재로 석조벽체만 남아 있던 것을 수리해서 도서관으로 사용하고 있다. 1호 석조주택은 정명여자중학교 본체와 연결되어 있다.

2호 석조주택(등록문화재 제62호, 전남교육문화유산 제2호)은 1912년에 유달산에서 가져온 응회암으로 지은 것으로 목포에 신축된 최초의 서양식 건물이다. 1960년대까지 선교사 사택으로 사용되

정명학교 2호 석조 주택 경사지를 이용해 유달산 돌을 가져와 지었다.

었다. 그 후 1989년까지 교장 사택으로 사용되었다. 지금은 정명여학교 100주년 기념관으로 사용되고 있다. 지형을 살려 지었기 때문에 전면에서 보면 왼쪽은 2층, 오른쪽은 3층의 구조를 하고 있다. 그러나 이 집은 지상 2층, 지하 1층으로 소개한다. 전면 중앙에 현관 포치를 두었으며, 2층은 발코니를 설치했다. 2001년에 전면 개보수하여 100주년 기념관으로 사용하고 있다.

동본원사, 사찰에서 교회 그리고 문화센터로

동본원사(東本願寺)는 일본 불교사찰로 지어졌다. 해방 후 한국 사찰이 되었다가, 교회가 되었다. 지금은 문화센터로 운명이 바뀐 흔치 않은 건물이다. 1898년 목포가 개항되자 일본 정토진종 본원사는 목포에 지원을 설치했다. 1905년에 현재 위치에 목조법당을 지었다가 1930년대 현재와 같은 석조로 지었다. 일본 불교사원은 대개 목재로 짓는 데 석재를 이용한 점이 독특하다. 일본은 비가 많고, 지진도 많다. 그래서 기와선은 급경사를 이루고, 지붕의 무게를 가볍게 한다. 지붕이 급경사를 이룬 것은 일본의 자연환경에 적응하면서 생겨난 건축방법이다. 건물 본체의 높이가 5.5m인데, 지붕은 무려 7m나 된다.

해방 후에는 정광사(淨光寺)라는 한국 불교 사찰이 되었다. 1957년 정광사는 목포중앙교회에 넘어갔다. 어떤 연유로 사찰을 기독교회가 사들였는지는 알려지지 않았다. 목포중앙교회는 선교사 줄리아 마틴(Julia Martin)에 의해 설립되었다. 예배당으로 들어가는 현관 위 박공(삼각형 모양의 지붕)에 십자가를 걸었다. 이사야 56장 7절도

동본원사 사찰로 시작해서 교회, 문화공간으로 탈바꿈 된 장소. 목포 근대사를 많이 간직하고 있다.

기록했다. "내 집은 만민이 기도하는 집이라 일컬음이 될 것임이라"

목포중앙교회는 유신 시절부터 5.18민주화운동, 6월 항쟁에 이르기까지 목포 민주화운동의 중요 거점이 되었다. 엄혹했던 시절 지하 1층 교육관은 목포지역 목회자들과 민주화운동 지도자들의 비밀 모임 장소가 되었다.

2008년 목포중앙교회가 이전한 뒤 철거하자는 의견이 있었다. 그러나 '이 또한 우리 역사이며 잊어서는 안 되는 부분'이라는 의견이 모아져 보존하기로 결정했다. 2010년부터 지역 문화센터로 활용되며 다양한 문화공연, 전시회가 열리고 있다.

목포일본기독교회

유달산 자락에 있는 일본인 거주지에는 일본인들이 예배를 드리던 예배당이 남아 있다. 정면 출입구 상부에 석조 현판이 있는데 희

목포일본기독교회(사진: 문화재청)

미하게 '木浦日本基督敎會(목포일본기독교회)'라는 글자가 남아 있다. 이 교회는 1922년에 건립되었고 1927년 6월에 증축했다. 원래는 2층의 석조 건물이었는데, 지금은 단층으로 남아 있다. 이 건물은 전국에서 유일하게 남아 있는 일제강점기 일본인 교회로 알려져 있다. 낡은 이 예배당은 지금은 개인 창고로 사용되고 있으나 국가등록문화재로 지정되어 보호받고 있다.

이곳은 한국인 윤치호와 혼인 후 평생을 목포 공생원에서 고아들을 보살핀 일본인 윤학자(다우치 지즈코 田內千鶴子, 1912~1968)가 다닌 교회였다.

공생원

예수를 따라 산다는 것

윤치호(1909~1951) 전도사는 함평 출신 거지대장이었다. 그의 나이 19살 때 거리를 떠도는 7명의 고아들과 생활하기 시작했는데 부인 윤학자의 헌신으로 고아원은 더 확장되어 목포를 대표하는 고아원이 되었다. 윤학자(田內 千鶴子)는 일본인이었지만 고아원 음악교사로 봉사하다가 윤치호와 혼인하였다. 고아원은 '함께 산다'는 뜻으로 공생원이라 하였다. 윤치호 전도사는 신사참배를 반대하다가 48차례나 체포, 구금, 고문을 당해야 했다. 그럼에도 끝까지 일제에 협조하지 않았다.

윤치호는 한국전쟁 때에 식량을 구하기 위해 광주로 갔다가 행방불명되었다. 남편이 행방불명된 후에도 그의 아내 윤학자는 일본으로 돌아가지 않고 고아들을 돌보았다. 그녀는 모든 재산을 처분해서 400명의 고아가 의지하고 있는 공생원을 필사적으로 지켜나갔다. 1968년 11월 2일 그녀가 세상을 떠나자 목포 시민들은 시민장으로 장례를 치러 존경을 표했다. 윤학자는 "3천여 고아를 키운 것은 내가

윤치호 선생과 초기 원생들(1928)

아니라 목포시민이다이! 가난한 시절에 인정 많은 목포에서 살 수 있어서 행복했다이"라 했다. '공원생 창립 20주년 기념비'를 설립하면서 대반동 주민들은 이렇게 인사했다.

1948년 10월 15일, 공생원 창립 20주년이면서 윤치호 · 윤학자 부부의 결혼 10주년이 되는 날이기도 했다. 그러나 마음의 여유나 경제적인 여유가 없었기에 조용히 지내기로 했는데 인근 동민들이 공생원의 창립일을 뒤늦게 알고 윤치호의 공을 기리는 기념비를 건립하기로 결정하였다. 공생원을 이끌어 오는 동안 윤 원장 부부의 숭고한 뜻이 오해되어 동민들과 마찰을 일으키기도 했으나 무엇보다도 가슴 아팠던 것은 공생원생들이 마을 사람들로부터 학대받고 멸시당하는 일이었다. 그러나 그 모든 시련을 묵묵히 견뎌내는 것을 본 마을 사람들은 윤 원장 부부의 숭고한 인류애에 경의를 표하고 과거를 사죄하는 마음으로 사랑과 화해의 상징이자 두 분의 희생적인 삶을 조금이라도 닮아가겠다는 염원이 담긴 이 비를 선물하게 된 것이다. 이 기념비는 1949년 6월 15일 바다가 한눈에 내려다 보이는 운동장에 세워졌다. 기념비의 제작비용도 동민들의 성금으로 이루어진 것은 물론이다. 대반동 동민 여러분께 진심으로 감사드립니다.

가슴을 울리는 내용이다. 원생들이 받았을 설움을 미안해하는 주민들의 마음이 읽힌다. 윤학자 원장이 주민들에게 감사를 돌리는 것이나 주민들이 미안해하는 것이나 '사랑의 샘'이라는 표현이 가장 적절하다는 생각이다. '아무것도 가진 것이 없었던 윤치호와 그의 아내 윤학자는 무슨 힘으로 그 많은 배고픈 아이들을 길러냈을까 여기 마르지 않고 솟아오르는 샘이 있어 그 물을 떠서 먹인 것이 틀림없다. 이름하여 사랑의 샘터라 하는 까닭이다.' −2008년 8월 한운사

나라에서도 그녀의 헌신에 감사하는 의미로 문화훈장을 수여했

윤치호와 윤학자 선생 흉상

다. 한일합작영화 '사랑의 묵시록'이 제작되어 그녀의 헌신과 사랑이 세상에 소개되었다.

공생원은 유달산 서쪽에 있다. 바다가 한눈에 내려다 보인다고 했는데, 목포 비취호텔이 가로막아 버렸다. 못된 짓이다. 공생원 마당은 열려 있다. 마당으로 들어서면 '윤치호 윤학자 기념관'이 보이고, 많은 생각을 하도록 하는 기념비들이 서 있다. 공생원 아동숙사 건물은 문화재로 지정되었다.

TIP 목포 기독교 유적 탐방

▮ 양동교회
전남 목포시 호남로 15 / TEL.061-245-3606

▮ 정명여중 선교사 사택
전남 목포시 삼일로 45 / TEL.061-240-3106

▮ 목포일본기독교회
전라남도 목포시 대의동2가 10-2

▮ 목포중앙교회 동본원사별관
전남 목포시 영산로 5 동본원사목포별관

▮ 공생원
전남 목포시 해양대학로 28 / TEL.061-242-7501

목포 기독교 유적 탐방은 도보여행이어야 한다. 양동교회와 정명여중은 가까운 거리에 있다. 학교 내 탐방은 휴일이나 방학 때만 가능하다. 정명여자중 · 고등학교 내에는 선교사 주택 2채와 독립운동기념비가 있다. 양동교회(기장)에는 역사자료관이 있어서 양동교회 역사를 자세히 소개하고 있다.

목포 유달산과 근대역사문화거리를 걸으면서 답사해 보자. 일제강점기 일본인들이 살았던 집, 은행, 영사관 등이 있다. 동본원사, 일본기독교회는 도보로 답사해야 한다.

공생원은 차로 이동해야 한다. 공생원 가는 길은 매우 아름답다. 케이블카가 고대도와 유달산을 연결하며 쉼 없이 왕복한다. 고대도를 바라보며 해안도로를 따라 가면 공생원을 만날 수 있다.

빛고을 광주(光州)

예부터 전라도를 대표하던 도시는 전주와 나주였다. 그래서 전주와 나주에서 한 글자씩 취하여 전라도라 했다. 전주는 후백제의 도읍지이자 조선 왕조의 본향이라 대접받았다. 나주는 고려 태조 왕건의 처가이자, 전라도 땅에서 견훤이 아닌 왕건에게 충성을 바쳤던 곳이라 대접받았다. 한편 나주는 영산강을 따라 바다로 나갈 수 있었다. 나주, 광주, 영암 일대에서 생산된 농산물은 영산강 물길을 따라 바다로 나갈 수 있었다. 수운 교통의 편리성이 있어 광주보다 나주가 대접받았다.

반면 광주는 나주에서 멀지 않지만, 나주에 비해 주목을 덜 받았다. 주목은 덜 받았지만 예부터 대도시의 면모는 갖추고 있어서 역사에 자주 등장하였다. 백제 때에는 무진주라 불렸고, 통일신라 때에는 무주(武州)라 했다. 지금처럼 광주라 부른 것은 고려 태조 때인 940년이었다.

1896년 전국 13도 제가 실시되자 나주에 있던 전라남도 행정 중심이 광주로 옮겨졌다. 일제강점기에는 목포를 더 중요하게 여겨 목

사직공원 전망대에서 본 광주

포가 전라남도에서 성장하는 도시가 되었다. 호남선 철도도 광주 외곽을 빗겨서 목포로 향했다. 지금처럼 광주가 대도시로 성장하게 된 시기는 광복 후였다. 전남도의 행정, 상업의 중심으로 도약하기 시작한 것이다. 철도와 고속도로도 광주로 연결되면서 성장에 가속도가 붙었다.

불의의 저항한 도시

광주는 '5.18'과 하나가 되었다. 불의(不義)에 저항하는 정신은 이미 오랫동안 내재되어 있었다. 1894년 동학농민운동 때에 농민군 중에서 4,000명이 광주 사람이었다. 일제강점기에는 3.1만세운동이 강력하게 일어났으며, 그 정신이 이어져 그 유명한 광주학생항일운동(1929)이 발생하게 되었다. 동학농민운동-3.1만세운동-광주학생운동 등은 민(民)이 주도한 것이었다. 나라의 주인은 왕이나 황제가 아니라 민(民)이라는 것이 확인되었다. 수천 년 동안 주인 노릇하던 자들은 매관매직하고, 나라를 팔아 일본에 기생하면서 부귀영화를 누렸다. 3.1만세운동 이후 대한민국 임시정부가 세워진 이유다.

1980년 전두환이 주도한 쿠데타 세력이 민주주의를 말살하자 민주주의를 수호하기 위해 전국에서 궐기했다. 신군부는 외부와 격리하기 쉬운 광주를 본보기로 설정하고 대량 학살을 자행했다. 외부에는 북한의 소행이라고 알렸다. 지금도 그걸 믿는 이들이 있다. 신문, 방송은 신군부가 조작한 것만 보여 주었다. 그들이 보여 준 것이 사실이라 믿고 아직도 피해자들에게 상처 주는 짓을 서슴없이 저지르는 이들이 있다. 민주주의를 이루기 위해 말할 수 없는 희생과 비극을 치른 도시가 광주다. 함부로 평가할 일이 아니다.

호랑가시나무 언덕 양림동

'SNS 감성'이라는 것이 있다. 손에는 미래 세상을 선도하는 기기인 스마트폰이 있지만, 그 스마트폰에 담고 싶은 것은 100여 전 풍경이다. 영화의 배경이 될 법한 장소들이 요즘 말로 가장 핫(Hot)한 곳이 되었다. 광주에서는 양림동이 그런 곳이다. '양림'은 산 능선이 밖으로 뻗어나간 것을 의미하는 '버드름'에서 유래한 것으로 양림산에서 시작된 능선이 광주천에 닿은 모습을 표현하였다고 한다.

양림언덕에는 400년이 넘은 호랑가시나무가 있다. 이 나무로부터 시작해 언덕 곳곳에서 자라고 있는 호랑가시나무들을 볼 수 있다. 겨울에 오히려 더 짙푸름을 자랑하는 남도의 대표적인 상록수이다.

호랑가시나무 양림동에는 남도에 자생하는 호랑가시나무가 유난히 많다. 선교사들이 고향에서 가져온 나무도 볼 수 있다. 양림동은 여러 나무들로 울창한 숲을 이루었다.

잎사귀에 뾰족한 가시가 있어서 호랑이가 등을 긁었다고 하여 '호랑가시나무'라 했다. 이 나무에는 빨간 열매가 달린다. 성탄절 장식으로 쓰거나, 사랑의 열매를 상징하기도 한다.

양림동은 광주의 근대가 시작된 역사적 장소다. 선교사들이 이곳을 터전으로 삼고 학교, 병원, 교회, 사택을 세우자 '광주의 예루살렘' 또는 '서양촌'으로 불렸다. 그렇다고 서양식 건물만 있었던 것은 아니다. 한국 전통 한옥도 제법 있어서 동서양이 공존하는 독특한 풍광이 만들어졌다.

양림동은 광주가 아직 작은 도시였을 때 선교사들이 터 잡은 곳이다. 광주선교부를 설치하고 전라남도 내륙에 복음을 전하는 기지로 사용했다.

양림동에는 그때의 흔적인 오웬기념각, 우일선선교사사택, 수피아여학교 수피아 홀과 커티스 메모리얼 홀이 있다. 또 최흥종 목사기념관, 어비슨기념관, 조아라기념관, 선교기념비 등이 있어 한국기독교 역사상 가장 인상적인 장소로 기억되고 있다. 뉴스마 선교사와 언드우드 선교사가 거주했던 사택은 '호랑가시나무아트폴리곤'으로 개조되어 많은 사람을 불러 모으고 있다. 선교사들이 심었던 나무들도 곳곳에 있어서 자연마저도 그들의 삶을 전해주는 것 같다.

양림동에는 개화기에 지어진 이장우 가옥, 최승효 가옥이 있어 전통 한옥의 멋스러움을 간직하면서도 개화의 물결을 수용한 일면을 느껴볼 수 있다. 또 시인 김현승의 시비도 있으며 다양한 카페, 독립책방, 갤러리가 줄지어 있어 양림동을 걷는 즐거움을 더해준다.

광주선교부

호랑가시나무 언덕에 펼쳐진 복음기지

광주 양림동은 광주 선교부(선교거점, station)가 자리했던 곳이다. 다행스럽게도 지금까지 그 흔적이 역력히 남아 있어 한국 기독교 문화유산을 제대로 답사할 수 있는 귀한 동네가 되었다.

120년 전 양림동은 광주 도심으로부터 1.6km 떨어진 낮은 언덕이었다. 이곳 양림동산(해발 108m)은 여느 한국의 동산처럼 이곳저곳에 무덤이 흩어져 있었다. 후손에 의해 잘 가꾸어진 무덤도 있었고, 버려진 무덤도 상당수 있었다. 돌림병에 걸린 아이들을 내다 버리는 장소였다는 소문도 있었다.

목포에서 어느 정도 성공적인 선교를 하던 유진 벨과 오웬 선교사는 선교 영역을 확대할 필요를 느끼게 되었다. 해안 지역이 아닌 영산강을 따라 들어가는 내륙에서도 사람들이 찾아오고 있었기 때문이다. 목포에 왔다가 복음을 받아들인 신자들이 나름대로 신앙공동체를 형성하여 선교사들의 내왕을 기다렸지만 형편이 만만치 않았다. 게다가 유학의 전통이 강한 장성, 영광에서 신자들이 유림들의 핍박에 시달리고 있다는 소식도 들렸다. 이에 유진 벨 선교사는 미국 남장로교 선교부에 광주지역을 개척할 필요를 강하게 요청하였다. 거기다가 1894년 행정구역개편으로 전라남도의 행정 중심이 나주에서 광주로 이전되었다. 이러한 변화를 감지하고 있었던 목포 선교부는 앞으로 광주지역이 선교의 중요한 거점이 될 것이라 확신하였다.

미국 남장로교에서는 1898년 양림동 토지 1만 66평을 매입하고 선교부 설치를 시작하였다. 1904~1910년 사이에 지속적으로 영역을 확장하면서 7만 2,000평의 임야를 사들였다. 여느 선교거점과 마찬가지로 선교사들이 거주할 주택, 병원과 학교들이 차례로 들어섰다. 예배를 드릴 교회도 자연스럽게 세워졌다.

지금까지 주인 없는 무덤으로 가득했던 곳에 교회가 세워져 죽음이 아닌 생명을 선포했다. 병원을 세워 병마로 죽어가던 사람들을 살렸다. 하늘이 버린 사람이라 하여 아무도 돌보지 않던 한센인을 위한 병원까지 세웠다. 학교를 세워 희망을 갖게 했다. 남녀를 구별하지 않고 교육했다. 이를 통해 문맹퇴치, 청년운동, 사회계몽 등 사회 대변혁을 위한 에너지를 공급했다. 양림동 언덕은 광주를 변화시키는 에너지를 공급하는 발전소였다.

광주는 전남 내륙선교의 거점으로 1904년 12월 25일 유진 벨, 오웬 선교사 가족들이 첫 예배를 드림으로써 시작되었다. 1904년 광주에 도착한 선교사는 모두 9명으로 유진 벨 선교사 부부, 오웬 선교사 부부, 프레스톤 선교사 부부, 스트레퍼 선교사, 놀란 선교사 등이었다. 복음 선교사 5명, 교육 선교사 2명, 의료 선교사 1명이었다. 광주

선교부는 안정적으로 정착되어 1913년이 되면 15명의 선교사로 확장되었다. 선교사들은 광주라는 지역에 한정되어 활동한 것은 아니다. 광주를 중심으로 동서남북 권역으로 나누어 순회하며 전도하였다. 유진 벨 선교사만 하더라도 영광, 나주, 광주 서쪽 지역을 순회하며 전도하고 교회를 세웠다.

로버트 윌슨(우월순) 선교사 사택

윌슨 선교사가 살던 이 집은 양림동을 대표하는 서구식 주택이다. '우일선 선교사 사택'으로 불리는 이 집은 광주에서 가장 오래된 서양식 주택이라 한다. 건축 시기는 정확히 알 수 없으나 윌슨이 1920년대에 지었다고 전한다. 살던 집이 화재로 소실되자 새로 지은 것이 지금의 주택이다. 당시 광주 사람들은 이 집이 있음으로써 양림

우월순 선교사 사택 양림동을 대표하는 선교사 사택이다.

동산을 '서양촌'이라 불렀다.

주택의 평면은 정방형(정사각형)이다. 1층은 거실, 가족실, 다용도실, 주방, 욕실이 갖추어져 있으며, 2층은 사생활 공간으로 침실이 있다. 지하에는 창고와 보일러실을 갖추고 있다. 1층과 2층은 돌림띠를 둘러 층을 구분했다. 이 집에서 가장 특징적인 부분은 현관(포치)이다. 현관도 중층으로 만들었는데, 아래층은 출입문이지만 2층은 발코니 형식의 선룸(Sun Room)을 설치하였다. 회색 외벽에 현관 2층 선룸, 다락방, 창틀에만 흰색 칠을 하여 독특한 외관을 완성시켰다.

윌슨 선교사가 떠난 후 타마자, 보요한, 이철원 선교사가 사택으로 사용하였다. 1980년대 미국 남장로교 선교부가 한국에서 철수하면서 선교를 조건으로 1986년에 장로교 전남노회유지재단에 매각하였다. 2014년 명성교회에서 매수하여 호남신학대학교에 기부하였다. 사택 옆 마당에는 '산돌 손양원 목사 순교 시비'가 있다.

뉴스마 선교사 사택

미국 남장로교 선교사 뉴스마(Dick H. Nieusma, 1930~2018, 한국명 유수만) 박사는 1956년 치과대학을 졸업한 후 4년간 주일미군으로 복무하다가 선교사가 되기로 했다. 미국으로 돌아가 1년 동안 콜롬비아신학교에서 선교사 훈련을 마치고 1961년 선교사가 되어 한국으로 들어왔다.

2년간 연세대학교에서 한국어를 배우면서 외국인으로는 처음으로 치과의사 면허를 취득하였다. 1963년 전라도 광주기독병원에 부임하여 1986년까지 23년 동안 열정적으로 활동했다. 광주기독병원

뉴스마 선교사 사택 현재는 호랑가시나무 게스트하우스로 사용되고 있다.

에 치과 전공의 수련과정을 개설하고, 호남 최초의 조선대학교 치과대학과 광주보건전문대학 치위생과 개설에도 앞장섰다.

그는 선교사의 사명도 잊지 않았다. 정기적으로 광주 · 전남지역 무의촌 봉사활동을 해 1만여 명의 환자를 진료했다. 한편 암환자들을 위한 특수 보철 치료를 시행하는 등 치과의료선교에도 매진하였다. 그는 제자들에게 예수의 마음을 품고 세계로 나아가 사랑을 베풀 것을 권면하였다. 그리하여 1982년에 '치과의료선교회'가 창설되었다. 1986년 뉴스마 선교사는 미국으로 돌아갔다. 광주시는 명예시민증을 수여했다.

25년간 예수의 심장을 갖고 한국 치과 발전에 큰 공헌을 한 뉴스마 박사는 미국으로 돌아가서도 치과대학 교수로 봉직했으며, 은퇴 후에는 이동식치과차량을 개발해 북한에 보급하는 의료봉사를 멈추지 않았다.

뉴스마 부부는 2018년 숙환으로 세상을 떠났다. 그는 광주에 묻히고 싶다는 유언을 남겼다. 뉴스마 선교사의 큰아들 폴 뉴스마는 이렇게 말했다. “광주는 돌아가신 부모님과 저의 고향입니다. 부모님의 뜻에 따라 양림동산에 모실 수 있게 돼 기쁩니다.”

뉴스마 선교사가 살던 집은 ‘호랑가시나무언덕 게스트하우스’로 사용되고 있다.

언더우드(원요한) 선교사 사택

원요한 선교사가 살던 집은 현재 호랑가시나무창작소로 재활용되고 있다. 이 언덕에 수령 400년 된 호랑가시나무가 있어서 ‘호랑가시나무언덕’으로 불렸다. 원요한 선교사, 피터슨 선교사가 살다가 떠난 이 집이 오랫동안 방치되어 있었는데 지금은 예술 창작소, 전시관 등으로 사용되고 있다.

피터슨 선교사는 1980년 5.18민주화운동 당시 계엄군의 무장헬기가 광주도청 상공에서 주민들을 향해 기총사격을 가한 것을 목격하고 그 진실을 국내외에 알리는 역할을 했다. 이 일로 신군부로부터 지속적인 탄압을 받았다. 당시 광주지역의 기독교 목사, 천주교 신부들은 자신들이 보고, 경험한 진실을 밖에 알리는 역할을 했다. 또 전두환이 주도한 쿠데타와 반민주적 행위에 대한 저항을 하는데 구심점 역할을 하였다.

호랑가시나무아트폴리곤은 선교사 사택 차고를 개조한 것이다. 예술의 도시 광주의 명성에 맞게 다양한 예술가들의 창작과 전시를

언더우드 선교사 사택 차고 현재는 호랑가시나무아트폴리곤으로 사용되고 있다.

위한 공간으로 재활용하고 있다.

헌틀리(허철선) 선교사 사택

찰스 베츠 헌틀리(Charles Betts Huntley, 1936~2017, 한국명 허철선) 선교사는 1965년에 한국에 왔다. 그는 미국 남장로교가 파송한 마지막 한국 선교사였다. 한국으로 들어온 후 서울과 순천에서 활동하다가 1969년부터 광주기독병원 원목으로 근무했다. 광주기독병원에 원목시스템을 만들고 복지시스템을 구축하는데 헌신했다. 호남신학대학교 상담학 교수로 봉직하면서 한국 신학교육에 많은 공헌을 하였다. 부인 허마르다는 학생들을 위한 영어성경학교를 운영하였고, 코리아타임즈 등에 고정 칼럼니스트로 활동하였다.

허 목사님은 조용하고 따뜻한 분이었습니다. 우리와 외모만 다르지 이웃집 아저씨 같았어요. 누구에게든 문을 열어줬지요. 밥을 사주고 차를 사주며 이야기를 들어주셨어요. 굳이 성경 이야기를 듣지 않더라도 '아 그리스도인은 다 이렇게 따뜻한 분들이구나' 하는 생각이 들게 했어요.

– 차종순 목사(영어성경반학생 출신/국민일보 인터뷰)

가난한 이들이 병원에서 치료받고 퇴원하면 헌틀리 목사는 복음을 전했다. '하나님께서 당신을 사랑하신다'고 손을 꼭 잡아주면서 말했다. 그들이 복음을 받아들이면 지역 교회에 연결해 주었다.

그러던 중 1980년 5월 광주민주화운동은 그의 삶의 전환을 가져왔다. 신군부가 자행한 시민 학살을 지켜보며 충격을 받았을 뿐만

헌틀리 선교사 사택 광주 5.18 민주화운동에서 중요한 역할을 했던 장소

아니라, 광주기독병원으로 실려 온 환자들을 위해 헌혈을 호소하러 나갔던 여고생들이 총격을 받아 시신이 되어 돌아오는 모습을 목격하고서 가만히 있을 수 없다고 생각했다. 부부는 그때의 모습을 글과 사진으로 남기기로 했다. 5월 광주의 비극을 사진에 담아 사택 지하 암실에서 인화했다. 그리고 지인을 통해 몰래 미국으로 보내 세상에 알렸다. 또 수술한 환자의 몸에서 나온 M-16총알, 엑스레이 필름 등을 숨겨두었다가 훗날 주한 미국대사관 등에 항쟁의 진실을 전하기도 했다. 영화 '택시운전사'에서 나왔던 독일기자 위르겐 힌츠페터의 취재를 도왔고, 힌츠페터 기자가 인화 작업을 벌인 곳도 헌틀리 목사의 암실이었다. 시위대와 위르겐 힌츠페터를 비롯한 외신 기자 등 22명을 이 집에 피신시키기도 했다.

1985년 미국으로 돌아가서는 지난날을 회고하면서 "우리의 사랑을 표현하고 하나님의 사랑을 전할 수 있었던 마법 같은 순간이었다"고 고백하곤 했다. 헌틀리 목사는 2016년 세상을 떠난 후 광주로 돌아왔다. 그의 소망처럼 양림동 묘지에 안장되었다.

조아라 기념관

소심당 조아라(1912~2003) 선생은 평생 '어떻게 하면 예수님을 닮을까?'를 가슴에 품고 살았던 신앙인이었다. 그래서 그의 삶은 언제나 가난하고 소외된 이웃에게로 향해 있었다.

광주 초대 교인이었던 조형률 장로의 자녀로 태어나 수피아여학교를 나왔고, 이일학교 교사로 활동하면서 독립운동에도 뛰어들었다. 신사참배를 거부해 옥고를 치렀다. 해방 후에는 민주화와 인권신

소심당 조아라 기념관 행동하는 신앙인 소심당 조아라 선생을 기념하는 공간이다.

장, 여성권익 신장을 위해 헌신했다. 5.18민주화 운동에서는 신군부의 폭압에 당당히 맞서며 6개월 옥고를 치렀다. 그녀는 그 후 벌어진 민주화운동에 큰 용기를 주었다. 수난과 고난으로 점철된 시기를 살았지만, 그녀의 신앙은 언제나 굳건하여 예수를 닮은 여정을 당당히 걸었다.

선교기념비

광주에서 기독교 예배가 시작된 곳은 양림동이다. 때는 1904년 12월 25일 성탄절이었다. 양림리 언덕에서 유진벨 선교사를 비롯한 미국 남장로교 파송 선교사들이 선교부를 조성한 후 지역민과 함께 첫 예배를 드린 곳을 기념하기 위해 1982년 12월 6일에 '선교기념비'를 세웠다.

선교기념비

기념비가 세워진 곳은 선교사 유진 벨의 사택이 있던 곳이었다. 아직 예배당을 건립하기 전이었기 때문에 선교사 거주지에서 선교사들과 광주 주민 200여 명이 모여 예배를 드렸던 것이다. 대단한 성황이었다. 예수를 믿겠다고 찾아온 사람보다는 성탄절이 궁금해서 온 사람들이 더 많았다. 서구식 문화가 이채롭고 그곳에 가면 유성기에서 이상한 소리가 흘러나온다고 하여 궁금해서 찾아든 구경꾼이었다.

선교기념비에는 "이곳은 하나님의 보내심받아 1904년 12월 25일 미국 선교사 배유지 목사가 광주에서는 처음 예배드린 곳으로, 그 거룩한 뜻을 길이 기리어 여기 돌비 하나를 세운다"라는 글이 새겨져 있다. 기념비 위치는 광주시립도서관 앞이다.

충현원(忠峴院)

'충현원'은 1949년 박순이(1921~1995) 여사가 윌슨(우월순) 사택에서 '충현영아원'을 설립해 45명의 고아를 돌보면서 시작되었다. 박순이 여사는 어머니 박애신의 영향을 강하게 받았다. 어머니 박애신은 선교사들과 함께 사역했던 예수의 사람이었다. "네 부모를 공경하라. 네 이웃을 네 몸과 같이 사랑하라"는 마태복음 19:19을 딸에게 가르쳤고, 박순이 여사는 그것을 실천했다.

1953년 박순이 여사는 고아들의 보금자리를 마련하기 위해 커밍스, 녹스, 윌슨 등 선교사의 후원을 받아 '충현영아원'을 설립했다. 당시 이곳에서 보호받던 아동은 120명이었다. 이듬해 미국에서 보내온 후원금으로 충현원을 신축하였고, 1957년에는 '광주충현원'으로 법인 인가를 받았다. 충현원 2층 건물은 당시 신생아들의 황달치료를

충현원 수많은 고아를 예수의 마음으로 품었던 곳이다.

위해 남향으로 창을 넓게 내었다고 한다.

옛 '충현원'에는 한국전쟁 당시 1,059명의 고아를 구출한 미 공군 사령부 목사 '러셀 블레이즈델(1910~2007) 대령 동상'과 한국전쟁 당시 희생된 고아들을 추모하는 '희망의 왕좌', 해외에 입양된 한인들을 상징하는 '평화의 대사' 조형물이 세워져 있다.

미국 공군사령부 군목 '러셀 블레이즈델' 중령은 1950년 6·25전쟁 당시 길거리에 버려진 1,059명의 전쟁고아를 구출한 한국의 '쉰들러'로 불린다. 북한군과 중공군이 서울을 재침공할 즈음인 12월 20일, 러셀 중령은 상부의 명령을 어기면서까지 '어린이 비행기 수송 작전'이란 이름으로 군 수송기 15대를 동원해 고아 1,059명을 김포에서 제주도로 안전하게 대피시켰다고 한다.

'평화의 대사' 조형물은 멕시코 조각가 세바스찬의 작품이다. 전쟁으로 아이들을 돌보지 못하고 해외 16개국으로 입양 보내야 했던 아픔을 상징하면서, 한편으로 그들의 과거 상처가 치유되기를 기원했다. 전세계에 보내진 이들이 민간 외교관으로서 평화의 대사 역할을 담당하게 한다는 메시지도 담았다. '비운의 왕좌' 조형물은 '평화의 대사'를 조각한 세바스찬의 작품이며, 한국전쟁으로 희생된 50만 명의 어린이를 추모하기 위한 메시지가 담겼다. 두 점 모두 6.25 참전용사인 드레이크 박사가 기증했다.

충현원 뒤에는 설립자 박순이 선생 부부, 박순이 선생의 부모 무덤이 나란히 조성되었다. 앞서 언급한 것처럼 박순이 여사는 어머니 박애신의 영향을 많이 받았다. 박애신 여사는 우월순 선교사 집에 지내며 재봉질을 해 아이들의 옷을 만들어 선교를 도왔다. 박순이 여사는 수피아학교를 나와 전남여고를 졸업했다. 목포고 음악선생이었던 성악가 김생옥과 혼인했지만 여순사건으로 27살에 남편을 잃었다. 남편을 잃은 박순이 여사는 고아를 돌보는 보육사업에 인생을 바쳤다.

그 후에도 충현원은 고아들을 위한 각종 사업을 활발하게 진행하여 아동상담소, 어린이집, 국내외 입양기관, 소년소녀 학자금 지원, 고아전용 아동병원, 가출 청소년을 위한 사랑의 집 등을 운영하고 있다.

광주기독병원

5.18을 한 몸으로 받았던 병원

광주기독병원, 요즘 보기 드문 이름이다. 선교사들에 의해 설립된 많은 기독교 재단의 병원들이 세상의 변화에 맞춰 영리병원으로 바뀐 지 오래되었다. 대부분 병원이 세속화되어 더 이상 기독교를 내세우지 않는 세태에서도 아직도 기독병원이라는 이름을 내걸고 있다는 사실이 놀랍다. 이름은 정체성과 같다. 이 병원을 찾는 환자들은 그리스도의 사랑을 기대할 것이다. 기독병원이라는 이름에 맞는 진료와 서비스를 기대할 것이다. 그렇지 못했을 때 반대급부로 오는 비난과 원망이 만만찮다. 그럼에도 아직 기독병원이라는 이름을 당당히 내걸고 있는 이 병원이 궁금하다.

광주기독병원 홈페이지(www.kch.or.kr)에는 병원 역사와 관련된 놀라운 그리스도의 사람들이 소개되어 있다. 선한 사마리아인이 성경에서 걸어 나와 광주로 왔다. 광주기독병원을 이끌었던 7명의 선교사가 곧 그들이었다. 병원 뒤 공원에는 禹越淳醫師紀念碑(우월순의사기념비), 故포싸일醫師紀念碑, 카밍스女史頌德碑가 나란히 서 있다.

광주기독병원

좋은 소식을 가져온 놀란 선교사

광주기독병원의 초대 원장인 놀란(J. W. Nolan, 재직 1906~1907)은 의료선교사로 한국에 왔다. 그가 한국에 발을 딛은 때는 1904년 8월 15일이었다. 러일전쟁으로 온 나라가 어수선할 때였다. 한국에 도착한 그는 전라남도 목포에서 의료사역을 시작하였다. 그러다가 1905년 11월 5일에 광주로 옮겨 유진 벨의 임시사택에 머물며 광주 사역을 준비하였다. 11월 20일 첫 진료를 시작했는데 9명의 환자가 그의 치료를 경험했다. 이때가 광주기독병원의 시작이다. 나라는 을사늑약 체결로 매우 을씨년스러울 때였다. 나라의 운명이 캄캄한 밤중으로 들어가고 있었다. 이런 엄혹한 시기 빛고을 광주(光州)에 그리스도의 빛이 비치기 시작한 것이다. 놀란 선교사는 2년 동안 광주에서 의료사역을 하며 복음을 전했다. 치료뿐만 아니라 위대한 영적 의사인 예수를 전하는 것에도 게으르지 않았다. 그의 열정적인 치료사역에 광주 주민들은 서서히 변하고 있었다. 지금까지 환자가 생기면 무속과 주술에 의지하던 이들이 병원을 찾기 시작한 것이다. 무속과 주술로는 아무것도 이룰 수 없다는 것을 알게 된 것이다.

옳은 데로 돌아오게 하는 자, 윌슨

로버트 윌슨(R. W. Wilson, 1880~1963, 한국명 우월순)는 1908년 2월 광주제중병원 2대 원장으로 의료사역을 시작하였다. 놀란의 후임으로 부임한 것이다. 제대로 된 병원 건물 한 채 없었지만, 한 치의 게으름 없이 열정적인 치료사역을 이어 나갔다.

윌슨 선교사 1920년대 젊은 시절 윌슨. 그는 예수를 닮은 한센인들의 친구였다.

그리하여 1911년에는 현대식 병원을 건축할 수 있게 되었다. 광주 최초의 현대식 병원인 제중병원(현재 광주기독병원)이었다. 그는 실력 좋은 외과의사로서 미신과 주술에 의지하던 지역민들을 외과술로 치료해 내어 미신의 사슬을 벗도록 노력하였다.

한편 윌슨은 한센인의 친구였다. 가족과 이웃에게 버림받아 숨어 살거나 떠돌아야 했던 한센인을 가족으로 받아들여 광주 봉선동에 집단 거주지를 마련하였다.(최흥종편 참고) 광주나병원을 건축하고 한센병은 완치될 수 있는 병이라는 희망을 주었다. 그 또한 신념을 갖고 그들을 치료하였다. 그는 한센인의 자립을 위해서도 각고의 노력을 하였다. 학교를 세워서 문맹을 퇴치하고, 성경공부를 시켰다. 완치된 환우들에게는 알맞은 노동과 적성에 맞는 직업교육도 하였다. 혼인도 주선하여 가정을 이루어 살 수 있도록 해주었다. 이렇게 되자 전국에서 한센인이 모여들었다. 이에 광주시민들의 불안감도 가중되었다.

그러자 1926년 조선총독부 정책에서 따라 광주를 떠나 여수 율촌면 한적한 바닷가에 집단 거주지를 마련하고 이사했다. 윌슨은 광주기독병원 원장 자리를 내놓고 여수로 떠났다. 이것이 여수 애양원의 시작이었다.

우월순 선교사는 모든 사람들로부터 사랑받는 인격의 소유자로서 부드러운 대화, 평온한 성격, 동적이며 심오한 영성을 지닌 인물이었으며 실천적이며 도구를 잘 다루어 많은 사람에게 도움을 주었다. 또한 어린아이들을 좋아하여 광주지역 주일학교 책임자를 맡아 크게 부흥시켰다.[6]

1909년 목포에서 사역 중이던 포사이드(W. H. Forsythe, 한국명 보위렴) 선교사는 긴급한 전갈을 받았다. 오웬(C. C. Owen, 한국명 오기원) 선교사가 급성 폐렴으로 위독하다는 것이다. 긴급 전보를 받은 포사이드는 광주를 향해 말을 달렸다. 말을 달리던 도중 길가에 쓰러져 죽어가는 여성 한센병자를 발견하였다. 포사이드는 말에서

6 광주기독병원 홈페이지

포사이드가 데려온 한센병자 여인을 치료했던 벽돌 굽던 가마

내려 그녀를 안아 말에 태웠다. 그는 말고삐를 잡고 걸어서 광주로 왔다. 그 사이 오웬 선교사는 세상을 떠났다. 동료 선교사의 안타까운 죽음을 슬퍼할 겨를 없이 한센병 여인을 치료해야 했다. 병원(제중원) 환자들의 반대 때문에 그녀를 병실에 입원시킬 수 없었다. 그리하여 벽돌 굽던 가마에 여인을 옮기고 치료해야 했다. 죽은 오웬 선교사가 쓰던 간이침대에 그녀가 누웠다. 윌슨과 포사이드의 헌신적인 돌봄을 받던 여인은 며칠 후 세상을 떠났다. 이 일 후에 윌슨 선교사는 버림받은 한센인들을 치료하고 돌보는 일에 관심을 갖게 되었다. 이때 최흥종은 크게 깨달은 바가 있어 한센인의 친구가 되었다.

죽도록 충성했던 브랜드 선교사

브랜드 선교사

브랜드(L. C. Brand, 1894~1938, 한국명 부란도) 선교사는 광주제중병원 3대 원장으로 부임하였다. 그는 1924년 군산에 도착하여 구암병원에서 의료사역을 시작하였다. 6년 후 광주제중병원으로 자리를 옮겨 3대 원장을 맡았다.

그는 이곳으로 온 후 망국병으로 취급받던 결핵을 퇴치하는 일에 전력을 다하였다. 그리하여 광주제중병원은 결핵환자를 치료하는 핵심병원이 되었다. 1933년 화재가 발생해 병원이 전소되었으나 간호사 기숙사를 병원으로 전환하여 9시간 만에 "병원은 정상 운영"이라는 게시문을 내걸었다. 부란도 선교사의 헌신에 감동한 많은 이들이 병원 재건에 동참했다. 병원 직원들은 급여의 15%를 병원 복구비로 향후 6개월간 헌금하기로 결의하였다. 의사들도 수술한 환자들을 직접 수술실로 운반하는 일을 담당하였다. 병원 관계자뿐만 아니라 광주시민, 병원에서 치료받았던 환자들까지 나서서 병원을 재건하는 일에 나섰다. 그리하여 다음 해에는 화재에도 잘 견디는 병원을 재건할 수 있었다. 재건된 병원에는 한국식 온돌난방도 갖추었다. 병원은 시멘트 콘크리트 건물이었지만 병실 바닥에 파이프를 묻어 뜨거운 물이 지나가게 하여 온돌 효과를 주었다. 보일러 시설이었던 셈이다. 폐렴이나 류마티스 환자에게는 온돌이 효과적이라 한다. 이 병원 시설은 그 당시 다른 곳에도 영향을 주어서 병원, 기숙사 등을 지을 때도 차용되었다고 한다.

부란도 선교사는 결핵 퇴치에 전력을 쏟았다. 그리하여 결핵전용병동과 결핵요양소인 "탈마지 기념 결핵병동"이 설립되었다. 이 시설은 1년도 채 못되어 5개 병실이 만실이 되었으며, 2개 방을 더 확보해야 할 정도가 되었다. 이에 부란도 선교사는 결핵전용병동 신축을 추진하였다. 그러나 그는 병동이 완공되는 것을 보지 못하고 1938년 44세 젊은 나이에 하나님의 부르심을 받았다.

선한 사역자 코딩턴 선교사

코딩턴(H. A. Codington, 한국명 고허번) 선교사는 1949년에 내한해서 1966년까지 사역하였다. 그는 강제 폐쇄되었던 병원을 개원하고 25년간 결핵환자를 치료하는데 진력하였다.

고허번 선교사

그의 사역은 모든 것을 주는 선교였다. 질병과 가난으로 고통받는 이웃에게 치료약과 먹을 것을 나눠주었다. 미국 선교부로부터 받은 각종 구호물자를 빈민 구제에 썼으며, 심지어 가족들이 먹을 것과 입을 것도 나누었다. 가난했던 한국 정부가 돌보지 못하는 불구폐질자, 결핵환자, 윤락여성, 정신질환자 등을 위해 20곳 이상의 갱생원, 요양소를 지었다. 일회성 치료가 아닌 지속적인 돌봄이 필요한 이들이었다. 코딩턴(고허번)의 각별한 돌봄을 받은 이들이 예수의 품으로 돌아오는 기적이 이어졌다. 도움이 필요해서 찾아온 이들에게 '다음에 오라'는 말을 하지 않았다. 즉시 그의 필요를 채워주었다. 그것을 이용하는 나쁜 이들도 있었다. 술값이라도 받아낼 심사로 가난한 행세를 하는 이들도 있었다. 속내가 뻔히 보이는 이들이라 할지라도 그는 흔쾌히 내어주었다. 열 사람 중 한 사람이라도 예수께 돌아올 수 있다면 속아주는 것이 옳다고 확신했다. 집에 몰래 들어온 도둑에게 밥을 먹이고 15일 동안 함께 지내면서 복음을 전하기도 했다.

그는 어느 날 지게에 실려 온 가난한 고등학생을 진료하였다. 병이 상당히 진행된 상태였다. 가난했기에 다른 병원엔 갈 엄두를 내지 못했다. 고허번은 이 학생을 자신의 집에서 키웠다. 그리고 목회자가 될 때까지 후원하였다. 이렇게 고허번의 후원으로 목회자가 된 이들이 6명이었다.

어느 날 아주 잘생긴 멋쟁이 환자를 진료하였다. 그 환자는 악극단 단원으로서 술과 여자를 좋아했다. 몸이 많이 약해져 있었고 결핵에도 감염되어 있었다. 고허번의 헌신적인 치료 후에 그는 악극단으로 돌아가지 않고 광주의 고아들을 돌보는 부모가 되었다. 고허번은 그가 돌본 고아들을 미국의 후원자와 연결시켜 공부할 수 있도록 도왔다. 이 고아들 상당수는 현재 목회자가 되었다.

병원 화장실에서 각혈 때문에 기도가 막혀 숨을 쉬지 못하는 환자를 발견하자 그 환자의 입을 벌리고 자신의 입으로 그 피 덩어리를 뽑아내서 살려주었다. 이 사건은 같은 병원에 근무하는 그리스도인

의료인들에게 적잖은 충격을 주었다. 이에 많은 이들이 각성하여 이 공동체에 함께 하였다. 최흥종, 이현필, 정인세, 김준호 등이 이끄는 공동체 정신은 고허번 선교사의 나눔과 비움의 영성에서 시작되었고, 이는 호남 기독교의 큰 맥을 형성하였다.

코딩턴은 상상 이상으로 부지런하였다. 매일 새벽부터 광주역, 윤락시설 등을 순회하며 전도하였다. 병원에 출근해서 치료하면서도 전도하기를 쉬지 않았다. 그는 1951~1966까지 광주제중병원 원장을 지냈다. 허다한 이들이 그의 감동적인 삶에서 예수를 보았고 만났다. 그리하여 광주시민들은 그를 '광주의 성자'라 불렀다.

광주제중병원은 1970년 광주기독병원으로 이름을 바꿨다. 그는 원장직을 내려놓은 후에도 결핵퇴치와 복음 전도에 헌신하였다. 한국이 경제적으로 안정되자 그는 더 가난한 나라인 방글라데시로 떠났다.

코딩턴이 광주기독병원의 원장직을 내려놓은 후 심슨(W. L. Simson, 한국명 심부선), 이철원(R. B. Dietrick) 선교사가 차례로 부임해서 병원이 독립할 수 있는 기반을 만들었다. 지역사회에도 큰 관심을 가지고 병원이 없는 지역을 순회 진료하였다. 보건교육, 모자보건교육, 전염병 예방교육 등을 활발하게 진행하여 예방의학에 새로운 지평을 열었다. 또 소아마비로 고통받은 이들을 줄이기 위해 백신을 들여와 광주지역 어린이들에게 접종하여 소아마비를 퇴치시키는 등 많은 공헌을 하였다.

수피아여학교

독립운동 선두에 선 학생

광주에 선교부를 개설하고 복음 전도를 시작한 유진 벨(배유지)과 오웬은 교회가 설립되자 교육 선교도 추진했다. 광주선교부 교육 사업은 다른 지역에 비해서 비교적 늦었다. 그때까지 광주 일대에는 전통 학교인 서당, 서원, 향교가 전부였다. 근대학교가 무엇인지 모

광주숭일학교 1910년 4층으로 된 현대식 건물을 완공하고 광주지역 인재를 양성했다.

르는 상태였기 때문에 서둘러야 했다. 게다가 한국 전통 교육에서 여성은 소외되어 있었다.

1907년 유진 벨이 그의 작은 문간방에서 3명의 여자아이와 2명의 남학생을 데리고 학교를 시작하였다. 선교부에 근무하던 한국인 자녀들이었다. 유진 벨의 부인 마가렛트와 그녀의 어학 선생이 여학생 교육을 담당하였다. 소문이 나서 학생들이 차츰 증가하자 여학생은 변요한 목사의 사랑채로 옮겨가고, 남학생은 그대로 머물러 있다가 1908년 2월 숭일(崇一)이라는 이름으로 남학교 인가를 받았다. 숭일은 '유일한 하나님 한 분을 섬긴다'는 뜻이다. 변요한 목사의 사랑채로 옮겨간 여학교도 1908년 정식 학교로 출발했다. 초대 교장으로 그래함(Miss, E. Graham, 한국명 엄언라) 선생이 취임하였고, 1911년 미국의 스턴스(Mrs. M. Sterns. Jennie Speer) 여사의 기금(5천 달러)을 받아 전체 3층으로 된 교사를 짓고 '수피아여학교'로 교명을 바꾸었다.

숭일학교는 1910년 4층으로 된 현대식 건물을 완공해서 교사(校舍)로 사용했다. 1911년에 14명의 학생을 졸업시킴으로써 근대교육을 받은 한국인들이 광주 지역사회에 나타나기 시작했다.

광주 선교부의 교육방침은 "불신자에게 복음을 전파하고 그리스도인으로 교육한다"는 것이었다. 광주선교부 선교사들과 최재익, 최흥종, 홍우종, 변창연, 남궁혁, 김함나, 김마리아 등이 합류하자 숭일학교와 수피아학교가 한층 수준 높은 교육을 할 수 있었다. 남궁혁은 서울 배재학당 출신이었으며, 숭일학교 영어교사가 되었다. 그는 훗날 평양신학교에서 공부하고 목사가 되었다. 김함나는 독립지사 김마리아의 큰언니로 수피아에서 교사로 활동하였다. 유진 벨 목사의 부인 마가렛트의 어학선생이던 최재익도 틈나는 대로 학생들을 가르쳤다. 그의 아들 최윤옥은 숭일학교의 첫 학생이었다.

수피아여학교는 보통과로 시작했으나 곧 고등과를 두었다. 보통과 6년, 고등과 4년이었다. 1928년 보통과는 숭일학교와 통합되었다. 수피아는 고등과 4년으로 유지되었다. 1937년 신사참배문제로 폐교되었다가 해방 후 수피아여자중학교(6년제), 1951년에는 중학교와 고등학교로 분리되었다.

선교부 직원 김윤수의 딸 김명은, 최흥종의 딸 최숙, 서병규의 딸 서영순 등 3명의 소녀로 시작된 수피아여학교는 1915년 고등과 1회 졸업생 2명을 배출했다. 박애순, 표재금 두 사람이었다. 박애순은 서울 정신여학교를 마치고 모교로 돌아와 교사가 되었다. 3.1만세운동 때에는 수피아 학생들을 데리고 만세운동을 주도하다가 체포되어

수피아 학교

옥고를 치렀다. 표재금도 모교로 돌아와 교사로 활동했다. 이후 수피아여학교를 졸업한 학생들은 독립운동에 뛰어들거나, 교사가 되어 민족을 일깨우는 활동을 했다.

암울한 시대에 근대교육을 한다는 것은 시대를 깨우는 인물을 배출해낸다는 것과 같다. 지식인으로 살기 힘든 세상이었다. 수피아는 지식인의 책무를 일깨운 학교였다. 3.1만세운동, 광주학생운동에 적극 참여하였고, 문맹퇴치와 계몽운동을 주도적으로 전개하였다. 3.1만세운동 때에 수피아 여학생들은 검정 통치마를 둘러쓰고 태극기를 흔들며 만세를 불렀다. 그리하여 23명이 구속되어 재판을 받았다. 박애순 교사는 수피아 학생들의 동원과 지도를 이끌었던 애국지사였다. 일경의 혹독한 고문에도 흔들리지 않고 당당하게 재판에 임했다. 1년 6개월 수감기간 중 매일 조국의 광복을 위하여 기도하였고, 성경책이 닳도록 읽었다. 그녀가 읽었던 성경은 독립기념관에 전시되어 있다.

수피아 학생들은 여름방학이면 학생들 스스로 봉사대를 조직하여 전라도 인근 산간벽지로 들어가서 조선어, 산수, 쓰기 등을 가르쳤다. 겨울에도 놀지 않고 가르쳤다.

광주지역에서 여성 교육의 큰 몫을 담당하던 수피아도 1937년 일제의 신사참배 요구에 차라리 폐교를 단행했다. 일제는 한국으로 들어온 선교사들을 눈엣가시처럼 여겼다. 노골적으로 탄압할 수는 없었다. 미국의 감정을 건드려서는 안 되기 때문이다. 일제는 학교법을 제정하여 선교사들을 방해했다. 국민의례를 만들고 학생들에게 의무적으로 시행하도록 했다. 일본은 식민지 국민을 만드는 것이 교육의 목표였다. 그런데 선교사들은 더 나은 한국인, 그리스도인을 목표로 하고 있었기 때문에 사사건건 부딪쳤다. 1930년대 들어서 노골적으로 신사참배를 요구하고 나서자 기독교계 학교는 '굴복이냐!, 폐교냐!'라는 갈림길에 놓였다. 몇몇 교단에서는 신사는 단순 국민의례 행위일 뿐 종교행위가 아니라는 결의를 하였다. 신사참배에 대해서 시종일관 강력한 태도로 반대한 곳은 남장로교 선교회였다. 1935년 11월 신사참배를 하느니 학교문을 닫자는 결의를 하였다. 그리하여 수피아여학교도 문을 닫고 말았다. 해방이 되어서야 학교는 문을 열 수 있었다.

광주를 대표하는 학교인 수피아에는 근대건축물인 '수피아 홀', '윈스보로 홀', '우천 체육관(1932 준공)', '음악관(1935년 준공)' 등이 학교의 역사를 말없이 대변 해준다.

백청단 사건

광주학생운동 이후 수피아여학교 학생들은 끊이지 않고 독립의 열망을 이어갔다. 1930년 수피아 여학생들이 백청단(白靑團)이라는 비밀결사를 조직하였다. 백의인(白衣人) 즉, 백의민족의 청년들이라는 뜻이다. 백청단 단원들은 은가락지를 끼어서 단원임을 표시하였다. 회원 수는 2년 만에 18명이 되었다. 생명을 담보로 내건 독립운동이었기에 지극히 비밀리에 운영되었다. 이들은 태극기를 언제나 품속에 넣고 다녔고, 사람들이 모이는 곳이면 태극기에 대해 설명해주었다. 임시정부 김구 선생과 직접 편지를 주고받으면서 국내 소식을 전해주기도 했다. 그러나 1932년 이 일이 발각되어 다수가 체포되었

수피아학교 3.1만세운동 동상

으며 학교는 무기 휴학되었다.

수피아 학생들은 '열세집'이라는 가극을 만들어 오웬각에서 공연했다. 우리 땅은 13도로 이루어져 있으며, 그곳이 우리가 되찾아야 할 땅이라는 내용이었다. 눈물을 흘리지 않는 관중이 없을 정도였다.

수피아 여학생들은 반일회(班日會)를 만들어 특별공연을 하였다. 이 모임에서는 졸업식 전야, 성탄절에 '장발짱' '베니스의 상인' '바보 온달' 등의 공연을 하였다. 모임 이름이 반일(反日)과 비슷해서 좋아했다고 한다.

수피아 홀

고색이 짙은 수피아 홀은 1911년에 스턴스(M. L. Sterns) 부인이 5천 달러를 보내준 것으로 지어졌다. 그녀는 여동생을 기념하기 위하

수피아홀

여 이 학교를 'Jennie Spper Memorial School for Girls(제니 스피어 기념학교)'라고 이름 지었다. 얼마 후부터는 '제니'는 빼고 그냥 '스피어 학교'라 불렀다. 그러다가 한자로 옮겨 쓸 필요가 있어서 須彼亞 또는 須皮亞로 쓰게 된 후부터 '수피아'라고 불렀다.

건물이 완성된 1911년 가을에 학생 68명은 새 교실로 옮겼다. 회색벽돌을 이용 네덜란드식 벽돌쌓기 공법이 적용되었다. 건물은 지하 1층, 지상 2층으로 건축되었다. 수피아 홀 2층은 교실 3개가 있었으며, 1층에는 기숙사가 있었다. 지하는 예배실과 창고가 갖추어져 있었다. 교실로 사용하는 2층에는 방 7개가 있었다. 가장 큰 교실에는 40명, 다른 교실에는 18명, 또 다른 교실에는 10명의 여학생이 교육을 받았다. 또 다른 작은 방은 독신여선교사가 사용했다. 지하층은 예배실과 창고로 되어 있다. 뒤에 기숙사를 추가로 지은 뒤부터 1층도 교실로 사용됐다.

수피아 홀을 지을 수 있도록 후원금을 보내주었던 스턴스 부인이 1920년 수피아여학교를 방문했다. 그녀는 학교가 훌륭하게 세워진 것에 감동하고, 추가로 1천 불을 보내주었다. 단, 남장로교선교부에서 같은 액수를 후원해야 한다는 조건이었다. 이렇게 해서 1923년에는 50명의 여학생이 사용할 수 있는 한옥기숙사를 추가로 지을 수 있었다. ㄷ자형 한옥이었으며, 12개의 방이 있었다. 학생이 늘어나자 제2기숙사로 일자형 한옥도 지었다.

윈스보로 홀

일제가 제정한 학교 법령에 의해 시설이 열악한 학교들은 인가가 취소되는 일이 잦아졌다. 선교사들이 설립한 학교도 마찬가지였다.

윈스보로홀

총독부가 요구하는 시설 기준, 교육기준을 맞추기가 쉽지 않았다. 본국에서 선교후원금을 보내오면 교회, 학교, 병원을 운영하는 데 나눠 써야 했다. 그러니 학교는 필요한 시설을 다 갖출 수 없었다.

그러던 중 3.1만세운동이 일어났고 교회는 주저하지 않고 만세를 불렀다. 가장 앞장섰다. 죽음도 두려워하지 않았다. 이에 기독교인들을 바라보는 눈빛이 긍정적으로 바뀌었다. 교회로 사람들이 몰려들었다. 대부분은 여성들이었다. 교회는 여성도 교육받을 기회를 제공했다. 그러자 여성도 교육을 받아야 한다는 인식이 널리 퍼져나갔다.

이에 수피아여학교는 많은 학생이 몰려들었고 시설이 더 필요해졌다. 학교를 확장하기 위해 기도하고 마음을 모았다. 간절한 기도에 응답이 있었다. 1927년 미국장로회 부인전도회 윈스보로 여사가 주축이 되어 생일헌금 58,875달러를 광주로 보내왔다. 이것을 씨앗으로 하여 건립된 것이 본관으로 사용되고 있는 '윈스보로 홀'이다. 이 건물은 체육관, 음악관 등으로 사용되었으며, 운동장도 추가로 갖추었다. 윈스보로 여사는 1930년에 수피아를 방문하여 확인하였다.

윈스보로 홀은 지하 1층, 지상 2층의 붉은 벽돌집으로 단정하고 아름다운 건물이다. 건축을 전공한 서로득(徐路得, Swinehart) 선교사가 설계하고 건축을 맡았다. 매우 튼튼하게 지어져서 지금까지 별 문제 없이 사용하고 있다. 해방 후 학생들이 많아지자 체육관은 강당으로, 강당은 교무실로 개조해서 사용했다. 바닥은 마루로 되었는데 얼마나 튼튼하게 지었는지 지금도 삐걱거리는 소리가 나지 않는다. 지하층에는 보일러실, 공작실이 있다. 이때 이미 수세식 양변기를 건물에 설치했다.

커티스 메모리얼홀

커티스 메모리얼 홀

커티스메모리얼홀은 커티스 씨가 딸의 죽음을 추모하기 위해 보내 온 헌금과 선교사들의 모금으로 1921년 건축해 예배당으로 사용했다고 한다. 1925년 광주 · 전남 선교의 아버지 유진벨 목사가 별세하자, 그를 추모하기 위해 '유진벨기념예배당'으로 불리기도 했으며 선교사와 그 가족들의 예배당으로 이용되었다고 한다.

맞배지붕으로 좌우대칭을 이루고 곳곳에 원형 창과 아치 형상의 창문을 조화롭게 배치한 것이 특징이다. 규모는 작지만 교육 · 종교 사적으로 가치 있는 건축물로 평가받고 있다. 현재는 '예수피아 교회'로 사용되고 있다.

유진 벨 선교기념관

광주전남 선교의 아버지

유진 벨 선교기념관은 '광주 · 전남지역 선교의 아버지'라 불리는 유진 벨의 한국 사랑을 기리기 위해 2016년 개관했다. 기념관 외관은 전통 한옥 모습인데 유진 벨 가족이 생활했던 양림동 사택 모습을 모티브로 했다. 기념관 1층에는 광주에서 활동했던 선교사들의 사진

유진벨 기념관

과 유품, 기록물이 전시되어 있고, 지하 1층 영상실에서는 선교사들의 활동 모습을 시청할 수 있다.

유진 벨(Eugene Bell, 1868~1925, 한국명 배유지)은 미국 켄터키주에서 태어나 센트럴대학교와 켄터키신학교를 졸업하고 1895년 28세에 부인과 함께 한국에 왔다. 서울 정동에서 한국 풍습과 한국어를 배우면서 선교를 준비했다.

1896년 서울에서 아들 헨리를 낳고, 남장로교 선교구역으로 지정된 전라남도로 내려왔다. 유진 벨은 목포 선교부를 조직한 후 정명학교와 영흥학교를 세워 교육 선교에 힘썼다. 그리고 전남 최초의 교회인 목포 양동교회를 설립했다.

목포에서 딸 샬롯을 낳고 행복한 생활을 하던 1901년, 부인(로티 위더스푼 벨)이 심장병이 악화되어 세상을 떠나는 아픔을 겪는다.

유진벨 기념관 내부

사랑하는 부인을 서울 양화진 외국인 묘역에 안장한 유진 벨은 두 아이를 데리고 1901년 미국으로 건너가 누이에게 맡기고 이듬해 한국으로 돌아온다.

1904년 12월 전남 내륙 선교를 위해 광주 양림동에 정착한 유진 벨과 오웬은 그해 12월 25일 성탄절에 그의 자택에서 주민들과 함께 성탄절 예배를 드렸다. 이것이 광주지역 최초의 예배이자 양림교회의 시작이었다.

1905년 그의 사택에서 놀란(Nolan) 선교사가 9명의 환자를 진료한 것을 계기로 광주 최초 근대병원인 제중병원(현 광주기독병원)이 시작되었다. 또 자신의 집에서 2명의 남학생과 3명의 여학생을 가르친 것을 시작으로 교육 선교도 문을 열었다. 이 학교는 1908년 숭일학교(남학교)와 수피아여학교로 발전하였다.

유진 벨은 성품이 느긋하면서도 사람의 마음을 사로잡는 친화력이 있었다. 그의 이러한 성품은 광주 전남지역 25개 군에서 진행한 선교활동에 긍정적 효과를 주었다. 그 결과 1910년에는 세례교인이 1,500여 명으로 늘어났다. 그래서 그를 '광주·전남지역 선교의 아버지'라 부른다.

1919년 3.1만세운동에 양림교회, 수피아여학교와 숭일학교 학생들이 주도적으로 가담해 많은 교인과 학생들이 체포되고 투옥되었다. 심지어 그가 세웠던 '북문안교회'는 일제에 강탈당했다. 유진 벨은 3·1운동 이후 선교 방향과 투옥된 한국인 지원에 대해 논의하는 서울 회의에 다녀오던 길에 자신이 운전한 승용차와 열차가 충돌하는 사고를 당했다. 이 사고로 동승했던 부인 마가렛과 동승했던 선교사가 목숨을 잃은 아픔을 겪었다.

전남지역에 많은 교회와 학교, 병원을 설립해 예수의 사랑을 전하던 유진 벨은 57세의 나이로 갑자기 생을 마감했다. 그는 그가 사랑했던 전남 사람들에 의해 그의 부인 마가렛과 함께 양림동 묘역에 안장되었다.

유진 벨이 세상을 떠난 후 미국으로 보내져 성장한 그의 딸 샬롯 벨(Charlotte Bell, 한국명 인사래)이 선교사가 되어 돌아왔다. 그녀는 군산에서 선교하던 윌리엄 린튼을 만나 혼인하였다. 1960년대 순천 지역에 결핵이 창궐하자 결핵 진료소와 요양원을 건립해 결핵 퇴치에 헌신했다.

유진 벨의 한국 선교 100주년을 기념하기 위해 그의 외증손인 스티브 린튼(Stephen W. Linton)이 1995년 유진 벨 재단을 설립하였다. 재단은 유진 벨의 뜻을 이어 한국에서의 봉사활동뿐만 아니라, 북한에 식량과 보건의료를 지원하며 대북 민간외교를 이어가고 있다.

오방 최흥종 목사

뒷골목 망치로 불린 사람

오방 최흥종

오방 최흥종(崔興琮: 1880~1966)은 광주 불로동에서 태어났다. 원래 이름은 최명종이었으나 1907년 세례를 받은 후 최흥종이라 하였다. 일찍이 부모를 여의고 방황의 삶을 살았다. '망치'라는 이름으로 불리며 장터와 뒷골목을 주름잡던 주먹이었다.

1904년 선교사 유진 벨의 집에 가면 유성기 소리를 들을 수 있다고 하여 그곳에 갔다. 유진 벨의 친절한 환영은 그의 마음을 흔들어 놓았다. 태어났을 때를 빼놓고는 환영받지 못했던 삶이었다. 사심없이 그를 바라본 이들은 아무도 없었다. 망치의 삶은 그러한 인생길의 반항에서 나온 것이었다. 그러니 선교사의 따뜻한 환대를 받게 되자 굳게 닫혔던 마음의 빗장이 열렸다. 유진 벨은 최흥종을 성탄절 예배에 초대했다. 최흥종은 성탄절 예배에 참석하였다. 유성기 소리를 더 들을 수 있다는 기대도 있었다. 이때 광주선교부에서 일하던 김윤수의 권유를 받아 광주 최초 개신교 신자가 되었다.

최흥종은 광주선교부에서 선교사들과 가까이 지냈다. 선교사들을 지켜보면서 그들의 삶에서 감화받아 망치의 삶을 청산하고 새사람이 되기로 하였다. 지금까지 그를 괴롭히던 술과 담배를 비롯하여 그의 삶을 구렁텅이로 던져 넣었던 못된 버릇을 청산하였다.

1905년에는 순검이 되었다. 그는 보성에서 거병한 의병장 안규홍의 부하 12명을 화순에서 압송하던 중 풀어주었고, 순창에서는 총살 직전의 의병 6명을 감옥에서 빠져나가도록 도와준다. 1907년 세례를 받았고, 국채보상운동이 전개되자 광주지역운동에 적극 동참한다. 의병 탈출 사건으로 최흥종을 의심하던 일본 경찰은 국채보상운동 주모자를 잡아 오라는 명령을 내린다. 최흥종은 사직서를 내고 순검직을 그만두었다. 그 후 윌슨 선교사의 어학 선생 겸 조수로 광주진료소에서 근무하였다. 그러나 이때까지 예수를 인격적으로 만나는 체험은 없었다.

예수를 만나다

1909년 그는 드디어 예수님 같은 사람을 만났다. 포사이드 선교사였다. 포사이드는 목포에서 활동하고 있었다. 그는 오웬 선교사가 폐렴으로 위독하다는 전보를 받고 서둘러 광주로 향했다. 광주에 도착하기 전 13마일 떨어진 곳 길가에 누워있는 위독한 여자 한센병자를 보게 되었다. 포사이드는 말에서 내려 그녀를 안아 말에 태웠다. 그리고 자신은 말고삐를 잡고 걸어서 왔다. 최흥종은 그날의 이야기를 이렇게 풀어놓았다.

그날도 우월순(윌슨) 의사에게 우리말을 가르치고 정오쯤 귀가하려고 나오는 도중에 차마 볼 수 없는 극흉한 나환자를 말 위에 태우고 와서 내려놓고 그 환자의 겨드랑이를 부액하고 오는 서양인과 마주치게 되었습니다. 보니 역시 잘 아는 선교사 포사이드 의사이어서 한편 놀라면서 "'포' 의사 오십니까?"하고 인사한즉 그가 "예, 평안하시오" 다정한 답례를 할 때 나환자가 마침 오른손에 들고 있는 참대지팡이를 떨어트렸습니다. 포 의사는 날 보고 "형님, 저 지팡이를 좀 집어주시오"하는 것이었습니다. 허지만 나는 집어주는 것을 주저하였습니다. 지팡이에는 고름인가 핏물인가 더러운 진물이 묻어 있었고 환자를 살펴본즉 흡사 썩은 송장이요 다 없어지고 두 가락 밖에 남지 않은 손가락은 그나마도 헐어서 목불인견이었고 또 한 가지 까

오방 최흥종 기념관 내부 최흥종의 눈을 뜨게 한 사건을 미니어처로 재현했다.

닮은 그때만하여도 나환자의 수효는 희소하였으나 보이는 환자마다 이렇듯이 극으로 흉스러워 나환자에 대한 증오감이 대단했던 때였기 때문입니다.[7]

최흥종은 주저하였으나 재차 집어 달라고 부탁하는 포사이드의 부탁에 머뭇거리며 집어주었다. 그러자 여인의 얼굴에서 미소가 비쳤다. 최흥종은 그때 천지개벽하는 깨달음을 얻었다. 그 순간 예수를 만났다. 포사이드에게서 그 여인에게서 예수를 보았다. 그 후 그는 예수의 영, 사랑의 영에 사로잡혔다. 이제 최흥종은 억눌리고 상처받은 조국의 가난하고 병든 자들의 이웃이 되는 길을 걷기로 했다. 그는 윌슨 선교사를 도와 한센인 치료에 헌신하였다. 1912년에는 유산으로 상속받은 자신의 땅 1,000평을 기증하여 봉선리에 나환자 진료소를 세웠다. 광주 나병원의 효시이며 한국 최초 나환자 전문병원이었다.

시베리아 선교사 최흥종

최흥종은 1912년에 양림교회 장로가 되었다. 봉선리 나환자병원에도 교회를 세우고 그곳에서 3년 동안 나환자를 돌보며 복음을 전했다. 1914년에는 뜻한 바가 있어 평양신학교에서 공부하였으나 여러 가지 사정으로 제때 학업을 마치지 못했다. 1919년에는 서울 남대문 3.1만세운동에 참여했다가 체포되어 옥살이를 하였다. 1920년 출옥하여 광주로 돌아와 광주청년회를 창설하였다. 같은 해 평양신학

7 호남일보 '구라사업 50년사 개요', 최흥종 기고

교로 돌아가 학업을 마쳤다. 1921년 그는 시베리아 선교사가 되어 활동하다가 1년 후 돌아왔다. 1927년에 다시 시베리아 선교사가 되어 떠났으나 소련에 의해 추방되었다. 그는 제주도 모슬포 교회, 광주중앙교회에서 시무하였다.

나환자 행진(구라행진)

그가 광주를 떠난 사이에 광주 나병원은 광주시민들의 항의 때문에 여수반도 한적한 갯마을인 율촌으로 이전해야 했다. 광주 나병원이 이전하여 '여수 애양원'이 되었다. 여수로 옮겨간 나환자들이 생활고로 어려움을 겪고 있다는 소식을 들은 최흥종은 "지금부터 사회 및 정치 사업에 일절 관심을 두지 않고 나환자들과 함께 하겠다"고

오방 최흥종 기념관

선포하고 교회를 사임하였다. 그는 나환자들의 치료와 재활, 생활을 위한 근본 대책을 마련하고자 윤치호, 조병옥, 송진우, 김병로, 안재홍 등과 '나환자 근절협회(구라협회)'를 만들어 모금을 시작했다. 그러나 기대한 만큼 효과가 없었다. 최흥종은 엘리자베스 쉐핑(한국명 서서평)과 협의하여 한센인 집단 수용시설과 치료시설을 만들어 줄 것을 조선총독부에 요청하기로 했다. 이렇게 해서 '나환자 행진'이라는 비상 수단이 시작되었다. 1932년 나환자 150명을 이끌고 서울을 향해 떠났다. 그들은 걸어서 열하루 걸려 서울에 도착했다. 도착했을 때 나환자는 400명이 넘게 불어나 있었다. 이들은 총독부 앞마당까지 들어가 총독 면담을 요구하였다. 총독은 기겁하며 나환자 재활시설을 마련해 줄 것이니 돌아가라고 했다. 이리하여 소록도에 나환자를 위한 시설들이 들어서게 되었다. 이 일로 그는 유명 인사가 되었다. 온갖 사회단체에서 그를 찾았다. 그의 명성에 기대어 사업을 추진하고자 했다. 그러나 세상일이 그의 순수한 뜻대로 흘러가지 않았다.

다섯 가지로부터 멀어짐

1935년 일제의 신사참배 강요에 무너지는 교단이 속출하자 목회를 접고 무등산에 은둔하였다. 서울 세브란스 병원 지인을 통해 거세한 후 호를 오방(五放)이라 짓고 자신의 부고(訃告:죽었다는 소식)를 자신을 아는 사람들에게 보냈다. "나 최흥종은 죽은 사람임을 알리는 바입니다. 인간 최흥종은 이미 죽은 사람이므로, 나를 만나거든 아는 체를 하지 말아주시기 바랍니다. 오늘부터 이 지상에서 영원히 떠나 하나님 품에서 진실로 자유롭게 살 것입니다. 본인을 사망자로 간주하시고 우인 명부에서 삭제하여 주시기를 복망하나이다."

오방이라 한 것은 가사에 방만(放漫: 가족에 대해서 나태함을 버리고), 사회에 방일(放逸: 사회에 대한 안일한 태도를 버리고), 경제에 방종(放縱: 재물에 예속되는 것을 버리고), 정치에 방기(放棄: 정치에서는 원칙 없이 포기하는 것을 버리고), 종교에 방랑(放浪: 종파적 활동을 버림)이었다. 다섯 가지로부터 멀어져 그리스도인으로서 자신의 정체성을 찾겠다는 의지였다. "지상의 일에서 떠나 하나님 속에서 자유롭게 살겠다"고 선언한 것이다. 포사이드 선교사에게서 예수를 만났던 그때 정신으로, 마음으로 돌아가고자 했다.

무등산 증심사 계곡에 오방정(五放亭)을 짓고 은거했다. 오방정은 원래 2.8 독립선언의 핵심 인물이었던 최원순이 일제의 탄압을 피해 숨어 살던 '석아정'이었다. 이곳을 최흥종이 사용하게 되었고 이름을 바꾼 것이다. 훗날 의재 허백련이 머물며 '춘설헌'이라 하였다. 오방정 시절 최흥종의 곁에는 오직 나환자, 걸인, 결핵환자뿐이었다.

무등산에 은거한 최흥종 목사(오른쪽)

그는 사회적 명성을 추구하지 않았다. 해방 후에도 나환자, 빈민자, 결핵환자들을 위해 나섰을 뿐 다른 일에 일절 이름을 올리지 않았다. 지극히 작은 자, 낮은 자 즉 작은 예수들과 공동체를 이루어 살았다. 오방정으로 찾아온 김구 선생의 간곡한 요청에도 일절 정치에 나서지 않았다. 증심사 계곡에 빈민 자활촌인 '삼애원', 나주 산포에 음성 나환자 자활촌인 '호혜원'을 설립했다. 결핵환자들을 위해서 무등산 골짜기에 '송등원'과 '무등원'이라는 요양소도 마련했다. 그 자신도 '무등원' 안에 '복음당'이라는 토담집을 짓고 결핵환자들과 함께 살았다.

그의 생애에 행했던 일들, 즉 국채보상운동, 나환자 구원, 3.1만세운동, 야학운동, 노동운동, 농민운동, 빈민운동, 금연과 금주운동, 공창 폐지 운동뿐만 아니라 신간회, 전남건국준비위원회, 미군정청고문회, 호남신문 등 정치활동도 모두 그리스도의 사랑을 실천하는 구원운동으로 귀결되었다. 그러했기에 자리에 연연하지 않았다. 언제든지 훌훌 벗어버리고 떠날 수 있었다. 그래서 그의 정치활동은 잠시뿐이었다.

1966년 오방 선생은 세상의 모든 일을 내려놓고 영원한 하늘나라로 떠났다. 그해 5월 18일 광주공원에는 10만여 명이 운집했다. 사방에서 몰려온 한센인, 걸인, 결핵환자들은 "아버지! 아버지!"를 부르며 오열했다. 전라남도 최초이자 마지막 전남사회장이었다. 1962년 오방 최흥종 선생에게 애국훈장을 주었으며, 1986년 대통령 표창, 1990년 건국훈장을 추서했다.

양림동 선교사 묘원

별과 같이 허다한 증인들

양림동 선교사 묘지에는 1909년부터 전남지방에서 활동하다 순직한 선교사들이 잠들어 있다. 모두 22명의 선교사와 자녀들이 안장되어 있는데, 이들은 전남지방에 복음이 전해지는 데 중요한 역할

양림동 선교사 묘원

을 했다. 오직 복음을 들고 낯선 곳에서 헌신하였고 그 생명마저 기꺼이 내놓았던 선교사들의 묘지는 기독교 유적 순례의 1번지라 할 수 있다. 여기 광주 양림동 언덕 위에는 "조선의 짐을 들어주고(I will take some of Chosun's burdan), 조선의 눈물(tear in land of Chosun)을 닦아주기 위해" 자신의 목숨도 기꺼이 내놓았던 선교사들이 잠들어 있다.

마가렛 불 선교사

마가렛(Margaret Whitaker Bell, 1873~1919) 선교사는 유진 벨 선교사의 두 번째 부인이다. 마가렛은 군산에서 사역하고 있던 윌리암 F. B.의 여동생으로 버지니아 놀포크 출신이었다. 그녀는 오빠를 따라 교육선교사로 내한해 활동하였다. 유진 벨과는 1904년 혼인하였다. 남편 유진 벨의 사역지 광주에 상주하면서 수피아여학교, 광주숭일학교 등에서 영어와 성경을 가르치는 교육 선교에 전념했다.

광주에서 3.1만세운동이 일어났을 때 학생들을 집에 숨겨 주었고, 구속된 제자들을 찾아가 용기를 주었다. 3.1운동으로 구속된 성도들을 돕기 위한 서울 회의에 참석하고 돌아오다 수원 인근 병점에서 자동차와 열차가 충돌하는 사고가 발생했다. 이 사고로 마가렛, 구보라 선교사가 사망했고, 낙스 선교사는 한쪽 눈을 실명하게 되었다. 두 번째 아내를 잃은 유진 벨은 마가렛에게서 낳은 윌리암, 홀란드를 안고 다시 미국으로 돌아가야 하는 아픔을 겪었다.

폴 크레인 선교사

폴 크레인 선교사

폴 크레인(Crane S Paul, 1889~1919, 한국명 구보라) 선교사는 1889년 미국 미시시피주에서 출생했다. 신학교 졸업 후 교회 장로였던 부친의 철물상 운영을 계승하여 사업가로 꿈을 이어가던 중 의료선교사 포사이드(W. M. Forsythe)의 간증에 감화받아 한국선교를 결심했다. 이후 신속하게 사업을 정리한 구보라는 1916년 한국 선교사로 파송되었다. 순천선교부에서 어학공부를 마쳤고, 목포선교부의 정명여학교, 영흥학교에서 영어 교사로 활동하였다.

3.1운동으로 구속된 성도들을 돕기 위한 서울 선교사 회의에 참석하고 돌아오다 수원 인근 병점에서 자동차와 열차가 충돌하는 사고가 발생했다. 폴 크레인은 이 사고로 세상을 떠나고 말았다.

로버트 코잇 선교사와 가족

로버트 코잇 선교사와 가족

로버트 코잇(Coit Robert Thronwell, 1878~1932, 한국명 고라복) 선교사는 1878년 남캐롤라이나에서 출생하였다. 루이스빌과 시카고에서 신학 공부하여 목사가 되었다. 1908년

C. M. Woods와 혼인하였고 이듬해 미국 남장로교 선교사가 되어 내한하였다. 광주 숭일학교 영어교사로 활동을 시작하였고, 1913년에는 순천 선교부로 옮겨 매산학교를 설립하는 데 중요한 역할을 하였다. 순천에서 활동을 막 시작하던 중 4월 16일에는 첫째 아들, 4월 27일에는 둘째 아들을 잃는 슬픔을 겪어야 했다. 코잇은 자녀를 잃는 슬픔을 겪으면서도 고흥, 보성 일대로 선교 여행을 다니며 교회 개척에 주력하였다. 그는 1932년에 세상을 떠나 아들이 잠들어 있는 양림동산에 안장되었다.

존 새뮤얼 니스벳 선교사 가족

안나 메이저 선교사(한국명: 유애나)

니스벳은 원래 중국 선교사가 되기 위해 기도하였다. 그러나 1907년 중국이 아니라 한국으로 들어왔다. 전주선교부에서 신흥학교 교장으로 활동하다가 1911년 목포선교부로 옮겨 영흥학교 교장이 되었다. 부인 안나 메이저 선교사는 전주 기전여학교와 목포 정명여학교에서 교장으로 헌신하였다. 목포에서 사역하던 중 3.1만세운동이 일어났고, 정명여학교 학생 상당수가 체포되어 고난당했다. 안나는 여학생들의 구명을 위해 동분서주(東奔西走)했다. 그러던 중 몸이 허약해져 과로로 세상을 떠나고 말았다.

안나가 세상을 떠난 후 니스벳은 라첼과 재혼했다. 라첼에게서 낳은 첫딸은 세상에 난 지 3개월 만에 세상을 떠났다. 양림동 묘지에는 안나 메이저, 첫딸 엘리자벳이 함께 잠들어 있다.

브랜드 선교사

브랜드 선교사는 광주기독병원에서 소개하였다. 동료 선교사 뉴랜드(Newland. L. T.)는 브랜드에 대해서 다음과 같이 회고하였다.

브랜드(부란도) 선교사

브랜드는 말과 행동이 예수와 같았으며, 매력적인 성격으로 사람들을 끌어당기는 놀라운 능력을 가지고 있다. 온화하고 친절하며, 동정심이 많고, 전적으로 이타적이었다. 의무감 때문이 아니라 다른 사람들을 사랑하는 순수한 마음에서 봉사했다. 한국인들은 그의 본성이 얼마나 착한지 알았으며 그를 사랑했다. 그의 밑에서 일하던 직원들은 감동을 받아 그의 온화함과 이타심을 본받으려 했다. 그를 아는 모든 사람들은 하나같이 실력이 뛰어난 의사로서 좋은 성격을 지닌 인간으로 존경하고 사랑했다.

그의 묘비에는 "예수께서 말씀하시기를 나는 부활이요, 생명이니.."라고 새겨져 있다. 가족으로는 부인과 두 자녀가 있다. 부인 두둘

리 선교사는 한국에서 남편을 도왔고, 남편이 세상을 떠나자 자녀들과 미국으로 돌아가 지내다가 1973년 세상을 떠났다.

그레이엄 선교사

그레이엄(Ella Graham, 1869~1930, 한국명 엄언라) 선교사는 미국 북캐롤라이나에서 출생하여 사범학교를 졸업하였다. 고등학교 교사로 지내다가 미국 남장로교 선교사가 되어 1907년 내한하였다. 광주 선교부로 와서 수피아여학교 교장, 이일성경학교 성경교사로 활동하였다. 그녀는 "이 나라의 3천 년 역사에서 백만 명이 더 살고 있는 이 지역에서 최초로 여학생을 위한 학교가 생기다니, 이들의 출석과 공부 열기는 참으로 놀랍다. 이 학교가 지난날에 얼마나 놀라운 열매를 맺었으며, 여러분의 도움과 기도로 미래에도 큰 힘으로 남게 될 것이다"라고 후원과 기도를 부탁하였다. 학교에만 머물지 않고 광주 인근 시골 교회를 다니면서 남자 선교사들이 접근하기 힘들었던 여성과 아동을 돌보는 사역에도 집중하였다.

그레이엄(엄언라) 선교사

1926년 그녀의 심장에 문제가 발생하여 요양과 치료를 병행하였다. 어느 정도 차도가 있자 전주성경학교에서 성경과 풍금을 가르쳤다. 그러나 완치되지 않았던 탓에 다시 문제가 생겨 1930년 38세의 아까운 나이로 세상을 떠나고 말았다.

성공이 아니라 섬김, 쉐핑 선교사

쉐핑(서서평) 선교사

엘리자베스 쉐핑(Miss Elizabeth Joanna Shepping, 1880~1934, 한국명 서서평)은 간호사로 미국 남장로교 선교부의 파송을 받아 32살에 한국으로 왔다. 그녀는 54살에 세상을 떠날 때까지 선교적 삶으로 헌신하였다.

그녀는 "조선에서 병든 자들에게 베풀 의료봉사자가 절실하다" 는 포사이드 선교사의 강연을 듣고 1912년 선교사로 지원하였다. 그녀는 광주에 와서 한국의 문화, 풍습을 익히면서 매사에 서서(徐徐)히 해야겠다는 생각을 가졌다. 그래서 성씨(姓氏)를 천천히 서(徐)로 하고 이를 강조하는 뜻에서 첫 자를 펼 서(舒), 두 번째 자는 모난 성격을 평평하게 한다는 평(平)자를 썼다.

한국에 온 그녀는 광주에서 간호사 양성하는 일과 공중보건활동에 주력하면서도 이일여자성경학교(현 한일장신대)를 설립(1922)하여 여성교육에도 많은 힘을 보탰다. 1923년에는 조선간호협회 결성을 주도하였고, 초대회장에 선임되어 11년간 헌신하였다. 1928년 평양에서 열린 한국간호협회 총회에서 '바울의 고난'이라는 제목으로 설교했다.

나는 물질문명이 발달한 서양 태생이면서도 동양의 청빈 사상을 더 좋아합니다. 예수님은 머리 둘 곳도, 두 벌 옷도 갖지 않으셨을 만큼 청빈하셨기 때문입니다.

그녀는 우리나라 최초라 할 수 있는「간호 교과서」,「실용 간호학」,「간호요강」등 간호사 관련 책을 번역해서 간호학 발전에 도움을 주었다. 그녀는 일제강점기 엄혹한 시절에도 한글 번역을 고집했다.

서서평은 한곳에 머물러 살지 않았다. 끊임없이 전라남도 일대를 순회하며 진료하고 전도했다. 이렇게 길을 나서면 한 달 이상 말을 타고 다녔으며 그 거리가 270km가 넘었다. 말이 쓰러질 정도였고, 말이 쓰러지면 걸어서 다녔다.

이번 여행에서 500명이 넘는 조선여성을 만났지만 이름을 가진 사람은 열 명도 안 됐다. 조선 여성들은 '돼지 할머니' '개똥 엄마' '큰년' '작은년' 등으로 불린다. 남편에게 노예처럼 복종하고 집안일을 도맡아 하면서도, 아들을 못 낳는다고 소박맞기도 한다. 이들에게 이름을 지어주고 한글을 깨우쳐 주는 것이 제 가장 큰 기쁨 중 하나이다. – 1921년 선교편지

최흥종이 나환자들을 이끌고 경성 총독부로 행진할 때 서서평이 함께 걸었다. 이 나환자행진을 계획한 이도 서서평이었다. 결국 총독부로부터 소록도에 나병환자 단독시설을 허락받았다. (최흥종편 참고)

그녀가 서울 세브란스에 근무할 때 3.1운동이 발발했는데 일본군

의 폭력적 진압에 다친 사람들을 치료해 주었고, 심지어 독립투사들의 옥바라지도 해주었다. 그러자 일제는 그녀가 서울에서 활동하지 못하도록 했다.

서서평은 복음을 전하는 것에만 머물지 않고 도움이 필요한 이들에게 다가가는 것을 주춤거리지 않았다. 가난한 과부들에게 생활의 방편이 될 양잠을 교육해 생활 수준을 개선시켜 주었다. 학교에서는 여학생들의 자활능력을 기르기 위해 명주, 모시, 마포, 무명베 등에 자수를 놓아 작품을 만들면 그것을 미국에 보냈다. 미국 교인들이 팔아서 돈을 보내면 여학생들의 학비로 사용하였다. 윤락여성들이 새 삶을 원하면 대신 돈을 갚아주고 데려다 공부시켰다. 미국에서 선교비를 보내오면 양림다리 주변에 사는 걸인들을 찾아가 씻겨주고, 먹여주고, 입혀 주는 데 사용했다. 미혼모, 한센인, 걸인 등 가난하고 병든 사람들 곁에는 언제나 서서평이 있었다. 고아 14명을 자녀로 삼았고, 오갈 데 없는 과부 38명과 한집에 살았다. 그녀의 책상에는 '성공이 아니라 섬김'(Not Success But Service)이라는 좌우명이 붙어 있었다. 1926년 한 매체는 그녀에 대해 이렇게 썼다.

사랑스럽지 못한 자를 사랑스러운 존재로 만들고, 거칠고 깨진 존재를 유익하고 아름다움을 지닌 그리스도인으로 단련된 생명체로 만들고자 하는 것이 서서평의 열정이다.

서서평은 한국여성과 같은 무명베 옷에 검정 고무신을 신었고, 보리밥에 된장국을 먹으며 생활했다. 그녀는 완전한 조선인으로 살았다. 그러니 그녀의 주변에 있었던 여성들은 그녀를 어머니라 부르는 것을 주저하지 않았다.

서서평 선교사 묘비

선교사로 와서 자신의 모든 것을 내준 그녀는 1934년 6월 26일 54세의 일기로 세상을 떠났다. 사인(死因) 중 하나가 영양실조였다고 한다. 자신의 입에 들어가는 음식조차 아까워 나누었던 삶이었다. 당시 동아일보는 **'자선과 교육사업에 일생을 바친 빈민의 어머니 서서평 양 서거'**라는 제목으로 대서특필했다. 광주시는 광주시민장으로 장례식을 거행했는데, 이일학교 제자들, 13명의 양딸, 300명의 걸인과 한센인이 상여 뒤를 따르며 '어머니'라고 목 놓아 울었다고 한다. 장례가 10일 동안 지속됐는데, 그녀가 자신의 시신마저 세브란스병원에 기증했기 때문이다.

그녀가 한국에서 보낸 시간은 22년이었다. 한국을 진정으로 사랑했기에 자신의 모든 것을 바쳐 헌신했다. 그래서 사람들은 그녀를 '작은 예수' 또는 '조선의 마더 테레사'라 불렀다.

CGNTV '서서평 선교사'라는 다큐멘터리가 호평받은 바 있다. 영화 포스터에는 '서서평 천천히 평온하게', '조선의 가난과 아픔을 등에 업고 살다 간 푸른 눈의 여인'으로 소개하였다.

텔마 선교사

텔마(Miss Thelma Barbara Thumm, 1902~1931, 한국명 원대마) 선교사는 선교사가 되기 위해 존스합킨스 병원 부설 간호학교를 졸업하였다. 1930년 남장로교 의료선교사가 되어 내한한 후 순천 알렉산더(안력산) 병원에서 활동하였다.

텔마 선교사

한국인 간호사 16명에게 간호학을 가르쳤으며, 환자들에게 복음을 전하는 데 주력하였다. 그러던 중 홍역에 걸린 아이를 치료하다가 저도 감염되어 1931년 29세의 나이로 세상을 떠나고 말았다. "이토록 헌신적인 젊은 생명이 다함으로써 우리는 이해할 수 없는 하나님의 섭리의 경륜을 본다. 5년간의 집중적인 예비훈련과, 우수한 자질과, 즉각적인 성공-그리고 현장에서 14개월도 채 일하지 못했다! 우리의 사랑하시는 하늘의 아버지는, 결코 잘못을 범하시지 않으시지만, 그렇게 원하신 걸 우리는 어찌하랴"라고 안타까운 마음을 프레스톤(John F.Preston, 변요한) 목사는 조사에 적고 있다. 광주선교사 묘역에는 그녀에 대해 이렇게 기록하였다. "그녀는 깊은 영성을 지닌 여인으로서 아픈 삶들에 대한 사역은 그녀의 최종적인 목적이었다." 그녀의 비문에는 "예수 오실 때까지"라고 적었다.

해리 선교사

해리 선교사는 도대선 선교사의 부인으로 1921년 교육선교사로 내한하였다. 순천선교부에서 활동하다가 1923년에 광주선교부로 옮겼다. 광주선교부에서 도대선 선교사와 혼인하였다. 해리는 주로 선교사 자녀들을 교육하는 일에 집중하였다. 이 일은 매우 중요한 사역이었다. 선교사 자녀들이 안정되지 못하면 선교활동에도 큰 지장을 주기 때문이다. 누군가는 맡아야 할 부분이다. 각 선교부의 고민이기도 했다.

해리는 1924년 첫딸을 출산한 후 산후조리를 제대로 못해 세상을 떠나고 말았다. 남편 도대선은 큰 충격을 받았지만, "먼 훗날 천국에서 만나리라" 고백하며 선교를 지속해 나갔다.

뉴먼 선교사

뉴먼은 의료 선교사 길마의 부인으로 1923년 교육 선교사로 내한했다. 그녀는 목포 선교부에서 선교사 자녀들을 교육하는 역할을 맡았다. 한국 여성을 교육하는 일에도 헌신하였다. 1925년에는 목포 프렌취 병원 원장으로 부임한 길마 선교사와 혼인하였다. 그러나 1926년 첫딸을 출산한 후유증을 극복하지 못하고 세상을 떠나고 말았다. 그녀 나이 29세였다. 뉴먼의 묘비에는 "그가 오실 때까지"라는 문구가 기록되어 있다.

스미스 선교사

스미스 선교사는 호남 최초 치과의사였던 여계남 선교사의 부인으로 1922년 내한하였다. 처음에는 군산 선교부에서 활동하다가 광주 선교부로 옮겼다. 언제나 남편과 동행하면서 치료받은 환자를 관리하는 일을 맡았으며 그들에게 복음을 전하는 역할도 맡았다. 그녀는 1930년 장티푸스에 감염되어 회복되지 못하고 세상을 떠났다.

채프만 선교사

채프만 선교사는 필라델피아에서 간호학교를 졸업하고, 1926년 간호사로 내한하였다. 그녀의 조카였던 허우선이 먼저 입국하여 간호 선교사로 활동하고 있었다. 두 사람은 목포선교부에 소속되어 간호사로 헌신하였다. 그러던 중 채프만은 폐렴에 걸려 회복되지 못하고 1928년 세상을 떠나고 말았다. 그녀의 묘비에는 "하나님의 뜻을 행하는 이는 세세에 있으리로다"라는 성경이 기록되어 있다.

로스 선교사

로스(Mis. Cora Smith Ross) 선교사는 순천 알렉산더병원에서 의료 선교사로 헌신하던 로저스의 장모로 딸 내외와 함께 1917년 내한하였다. 그녀는 정식 선교사 신분은 아니었지만 딸과 사위의 선교활동을 뒷받침해 주기 위해 선교사 자녀들을 교육하는 역할을 맡았다. 로스는 1927년 괴질에 걸려 갑자기 세상을 떠나고 말았다.

로스 선교사

고딩튼 선교사 자녀 필립

고딩튼(H. A. Codington) 선교사는 의학박사를 취득하고 선교사가 되어 부인과 함께 내한하였다. 그는 목포 프렌취 병원에서 활동을 시작하였다. 1951년 광주기독병원으로 선교지를 옮겨 광주기독병원의 확장에 지대한 공헌을 하였다. 한국 의학 발전을 위해 다방면에서 역할을 하였다. 1960년에 출생한 첫아들 필립이 1967년 대천해수욕장에서 익사하는 불행을 당했다. 이날 설교는 광주제일교회 선재련 목사가 했으며, 고딩튼 선교사는 "우리 아들이 미국인과 한국인이 함께 드리는 예배 중에 하늘나라에 가게 되었으므로 매우 기쁩니다"라고 답례를 했다.

양림교회

성탄절에 시작된 교회

1904년 12월 유진 벨(배유지) 선교사, 오웬(오기원) 선교사, 김윤수 조사가 광주에 파견되어 성탄예배를 드림으로 광주에서 첫 교회가 시작되었다.

유진 벨 사택에서 성탄예배로 시작된 양림교회는 교인 수가 늘어나자 조금 더 넓고 교통이 편리한 곳으로 이전하였다. 1905년에는 이미 평균 50명이 예배에 출석하고 있었다. 스트레퍼 선교사는 주일 여자성경공부반을 개설하고 여성에게 성경을 가르치면서 교육 기회를 제공하였다. 1906년에는 어린이를 위한 주일학교도 시작하였다.

1906년에는 광주읍성 북문 안 사창골에 터를 마련하고 예배당을 이전하였다. 새 예배당은 대한제국 군대의 훈련장 및 무기고가 있던 곳이었다. 교인들이 정성껏 모은 헌금과 선교후원금이 보태져 ㄱ자 모양 50평 예배당이 완공되었다. 담임목사는 유진 벨이 맡았다.

1910년에는 600여 명이 모이는 교회로 성장하였다. ㄱ자형 교회를 조금씩 확장하여 그런대로 예배당으로 사용하였다. 1912년에는

양림교회

김윤수와 최흥종을 장로로 세우고 교회 조직을 일신하였다. 이때부터 '북문안교회'라 불렀다. 1914년 오웬기념각이 완공되었다. 1916년에는 이기풍 목사를 담임목사로 청빙하였다. 김익두 목사를 초청해 부흥회를 개최하여 대부흥을 이루었다.

1919년 3.1만세운동에 교인들이 주도적으로 참여하자 일제에 의해 교회가 폐쇄되었다. 교회는 교인들에게 민족의식을 일깨우는 장이 되고 있었기 때문이다. 교회가 폐쇄되고 건물이 헐리자 오웬기념각을 임시 예배당으로 사용하였다.

이번엔 남문밖에 예배당 터를 마련하고 일제가 헐어버린 예배당 건축 자재를 재활용해서 예배당을 재건하였다. 이번엔 '남문밖교회'라 불렀다. 교인들이 계속 늘어나자 1920년에는 북문밖교회(현 광주중앙교회)를 분립했고, 1924년에는 금정교회(현 광주제일교회)가 분립되었다.

양림교회에는 인근에 있던 숭일학교, 수피아여학교 학생들이 많이 출석했다. 학생들은 선교사들의 지도로 각종 강연회, 토론회를 예배당에서 열었다. 이를 통해 성장한 교회 청년들은 광주기독교청년회(YMCA)에서 중요한 역할을 맡아 전남 지역의 사회운동, 계몽운동, 민족운동을 이끌었다. 1937년에는 '신사참배 반대'에 앞장섰다고 김현승, 백영흠 등 양림교회 청년들 다수가 일제로부터 탄압받았다.

해방 후인 1953년 자유주의 계열의 신학자 김재준 목사 지지자들은 한국기독교장로회(기장) 소속 양림교회로 분립했고, 그에 반대한 교인들은 오웬기념각에서 따로 예배를 드렸다. 이들은 대한예수교장로회 소속을 유지하였다. 1963년에는 세계교회협의회에 대한 입장 차이로 통합, 합동으로 분립되어 현재에 이르고 있다. 그래서 양림동에는 양림교회가 세 개 있다. 비록 견해가 달라 분열되었지만 지금은 서로 협력하며 아름다운 관계를 맺어오고 있다. "세계사에 유래가 없이 한 마을 한 뿌리 한 이름의 세 형제 교회가 이제는 연합찬양, 강단교류, 역사의 숲 가꾸기, 담장 허물기, 역사문화마을 만들기에 앞장서고 있다." – 양림 역사문화마을 안내

양림교회(통합), 오웬기념각, 어비슨기념관이 함께 있다. 양림교회(통합) 앞에는 '광주 근대역사를 상징하는 종'이라는 특별 공간이 마련되었다. 그곳에는 이렇게 기록되어 있다.

미국 남장로교 광주선교부가 위치하여 광주 근대문화와 근대정신의 통로가 된 양림은, 광주전남제주 선교의 중심이자 근대 의료

교육 문화 예술 체육 등의 통로로서, 한센병자, 결핵병자, 빈민 구제 공동체의 시발점, 광주 독립 만세운동을 비롯한 독립운동의 산실, 근대 시민운동의 태동지가 되었다. (중략)

제국주의 일본이 도발한 태평양전쟁의 전세가 치열해지자 일본은 조선의 교회와 사찰의 종들도 전쟁용으로 징발하였다. 그 때문에 무등산까지 들리던 양림 언덕의 평화와 사랑의 종소리도 한동안 멈추게 되었다. 이러한 일제의 침략 역사 속에 빼앗긴 종을 상징적으로 기억하기 위하여 이 종각에는 종이 없다. 대신 제국주의 일본의 침략에 저항하여 독립을 선언하였던 광주 독립만세운동의 기념동판이 그 가운데 놓여있다.

이곳에는 광주 현대사를 겪은 종을 전시해 놓았다. 5.18의 고난 속에도 새벽마다 종은 울렸다. 양림교회 교인들은 새벽 종소리를 들으며 고난의 시간이 끝나기를 기도했다. 양림교회 교인 중에서도 5.18에 희생된 분들이 적지 않았으니 그 아픔을 어찌 다 잊을 수 있겠는가. 양림교회 종은 100주년(2004) 즈음하여 종탑에서 내려왔다 – 그 몸체에 금이 간 채로.

클레멘트 오웬

친구같은 오 목사

의료선교사 클레멘트 오웬(Clement C. Owen. 1867~1909)은 1898년 11월 미국 남장로교 선교사가 되어 한국에 들어왔다. 오웬은 목포선교부에서 활약하다가, 1904년 광주선교부가 설립되자 광주로 옮겼다.

클레멘트 오웬 선교사

1899년 오웬은 북장로교 선교사인 휘팅과 혼인했다. 휘팅은 서울에서 제중원을 운영하던 에비슨 선교사를 돕기 위해 파송된 선교사였다. 휘팅이 목포에 합류하자 진료소는 새 힘을 얻어 더 활발하게 운영되었다. 오웬은 온갖 종류의 질병을 치료해서 효과를 내었다. 당시 한국인들은 기본적인 위생만 갖추면 나을 수 있는 질병이 많았다. 열악한 의료 장비였지만 한국인들은 효과를 많이 보았다.

오웬은 목포의 신의(神醫)로 소문났었다. 그러나 그는 겸손했다. 언제나 환자들을 정성껏 치료했다. 힘겨운 걸음으로 진료소를 찾은 병자들은 진료소에 비치된 기독교 서적을 보면서 예수를 알게 되었다. 약봉지에도 한글로 성경 구절을 써서 나눠주었다. 예수를 전하지 않아도 환자들은 예수의 이름을 부르게 되었다.

당시 목포 경무청 총순(현재의 경감) 김윤수는 그의 어머니가 손에 난 종기를 치료받는 과정에 예수를 듣게 되었다. 그는 목포지역에서 주조장을 운영할 정도로 지역에서 소문난 유지(有志)였다. 그는 오웬 선교사에게 감동을 받았고 그가 전하는 예수를 믿기로 했다. 그는 부인과 어머니, 장모에게도 예수를 전해서 온 가족이 예수를 믿게 되었다. 1902년 목포예배당을 지을 때 건축감독을 맡았으며, 그 해 집사로 임명되었다. 김윤수는 매우 열심히 신앙생활을 하였다. 그래서 광주선교부가 설립될 때 가장 먼저 광주로 가 상황을 살피고 준비하였다. 목포에서 경험을 살려 광주선교부 설립에 큰 역할을 하였다. 김윤수는 훗날 광주 건달인 최흥종을 전도해 큰 인물로 키워냈다.

1904년 12월 광주선교부가 개설되자 오웬은 유진 벨과 광주로 옮겨오게 된다. 광주로 와서는 병원 진료보다는 전도사역에 전념했다. 병원사역은 윌슨 선교사가 맡았기 때문이다. 오웬과 유진 벨은 광주에만 머물지 않고 해남, 완도, 보성, 나주 등 전라남도 남부 지방을 순회하며 지칠 줄 모르고 전도여행을 다녔다. 주로 강진에서 여수, 순천 등 전남 동부지역을 집중해서 다녔다. 그의 노력으로 광주 송정리교회(1901), 해남 선두교회(1902), 광주 양림교회(1904) 등이 설립되었다.

오웬은 잠시도 쉴 줄 몰랐다. 마치 그에게 주어진 시간이 짧다고 느낀 것처럼 열정적으로 해냈다. 1909년 아직 쌀쌀할 때인 3월 22일, 오웬은 광주를 출발해 화순을 거쳐 1주일 만에 장흥에 도착했다. 그런데 그날 밤 고열에 시달렸다. 몸을 가눌 수 없는 상태가 되었다. 그와 동행했던 조사, 성도들은 허둥지둥 가마를 빌려 3일 밤을 달려 광주로 돌아왔다.

오웬 선교사 묘

광주기독병원장이던 윌슨은 오웬을 치료하기 위해 백방으로 노력했으나 차도가 없자 목포에 있던 포사이드에게 전보를 쳤다. (포사이드 편 참고) 그러나 안타깝게도 오웬의 상태는 나아지지 않았고 4월 3일 세상을 떠났다. 그의 인생 42년이었다.

한국인들은 친구같은 그를 '오목사'라 불렀다. 그는 광주 양림동 언덕에 묻혔다. 부인 휘팅 선교사는 그대로 광주에 남아 네 딸을 키우면서 신입 선교사들의 정착을 도왔다. 훗날 미국에 돌아가서도 한국을 위해 기도하기를 쉬지 않았다고 하니 오웬 부부의 선교적 삶은 이 세상 것이 아니었다.

오웬기념각

광주 남구 기독간호대학교 내(양림교회 옆)에 있는 오웬기념각(광주유형문화재 제26호)은 오웬 선교사와 그의 할아버지 윌리암을 기념하기 위해 미국 친지들이 보내준 돈으로 건립되었다. 오웬 선교사는 평소 할아버지를 기념하는 건물을 짓고 싶어 했다. 오웬은 죽기 전 가족에게 보낸 편지에서 할아버지를 기념하는 건물을 짓는 일이 절실하다는 뜻을 보였다. 할아버지를 기념하기 위한 것이긴 하지만 광주에 성경을 배우러 오는 사람들을 위한 공간이 필요했기 때문이다. 단순히 할아버지를 기념하기 위한 것이었다면 독촉하지 않았을 것이다. 친지들의 도움을 끌어내어야 하고, 당장 필요한 공간을 지어야 했던 절실한 그 마음을 읽을 수 있다. 비록 그가 살았을 때 뜻

오웬각

을 이루지 못했지만, 그의 친지들은 그의 간청을 외면하지 않았다. 오웬의 간청대로 건축비를 모아서 보냈다.

미국 남장로교 선교사 스와인하트(M. L. Swinehart)가 설계와 건축에 참여하였고, 1914년에 완공되었다. 건물 평면은 정방형(정사각)이며, 2층으로 되었는데 연면적 434m^2(132평)이다. 회색 벽돌로 벽을 쌓았다. 1층과 2층 구분은 약간의 내쌓기와 들여쌓기로 구분했다. 지붕은 우진각 양식과 팔작 양식을 절충한 모양인데 함석으로 마감하였다. 지붕의 경사가 이중으로 되어 독특한데 서양에서 유행한 맨사드 지붕[8]이라 한다.

출입구는 북쪽, 서쪽 두 곳에 설치했는데 남녀를 구분하기 위해서다. 문으로 들어가면 가운데 휘장을 쳐서 남녀가 따로 앉는 구조였다고 한다. 동쪽과 남쪽 모서리에 조그마한 문을 내어서 요긴하게 사용할 수 있게 하였다. 출입구(포치)는 높은 아치로 마감하여 서양풍을 물씬 풍기게 하였다. 벽돌로 아치를 쌓으면서 가운데 종석(key ston)은 화강석을 넣어 튼튼하게 했다. 포치 안쪽 천장은 나무판으로 마감했다. 아치를 받치고 있는 기둥은 주철관을 사용한 점이 독특하다. 기념관 입구 문설주에는 할아버지 윌리암 오웬과 손자 클레멘트 오웬을 기념한다

8 맨사드 지붕(mansard roof)은 서양의 근세건축에서 볼 수 있는 2단으로 경사진 지붕이다. 용마루에서 가까운 곳은 완경사, 처마 쪽에 가까운 곳은 급경사를 이루게 했다. 이런 지붕은 다락방을 넓게 사용할 수 있는 장점이 있다.

는 머릿돌이 부착되어 있다. 'IN MEMORY OF WILLIAM L. AND CLEMENT C. OWEN.'

내부에는 목재로 된 지붕틀을 나무 기둥으로 받치고 있다. 설교단은 모서리에 있어서 남녀를 동시에 바라볼 수 있도록 했다. 바닥은 마루널로 되었는데 1층 바닥과 2층 발코니를 모서리의 설교단을 향해 약간 경사지게 설치해 설교단을 내려다보게 했다. 1층 창문은 길고 크게, 2층 창문은 작게 해서 건물 외벽에 율동감을 주었고, 내부에 밝은 빛을 수용하였다. 내부 벽은 회반죽을 칠하여 마감했다.

이 건물은 처음에는 수피아여고와 숭일학교에서 예배당과 강당으로 사용했었다. 후에 광주기독교청년회 집회소, 남자성경학교 교사(校舍)로 사용하였다. 이곳은 광주에 신문화가 유입되는 통로 역할도 했다. 크고 작은 문화행사가 이곳에서 시작되었기 때문이다. 이 지역 사람들은 이곳에서 연극을 처음 봤고, 서양음악을 처음 들었다. 당시에는 근사한 문화의 전당이었다.

지금 오웬기념각은 기독병원 간호전문대학의 강당으로 쓰이고 있으며 각종 강연회, 음악회, 연극 등 문화행사 장소로 여전히 활용되고 있다. 오웬기념각은 광주 양림동의 품격을 높여주는 소중한 문화유산이다.

김현승 시인

신앙고백이 시가 되고

가을의 기도

가을에는

기도하게 하소서

낙엽들이 지는 때를 기다려 내게 주신

겸허한 모국어로 나를 채우소서

가을에는

사랑하게 하소서

오직 한 사람을 택하게 하소서

가장 아름다운 열매를 위하여 이 비옥한

시간을 가꾸게 하소서

가을에는

호올로 있게 하소서

나의 영혼 굽이치는 바다와

백합의 골짜기를 지나

메마른 나뭇가지 위에 다다른 까마귀 같이

양림동에는 김현승 시인의 흔적이 많다. 그는 아버지의 목회지(牧會地)를 따라 옮겨다니며 살아야 했다. 7살에 전라도 광주에 와서 살았고 숭일학교를 졸업했다. 평양의 숭실중학, 숭실전문학교를 졸업했다. 그는 광주로 돌아와 숭일학교 교사(1936), 조선대학교 교수(1951~1959)를 지내는 등 많은 시간을 광주에서 보냈다.

김현승 시인 시비 시인이 거닐었던 양림동 곳곳에 시인의 흔적이 남아 있다.

기독교인으로 기독교적인 세계, 철학, 사색이 담긴 시를 세상에 내놓았다.

호남신학대학교 내에 김현승 시인의 시비(詩碑)가 있고, 오방 최흥종 기념관 맞은 편 길가에도 시비가 있다. 시인은 양림동 언덕을 오르내리며 시상을 가다듬었다고 한다.

TIP 광주 기독교 유적 탐방

▮ 양림교회(통합), 오웬기념각
광주 남구 백서로70번길 2 / TEL.062-672-1101

▮ 수피아 여자고등학교
광주 남구 백서로 13 / TEL.062-670-3000

▮ 유진벨 기념관, 최흥종 기념관
광주 남구 제중로 70

▮ 선교사 묘원
광주 남구 양림동

광주 양림동은 기독교 역사와 문화유산의 보고(寶庫)다. 개발의 시대에도 용케 살아남았다. 광주천과 양림 언덕 사이에 부챗살처럼 펼쳐진 양림동은 광주의 핫플레이스다. 마을 북쪽에 있는 공영주차장에 주차하고 천천히 걸어서 탐방하면 된다. 골목을 누비며 다니는 맛이 매우 좋다. 맛집과 예쁜 카페가 연이어 나타나 발걸음을 더디게 한다. 아래 순서대로 탐방하면 겹치지 않고 양림동 일대를 어느 정도 탐방할 수 있게 된다.

딩굴동굴 → 최승효 가옥 → 이장우 가옥 → 소심당 조아라 기념관 → 선교기념비 → 오방 최흥종 기념관 → 유진벨 기념관 → 광주 사직공원 전망타워 → 호남신학대학교 → 선교사 묘지 → 우일선 선교사 사택 → 피터슨 선교사 사택 → 호랑가시나무 언덕 게스트 하우스 → 호랑가시나무 창작소 → 허철선 선교사 사택 → 수피아 여고, 커티스 메모리얼 홀, 윈스브로우 홀 → 광주기독병원 → 양림교회(통합), 오웬기념각 → 펭귄마을 (도보로 3시간 소요)

유진벨기념관, 오방최흥종기념관, 조아라기념관은 월요일 휴관한다. 관람료는 무료다. 수피아여자고등학교는 경비실에 협조를 구하면 관람할 수 있도록 조치해 준다.

기름지고 풍성한 땅 순천

옛날 흥선군이 호남지역을 돌아다닌 후 호남팔불여(湖南八不如)라 하였다. 文不如長城(문불여장성: 학문으로 장성만한 곳이 없다), 戶不如靈光(호불여영광: 집은 영광만한 곳이 없다), 結不如羅州(결불여나주:세금을 거둬들이는 곳은 나주만한 곳이 없다), 地不如順天(지불여순천: 기름지고 풍성한 땅은 순천만한 곳이 없다), 人不如南源(인불여남원: 사람은 남원만한 곳이 없다), 錢不如高興(전불여고흥: 돈이 많은 곳은 고흥만한 곳이 없다), 女不如濟州(여불여제주: 여자가 많기로는 제주만한 곳이 없다)라고 평했다.

기름지고 풍성한 땅 순천은 역사적으로 많은 이야기를 품고 있을 뿐만 아니라, 아름다운 자연풍광도 자랑한다. 순천만 국가정원은 다채로운 정원을 소개하고 있는 유명 관광지가 되었다. 순천만습지 갈대숲은 철마다 새 떼를 품어주고 관광객을 불러 모은다. 천년 고찰 송광사와 선암사가 있고, 오래된 마을인 낙안읍성민속마을도 있다. 순천은 팔마(八馬)전통을 자랑스러워한다. 고려시대 순천에 부임한 수령이 임기가 끝나고 떠나는 날이 되면 주민들은 말(馬) 8마리를

순천만 갈대숲

구해 선물로 주는 관행이 있었다. 그러던 중 최석이라는 수령이 받았던 팔마를 모두 돌려보냄으로써 백성들 고통을 덜어 주었다. 후임 수령들은 최석의 길을 따랐다. 그래서 순천을 돌아다니면 '팔마'라는 단어를 많이 만날 수 있다.

해방 후 좌우대립이 극심할 때 여순사건이 이 지역을 휩쓸었고, 안타까운 생명들이 희생되는 아픔을 겪어야 했다. 그것을 배경으로 이 지역 출신 조정래는 '태백산맥'을 저술하였다.

지금의 순천시는 순천만으로 흘러가는 순천동천을 따라 남북으로 길게 조성되었다. 지금과 비교할 수 없을 정도로 작았던 옛 순천부 읍성은 매곡동에 있었다. 그리고 읍성 북문과 서문 밖 산기슭에 미국 남장로교 선교사들이 설립한 순천선교부가 있었다. 이 산기슭은 이른 봄이면 홍매화, 백매화가 사방을 수놓아 '매산등' 즉 '매등'이라 불렀다. 개화기 매등에는 선교사들이 살던 벽돌집, 신교육을 담당한 매산학교, 병자들을 치료하던 안력산병원, 영혼을 구원하던 교회가 있어서 매화 향기보다 더 짙은 그리스도의 향기를 사방으로 전해주었다.

순천선교부

오웬의 순교로 시작된 선교

1900년 초 전남 선교를 본격화 할 무렵 순천은 오웬 선교사가 담당하였다. 오웬은 광주 남쪽 지방을 순회하면서 열정적으로 복음을 전했다. 너무 열심히 다닌 결과 1909년 과로와 급성 폐렴이 겹쳐 세상을 떠나고 말았다. 선교에 대한 열정과 결실이 주렁주렁 달리는 모습에 지치는 줄 몰랐던 것이다.

오웬이 세상을 떠난 후 1909년 프레스턴과 유진 벨 선교사는 오웬이 다녔던 전라도 남해안 일대를 순회하였다. 이때 남쪽 지방에 설립된 교회가 97개나 되고 6천여 성도가 예배를 드리고 있음을 확인하였다. 그들의 신앙 또한 든든하게 잘 세워져 있으며 열성적임을 알게 되었다. 그러나 문제는 이들을 지도할 선교사와 선교비가 부족했다. 남해안 일대를 순회하고 돌아온 두 사람은 광주선교부가 이들 지역까지 돌보는 것은 무리라는 결론을 내렸다. 이들 지역을 돌볼 새로운 선교부가 필요하다는 것에 합의를 보았다. 그리고 순천이 전라 남부 해안 일대를 돌볼 선교부로 가장 적합한 곳임을 확인하였

순천선교부를 둘렀던 담장

다. 이들은 자신들이 확인한 결과를 미국 남장로교 선교부에 보고하였다. 이들의 제안은 받아들여져 선교부 설치가 허락되었다. 이때가 1911년이다.

순천선교부 설치는 프레스턴과 코잇(한국명 고라복) 선교사에게 맡겨졌다. 이들은 순천으로 내려가 토지 매입과 선교부에서 필요한 건축을 추진하였다. 1911년 프레스턴은 안식년을 맞아 미국으로 돌아갔다. 말이 안식년이지 프레스턴에게는 오직 순천선교부를 세울 생각뿐이었다. 미국 교회를 돌아다니며 열정적으로 설교하면서 한국에서 벌어지고 있는 놀라운 일에 대해 증언하였다. 그리고 한국은 선교사가 필요하며, 재정 후원도 필요하다고 역설하였다. 그의 설교는 매우 감동적이어서 33명의 선교사가 선발되는 결과를 얻었다. 또 와츠라는 사람은 순천선교부에서 필요한 재정을 매년 지원하겠다는 약속을 하였다. 프레스턴은 매우 기쁜 소식을 순천에 알려왔다. 이에 1913년 순천선교부는 독립하였다. 와츠는 매년 약속한 선교비를 보내왔으며, 특별헌금을 수시로 하여 순천선교부가 튼튼하게 자리 잡는 데 큰 역할을 하였다. 그의 공적을 기념하기 위하여 조지와츠 기념관이 순천 매곡동에 건립되었다.

순천선교부는 본격적인 시작도 전에 전체 선교부가 지어지고 직원들이 채워진 특별한 역사를 만든 선교부로 기록되고 있다. 프레스턴과 코잇 등 선교사들의 활발한 선교활동으로 인하여 순천에 교회와 학교 그리고 병원 등이 생겨나기 시작하였고, 그들의 표현대로 "Thus Soonchun Station, 'sprang full bloom into being' 현실에 일약 활짝 핀" 선교사역이 되었다.[9]

사람이 계획한다면 도저히 이루어질 수 없는 것들이 미리 준비되어 있었다. 그래서 조지 톰슨 브라운의 『한국선교이야기』에 의하면 '불세례로 문을 연 순천선교부'라 하였다.

프레스턴과 코잇의 사역이 문을 열었다면 순천선교부를 가득 채울 선교사들이 속속 들어왔다. 의료 선교사 티몬스(H.L.Timmons) 부부, 간호사 그리어(A.L.Greer)가 합류해서 의료선교를 더 확장할 수 있었다. 교육 선교사들도 입국했다. 크레인(J.C.Crane) 선교사 부부는 남학생들을 위해, 듀푸이(Lavalette Dupuy)와 비거(Meta Biggar)가 여학생 교육을 담당하기 위해 도착했다. 선교사들이 속속 합류하

9 전주대신문, 2016년 10월 19일자

자 이전에 볼 수 없었던 선교부 진용이 구축되었다. 군산, 전주, 광주, 목포 선교부에서 경험했던 것을 수정 보완한 결과라 할 수 있다.

선교부 건축물은 순천 주변에서 재료를 구했다. 건축물 외관을 구성하는 석재는 현장 주변이나 순천 일대에서 구해다 썼는데, 일명 '호랑이석'이 사용되었다. '호랑이석'은 석재에 포함된 철분이 산화되거나 빗물에 녹아 나와 무늬를 만든 돌인데 썩 좋은 석재는 아니다. 목재는 광양 백운산에서 공급되었다. 석재를 구하고 벌목하는 일은 겨울철 일거리가 없었던 한국 사람들에게 좋은 일거리가 되었다. 한국에서 구할 수 없었던 시멘트와 페인트, 미국산 목재 등은 미국에서 선박 운송해서 조달하였다.

순천선교부 건축은 스와인하트(M. L. Swinehart, 1874~1957, 한국명 서로득) 선교사가 도맡아 해결했다. 그는 미국 철도회사에 재직하면서 토목공사에 참여한 경험이 있었다. 그가 오기 전에는 서양식

안력산병원 서울의 세브란스 다음으로 큰 병원이었다.

과 한식(韓式)을 절충한 형태의 건축물이 주로 지어졌다. 서양식 붉은벽돌로 벽체를 만들고, 한국식 기와지붕을 얹은 형태였다. 그런데 스와인하트는 회색벽돌과 개량된 평기와 또는 시멘트 슬레이트를 이용해 외관이 전혀 다른 건축물을 지었다. 그의 건축물이 순천선교부, 광주선교부, 목포선교부 등에 남아 있다.

순천선교부는 개설 3년이 지난 1916년에 이르면 세례교인 수가 1,172명에 이르고 전체 교인 수도 2,507명으로 증가했다. 교인들은 순천에만 머무르지 않았다. 주변으로 흩어져 복음을 전하고 수많은 교회를 세웠다. 당시 순천선교부가 추진한 병원, 학교, 교회 사역은 지금까지도 순천지역에 큰 영향을 주고 있을 정도로 든든하였다.

조지와츠 기념관(순천기독진료소)

이 건물은 순천선교부 설립과 운영에 큰 후원을 한 조지와츠를 기념하여 1925년에 건축한 건물이다. 원래 순천고등성경학원 교사(校舍)로 지어졌으며 조지 와츠의 후원금으로 지어졌기 때문에 '와츠기념성경학원'이라 하였다. 그 후 선교사 숙소, 순천노회 교육관, 결핵진료소 등 필요에 따라 사용되었다. 현재 1층은 기독교진료소, 2층은 기독교선교역사박물관으로 사용되고 있다.

이곳에 진료소가 들어선 것은 한국에서 태어나 한국을 위해 살다 한국에서 생(生)을 마친 휴 린튼(한국명 인휴) 선교사 부부가 결핵환자들을 위해 사용하면서부터였다. 한국전쟁 후 수많은 결핵환자가 피를 토하며 죽어가는 모습을 보며, 하나님을 전하는 것도 중요하지만 먼저 사람을 살려야겠다는 결심이 있었다.

조지와츠 기념관 순천기독진료소와 기독교선교역사박물관으로 사용되고 있다.

1962년 순천에 큰 수해가 일어났다. 수많은 결핵환자가 발생했고, 심지어 부부의 자녀도 폐결핵 위험에 처해있었다. 체계적인 예방과 치료, 요양이 필요했다. 로이스 린튼(한국명 인애자)은 결핵을 막기 위해 결핵진료소와 요양원을 세웠다. 그녀는 결핵 퇴치에 생을 바쳤다.

휴 린튼은 1984년 애양원에서 순천으로 돌아오다 교통사고를 당했다. 구급차가 없던 시절이라 제때 치료받지 못하여 과다출혈로 숨졌다. 그의 막내아들 인요한 박사는 이 일을 계기로 응급 구급차 보급운동을 시작했는데 이것이 '119구급차'의 시작이었다.

조지와츠 기념관 마당에는 순천에서 활약했던 선교사들을 기념하는 비가 세워졌다.

순천 근대교육의 시작 매산학교

매산학교는 순천 매산중·고등학교, 매산여자고등학교를 통칭한다. “그리스도의 인격을 닮아가는 창의적인 민주 시민 육성”이라는 목표를 가지고 지금도 미션스쿨로 운영되고 있다.

1910년 프레스톤과 코잇 선교사는 금곡동에서 교육선교를 시작하였다. 그들은 향교 근처에 있는 집 한 채를 매입했다. 이 집에서 학생을 모집하고 가르치면서 순천의 근대교육이 시작되었다. 다른 지역에서는 이미 근대교육이 진행되고 있었기 때문에 이 지역 유지들도 필요성을 깨닫고 있었다. 덕분에 지역 유지들의 협조를 얻을 수 있었다.

1913년에는 매곡동에 석조건물을 짓고 학교를 이전하였다. 코잇

매산학교 전경

선교사는 설립자 겸 초대교장이 되었다. 이때 교명을 '사립은성학교'라 했다. 1916년 일제에 의해 성경과목이 폐지되자 학교를 자진 폐교하였다. 미국 남장로교 선교부의 끈질긴 노력으로 1921년 성경을 가르칠 수 있는 학교로 다시 인가를 받아 매산학교(梅山學校)를 재개교했다. 보통학교 6년제, 고등과 2년제로 확대했다. 한편, 매산학교 근처에 매산여학교도 인가를 받아 설립했다. 매타 비거(M. L Bigger, 1887~1959, 한국명 백미다) 선교사가 초대교장을 맡았다.

1937년 일제가 신사참배를 강요하자 끝까지 불응하다가 자진 폐교하였다. 1946년 순천 매산중학교로 인가를 받아 다시 문을 열었다. 1950년 한국전쟁 때에 매산학교를 비롯 순천지역 학생 56명이 혈서를 쓰고 학도병으로 나갔다. 매산학교 학생만 32명이었다. 이들은 섬진강 화개에서 인민군과 치열한 전투를 치렀다. 낙동강 방어선에도 투입돼 유엔군이 참전할 수 있는 시간을 벌어 주었다. 그러나 대부분 학생들이 전사하거나 실종되었다. 매산고등학교 벽에는 학도병의 이름을 새기고 그들의 정신을 기리는 충혼 벽화가 있다.

코잇 선교사 사택

코잇(Coit Robert Thronwell, 1878~1932, 한국명 고라복) 선교사는 순천선교부 설립이 확정되자 1910년 금곡동에 한옥을 매입하고 선교를 시작했던 인물이다. 그는 아이들을 모아 성경과 신학문을 가르쳤다. 1913년 매곡동 언덕에 집을 짓고 이사했다. 1913년 4월 코잇과 프레스턴 가족이 순천으로 와 합류했다. 그런데 일주일도 채 되지 않아 코잇의 두 아이가 이질에 걸려 세상을 떠나고 말았다. 그의

코잇 선교사 사택

부인도 이질에 걸려 사경을 헤매는 아픔을 겪어야 했다. 그럼에도 코잇의 선교는 좌절되지 않았다. 1914년 안식년을 맞아 미국으로 간 후에도 쉼 없이 한국의 사정을 호소하고 다녔다. 전도를 위한 대형 천막을 확보하고 선교에 필요한 물자를 마련하기 위해 동분서주하였다.

1915년 5월 순천으로 돌아온 그는 전라남도 구례, 광양 지역을 순회하며 복음을 전했다. 그는 교회에서 초등교육과 장막전도에 매진했다. 소요리문답을 활용한 어린이 전도에 집중했다. 한국 어린이 10%만이 근대식 교육을 받고 있기 때문에 교회가 나머지 아이들의 교육을 담당해야 한다고 생각했다. 교인들에게 교회 내에 학교를 설립하여 아이들을 교육할 것을 권유하고 미국 선교부에 지원을 요청했다.

열정적으로 복음을 전하던 그는 1929년 독감으로 몸이 약해져 미국으로 돌아갔다. 그러나 미국에 가서도 회복되지 못하고 2년여 투병 끝에 세상을 떠나고 말았다.

코잇 선교사 집은 지하 1층, 지상 2층의 석조주택으로 비교적 보존이 잘 되어 있다. 2005년 전라남도 문화재로 지정되었다. 순천선교부에는 20여 채의 서양식 주택이 있었으나 지금은 6동만 남아 있다. 코잇 가옥은 원형이 가장 잘 보존된 건물로 우리나라 건축사에서도 중요한 것으로 평가받고 있다. 코잇 선교사가 미국으로 돌아간 후에는 미첼, 킨슬러 선교사가 살았다.

프레스턴 가옥

이 집은 선교사 프레스턴(John Fairman Preston, 1875~1975, 한국명 변요한)이 사용하던 집으로 1913년 4월에 완공된 것이다. 프레스턴은 1903년 한국에 파송되어 목포-광주-순천 선교부에서 활동하다가 1940년 일제의 선교사 추방정책에 의해 미국으로 돌아갔다.

그가 한국에 들어올 무렵 대한제국은 기근이 연속되었고, 일본과 러시아가 한반도에 대한 야욕을 노골적으로 드러내어 전쟁의 위협이 높아지고 있었다. 대한제국의 운명은 풍전등화 같았고 반면 교회는 영적 각성이 일어나고 있었다. 1903년 원산 대부흥을 시작으로 각지에서 영적 각성이 일어나 대부흥의 시기를 맞이하고 있었다. 교육 선교사로 내한한 프레스턴은 목포에 도착해 유진 벨과 오웬이 광주로 옮긴 뒤를 맡아 목포지역을 안정적으로 이끌었다. 이후 광주로 선교지를 옮겨 숭일학교 초대 교장을 지냈다.

프레스턴 가옥

순천선교부가 설립되자 순천으로 선교지를 옮겼다. 순천선교부에서 필요한 시설을 설립하는 데 힘썼다. 토목 기술자인 스와인하트가 합류해 시설 공사를 설계하고 감독했다. 프레스턴 가옥은 1913년 4월에 완공되었고, 코잇 가옥, 로저스 가옥 등이 차례로 지어졌다. 순천병원(알렉산더병원 또는 안력산병원, 매산고등학교 기숙자 자리)과 조지와츠 기념학교도 차례로 들어섰다. 프레스턴 가옥은 순천선교부에서 가장 먼저 지어진 것으로 순천에서 가장 오래된 서양식 주택이다.

스와인하트의 설계와 감독 아래 중국인 기술자들이 들어와 건축에 참여하였다. 선교부 주변에서 마련한 석재를 사각으로 다듬어 바른층 쌓기를 하였다. 일명 호랑이석이라 불리는 석재를 가져와 사용했다. 1층 현관 포치 기둥은 회색 벽돌을 사용하였다. 1층과 2층을 구분하기 위해 석재를 돌출시켜 띠를 둘렀다. 우진각지붕에는 한식 기와를 얹어서 한국식과 서양식을 절충하였다. 폭과 높이를 1:1의 비율로 구성한 것은 순천선교부 주택에서 나타나는 건축적 특징이다. 아마 스와인하트의 건축 방법으로 보인다.

프레스턴 가옥은 매산여자고등학교 안에 있으며 국가등록문화재로 지정되었다. 순천선교부가 사라지고 학교가 성장하면서 학교 울타리 내에 있게 된 것이다. 현재는 매산여고 어학실로 사용되고 있다. 학교 울타리 밖에서도 잘 보인다.

매산여고 진로진학실로 사용하고 있는 로저스 가옥도 프레스턴 가옥과 비슷한 구조를 하였다.

매산중학교 매산관

매산중학교 매산관은 1930년대 미국 남장로교 선교부에서 건립

매산중학교 매산관

한 서양식 근대 교육시설이다. 1930년에는 교육 수요가 늘어나 학생 수가 급격하게 증가하였다. 이에 근대식 대형 교사가 필요하게 되었다. 기존 교사를 철거하고 1930년 10월에 3층 규모의 매산관을 완공하였다. 1937년 일제의 신사참배 강요로 학교를 폐교하게 되자, 일본인들이 이 건물을 점거하고 주거용과 검도장으로 활용하였다. 1946년 매산학교가 다시 개교하면서 학교 건물을 되찾았다. 현재는 매산중학교에서 어학실, 공용실, 역사관 등으로 활용하고 있다. 2004년에는 국가등록문화재가 되었다.

매산관은 전면 중앙부를 살짝 돌출시킨 T자형 평면이다. 1965년 다른 교사(校舍)와 연결하면서 일부가 변형되었다. 외벽은 순천에서 구할 수 있는 화강석을 사용했다. 내부 장식 재료는 대부분 미국에서 수입한 것으로 사용하였다. 중앙 세 칸을 약간 돌출시켜 정면성을 강조하였고, 지붕에는 돌출창 세 곳 설치해 내부로 밝은 빛을 끌어들였다.

안력산병원과 격리병동

안력산병원은 미국 남장로교 선교사들이 순천에 세운 근대의료시설이다. 의료선교사 알렉산더의 후원으로 1916년에 개원했으며, 전남 동부 지역 최초의 근대식 종합병원이었다. 안력산(安力山)은 알렉산더의 한자식 이름이다. 이 병원은 설립 당시 서울 세브란스병원에 이어 두 번째로 큰 병원이었다. 설립 후 1941년까지 전남 동부 주민들의 질병을 치료했으며, 광복 후에는 매산고등학교 기숙사로 사용되었다. 1991년 화재로 소실되었고 새 기숙사가 세워져 병원의

안력산병원 격리병동

흔적이 사라졌다.

고등학교 후문 담장 밖에 안력산병원에서 운영하던 격리병동만이 제자리를 지키고 있다. 이 건물도 해방 후 개인주택으로 사용되었다가 2015년 순천시가 매입해 옛 모습으로 되살려 '안력산 의료문화센터'로 활용하고 있다. 한국에서 활약했던 의료선교사들을 자세히 소개하고 있다. 순천의 근대 의료 역사, 안력산병원의 설립과 변화, 역할도 소개하고 있다.

랜드로버와 인휴 선교사

매산여자고등학교와 매산중학교 담장을 따라 걷다 보면 자동차 한 대가 전시되어 있다. 차종은 오래된 랜드로버로 순천의 검정고무

인휴 선교사가 타고났을 법한 랜드로버 자동차

신이라 불린 인휴 선교사가 선교지를 순회할 때 타고 다니던 것과 같은 차종이다. 인휴 선교사와 안기창 목사는 미군이 사용하던 지도를 구해서 교회가 있는 곳, 교회를 개척할 곳을 표시하면서 다녔다. 당시 대부분 도로가 비포장이었기 때문에 차체가 높은 랜드로버가 안성맞춤이었다 한다.

순천중앙교회

독립운동을 하던 원탁회

순천중앙교회는 순천지역 첫 교회다. 1907년 4월 15일 향교 부근 양사재에서 첫 예배를 드림으로써 시작되었다. 유학을 교육하던 양사재가 예배당으로 사용된 것이다. 순천중앙교회는 복음을 받아들인 한국인들에 의해 자발적으로 시작되었다. 같은 해인 1907년 프레스톤 선교사가 목사로 부임해 교회를 체계적으로 세워나갔다. 그 후 순천선교부와 협력하며 교회는 안정적으로 운영되었다.

1920년 순천중앙교회 3대 담임으로 이기풍 목사가 부임하였다. 그가 순천중앙교회 담임으로 목회할 때 10대 총회장에 선출되었다. 1924년 부임한 곽우영 목사는 순천중앙유치원을 시작하였고, 1935년 예배당을 개축하였다.

1938년 제7대 담임으로 박용희 목사가 부임하였다. 그는 청년면려회 성경반(원탁회)을 만들었다. 인도 간디가 독립운동하던 모임의 이름을 딴 원탁회는 일본의 황국신민화 정책을 비판하고 반대하였다. 또 독립자금을 모아 필요한 곳에 보내는 활동을 비밀리에 진행

순천중앙교회

하였다. 그러나 일경이 어떻게 알았는지 회장 강창원의 집에 들이닥쳐 관련 자료를 압수하고, 박용희 목사와 황두연 장로 등 6명을 체포하였다. 애양원에서 목회하던 손양원 목사를 비롯 순천지역 목회자 15명을 배후 세력으로 체포하고 구속하였다.

박용희 목사는 도쿄성서학원에서 수학하였다. 1919년 3.1만세운동 당시 경기도와 충청도 연락을 맡기도 했다. 그 후 상해임시정부가 수립될 때 동참하고 역할을 다하였다. 1921년 귀국해서 윤치호, 이상재 등과 기독교창문사를 세웠다. 1927년에는 민족유일당 신간회를 결성하는 데 참여해 지회장으로 활약했다. 1925년 목사가 된 후 서울 승동교회, 목포중앙교회, 순천중앙교회에서 목회하였다. 교회에서 설교하면서도 항일운동을 멈추지 않았다. 신사참배는 우상숭배라 하여 강력한 반대운동을 전개했다가 체포되었다. 해방 후 남조선과도정부 입법위원, 기독신민회 초대회장, 기독교장로회 총회장, 한국신학대학(현 한신대학교) 이사장을 역임했다.

교회 마당에는 교회 설립 100주년을 기념하여 제작된 조형물이 있다. 모자이크로 장식한 십자가 모형은 무지개빛을 발산한다. 이곳에는 초대 목사인 존 프레스턴, 첫 예배당의 모습과 현재 모습, 일제강점기 항거한 교회의 역사를 상징화한 원탁회의 사건을 부조로 새겼다. 기념탑 상부에는 교회에서 사용했던 옛 종을 설치했다.

기독교역사박물관

기독교역사박물관은 매산등에서 시작된 순천지역 기독교 역사를 알기 쉽게 소개하고 있다. 더불어 한국에 기독교가 전해지는 과정, 정착하는 과정, 그 과정에서 겪게 되었던 여러 가지 이야기를 소개하고 있다. 당시 선교사들이 쓰던 서적과 가방, 오르간 등 많은 자료

순천시기독교역사박물관

가 전시되어 있다. 선교사들이 찍은 19세기 말 호남 동부권의 모습을 흑백 사진으로 확인할 수 있다. 박물관 입구에는 애양병원 초대원장 윌슨이 타고 다녔던 것과 같은 자동차를 전시하고 있다.

제1전시실에서는 개화기 우리나라에 유입된 기독교의 발달 과정을 살펴볼 수 있다. 선교사들이 한국에 입국하게 된 계기를 시작으로 호남지방, 순천으로 복음이 전해지기까지를 한눈에 살펴볼 수 있도록 전시했다. 선교사들의 묵묵한 희생과 간절한 기도를 바탕으로 산간과 도서지방에 수많은 교회가 개척되었다. 종교가 아닌 서양의 학문으로서 시작된 기독교가 근대식 교육기관과 의료기관을 통해 어떤 식으로 발전되었는지를 확인할 수 있다. 그 과정에 선교사들이 겪어야 했던 아픔도 소개하고 있다.

제2전시실은 순천선교부에서 활동했던 선교사들의 삶과 활동내역을 살펴볼 수 있는 공간이다. 이질적 환경 · 문화의 차이에 힘겨워하면서도 오직 복음을 전했던 선교사들의 헌신을 애니메이션으로도 만날 수 있다. 1892~1986년까지 순천을 중심으로 활동했던 선교사는 미국 남장로교 선교사 450명 중 79명이었다.

TIP 순천 기독교 유적 탐방

▌매산등 순례길

순천선교부가 있었던 매산 언덕에는 조지와츠기념관(순천기독진료소), 프레스턴 가옥, 로저스 가옥, 매산학교 매산관이 있다. 또 (구)순천 선교부 어린이학교, 코잇 가옥 등은 애양원 소유로 지금도 사용되고 있어서 일반인 출입이 제한된다.

매산등성지순례길

매산고등학교, 매산여자고등학교, 매산중학교 등 세 학교를 가운데 두고 담장을 따라 한 바퀴 돌면 순천선교부가 품고 있는 역사를 가늠할 수 있다. 매산중학교에는 순천선교부를 둘렀던 아름다운 토담이 남아 있어 반갑기 그지없다.

순천시립기독교역사박물관 → (코잇가옥) → 매산여자고등학교(프레스턴 가옥, 로저스 가옥) → 선교사 차량(인휴 선교사) → 여순학살지 → 매산중학교(매산관) → 선교부 토담 → 조지왓츠기념관,선교기념비 → 순천중앙교회, 100주년기념종탑 → 매산고등학교 학도병 벽화 → 안력산병원 격리병동, 안력산병원터(매산고등학교 기숙사) → 한국형 구급차 → 프로랜스 선교사의 야생화 벽화 (도보로 답사한다면 2시간이면 충분하다)

프레스톤 가옥은 학교 밖이나 교문에서도 잘 보인다. 경비실에 허락을 구하여 가까이 가서 살펴볼 수 있다. 로저스 가옥은 휴일에만 접근 가능하다. 매산관도 학교 정문에서 볼 수 있다. 가까이 가려면 경비실에 허락을 얻어야 한다. 휴일에는 학교 내부 답사가 가능하다.

동백꽃 소식을 전해주는 여수

바다와 도시, 점점이 떠 있는 크고 작은 섬들이 조화를 이룬 여수는 꿈의 도시다. 아직 봄이 이르지 싶을 때 꽃소식을 전해오는 동백섬 오동도가 여수에 있다. 오동도 짙푸른 상록수림을 보고 있으면 이곳이 남도라는 사실이 절실히 다가온다. 어디 그뿐인가? 영취산 진달래는 온 산을 붉게 물들이며 봄소식을 화끈하게 전해준다. 최근에는 바다를 가로지르는 해상 케이블카를 놓았는데 관광객이 줄 서서 기다릴 정도로 인기가 많다.

임진왜란이 일어나기 한 해 전, 이순신 장군은 전라좌수영에 부임했다. '천만다행'이라는 단어는 이때 쓰는 것이다. 망할뻔한 나라를 구한 이순신의 활약은 설명이 필요 없다. 전라좌수영은 나라를 구한 수군 진영이다. 우람하고 당당한 진남관은 조선수군의 위용을 자랑하듯 지금도 당당하다. 이순신 장군이 거북선을 만들었다는 장소도 여수에 있다. 여수를 비롯해 남해안 곳곳에는 이순신 장군으로 채워져 있다.

여수는 집게발처럼 생겼다. 집게발처럼 남쪽으로 길게 뻗은 돌산도를 따라 드라이브를 즐기다 보면 그 끝에 해돋이로 유명한 향일암

여수 동백꽃

이 있다. 돌산도는 어느 해안이든 절경을 갖고 있어 한 굽이 돌 때마다 놀라운 풍경을 숨겼다 보여주는데 차창에서 눈을 떼지 못한다.

아름다운 해양관광도시 여수의 이미지와 사뭇 다른 곳이 여천산업단지다. 광양을 마주보는 해안에 산업단지가 조성되어 있는데 밤에도 멈추지 않아 불야성을 이룬다. 여수는 야경이 아름답기로 유명한데 여천산업단지도 관광객이 즐겨 찾는 곳이 되었다. 여수가 지금처럼 제법 큰 도시를 이룬 것은 순전히 산업단지 때문이다.

그전에는 여수가 어디에 있는지도 몰랐다. 그래서 광주에서 쫓겨나다시피 한 한센인들은 눈치 보지 않고 생활할 곳으로 여수를 택했다. 여수에서도 구석진 율촌 바닷가였다. 이들은 외부와 단절된 채 살아야 했다. 여순사건은 여수와 순천 지역에 깊은 생채기를 남겼다. 애양원에서 한센인과 더불어 살던 손양원 목사의 사랑과 순교는 전설처럼 남아있다. 그래서 여수 해상 케이블카를 타기 전에 애양원 일대를 순례하며 잠시 묵상의 시간을 가져보는 것은 어떨까?

애양원

한센인의 치료와 자립의 공간

애양원(愛養園)은 광주에서 시작되었다. 1909년 광주에서 활동하던 오웬 선교사가 쓰러지자, 목포에서 활동하던 포사이드 선교사를 급히 불렀다. 포사이드는 배를 타고 영산강으로 들어와 말을 갈아타고 광주로 향했다. 그러던 중 죽어가던 한센인 여성을 만나게 되었다. 포사이드는 그녀를 말에 태워 광주로 데려왔다. 오웬은 이미 세상을 떠난 후였다. 포사이드는 한센인을 벽돌 굽던 가마로 데려가 돌봤다. 광주선교부 윌슨 선교사가 적극 도왔다. 이것이 계기가 되어 두 사람은 한센인을 치료하고 돌볼 방안을 계획하였고, 이것이 광주 나병원의 시작이었다.

1909년 5~6명 정도 돌볼 수 있는 집을 지어 한센인 치료를 시작했다. 하늘이 내린 질병(天刑)이라 여겨 가족과 공동체로부터 버림받은 한센인을 돌보고 치료한다는 소문이 나자, 한센인들이 몰려들기 시작했다. 1911년 윌슨 선교사는 조선총독부에 광주 나병원 인가를 받았다. 1912년에는 영국 나환자협회의 도움을 받아 병상 100개

집과 고향에서 쫓겨나 떠돌아야 했던 한센인

를 갖춘 나병원을 건립했다. 병원만 있었던 것은 아니었다. 한센인 병동, 진료소, 예배당도 차례로 마련했다. 1914년에는 남녀 한센인을 구분해서 수용했다. 광주 봉선리에 남자 나병원, 양림리에 여자 나병원이 신축되었다. 불치병이라 여겼던 나병이 치료될 수도 있다는 희망을 주었다.

1915~1916년 윌슨이 안식년으로 미국으로 돌아가자 타마자 선교사가 나병원을 맡아 운영했다. 타마자는 한센병자를 대상으로 성경을 가르쳤다. 한센병자들이 가장 훌륭한 성경 공부 학생이 될 수 있었던 것은 세상에서 버림받아 이기심에서 해방되었기 때문이다. 이들은 예수를 영접할 수 있는 그릇이 준비되었기 때문이라고 보았다.[10] 1915년 광주 나병원에서는 12,000명의 환자를 진료했고, 수술

10 광주, 전남지방의 기독교 역사, 김수진, 한국장로교출판사

을 무려 400회를 진행했다. 1917년에는 232명의 환자가 수용되어 있었다. 한센인들은 광주 나병원에서 희망을 보았다. 그래서 그들은 병원을 천국이라 했고, 예수를 믿고 기독교인이 되었다.

1921년 어쩐 일인지 조선총독부는 사립병원법에 저촉된다며 광주 나병원을 폐쇄했다. 윌슨은 각고의 노력을 하여 1923년에 다시 인가를 받아 냈다. 1925년 한센인들을 돌볼 목회자를 양성하기 위해 신학교를 시작했다. 예상을 뛰어넘는 호응이 있어 30여 명의 신학생에게 신학교육을 시작했다. 환자들을 위해서는 생활 습관을 바꾸는 훈련을 해야 했다. 세상에 버려졌기 때문에 어쩔 수 없이 가져야 했던 습관을 바로잡는 훈련이 진행되었다. 환자들에게 글을 가르쳐 문맹퇴치를 시작했다. 그리고 성경을 읽을 수 있도록 했다. 적성에 맞는 일을 찾아서 훈련도 시켰다. 목수, 석수, 농사짓는 법, 가축을 기르는 법, 수공업 등을 전수했다. 환자들은 세밀한 훈련을 통해 자립 가능성을 찾았다. 가능성이 열리자 환자들의 생활 태도가 변했다. 광주 양림리, 봉선리로 한센인들이 몰려들었다. 그러자 주민들과 마찰이 발생했다. 한센병이 전염된다는 두려움에서 기인한 것이었다. 그러다 보니 환자들에게 대한 헛소문이 만들어져 병원을 곤란하게 만들었다.

1925년 일제는 나병원을 이전할 것을 요구했다. 윌슨은 새로운 터전을 찾았다. 그곳은 여수 율촌면 신풍리 바닷가였다. 광양만을 향해 주먹을 내지른 듯 쑥 나간 곳이었다. 민가로부터 멀고, 기후가 따뜻하여 한센인들을 치료하기에 최적의 장소로 보였다. 갯벌로 둘러싸여 있어서 단백질원을 공급받을 수도 있었다. 1926년 11월 9일 광주

나병원은 여수 율촌면 신풍리로 이사했다. 목수, 석공 교육받은 한센인들이 먼저 내려가 정착촌을 건설했다. 정착촌은 남자 숙소 25동과 여자 숙소 25동, 본부 건물, 축사, 곡식 창고, 교회, 병원 등으로 모두 140동의 건물로 구성되었다. 교회는 목사, 장로 등 이미 많은 교인이 있었다. 이주는 1928년에 마무리되었다. 광주에서 옮겨온 환자는 600명이었다. 신풍마을 입구에 있는 애양병원 내에는 높이 30m, 둘레 1m가 넘는 피칸(Pecan)이란 나무가 있다. 윌슨 선교사가 1925년 병원 개원 기념으로 심은 것이다. 윌슨 선교사는 애양원이 옮겨 오던 초기 모습을 이렇게 기록하였다.

우리 관심은 한센병으로 고통을 받고 있는 환자들이 최대한 자립하게 만드는 것이다. 우리는 여러 방법으로 도와주었다. 목수 · 석공 · 농부로서 일하면서 독립적으로 경제력을 확보할 수 있는 방안들을 구체적으로 제시해 주었다. 100에이커에 달하는 아름다운 이곳에 부지를 정리하여 환자들의 생활공간을 만들었다.

여수로 내려온 시기에는 후원자의 이름을 따서 '비더울프 나환자 수용소'라 하였다. 1932년 제임스 켈리 웅거(James Kelly Unger) 선교사는 모금 운동을 전개하고 '조선나병협회'를 창립하였다. 1934년 통계에 의하면 애양원에만 남자 402명, 여자 275명, 어린이 53명 등 총 730명의 환자가 있었다. 애양원은 시설을 조금씩 확충해서 부부주택, 기름창고, 소금창고, 점방, 극장, 이발소, 학교, 화장터 등을 갖춘 자립마을이 되었다.

1935년에는 이곳의 이름을 애양원(愛養園)이라 지었다. 환자들에게 새이름을 공모하였는데 '애양원'이 채택되었다. 서로 사랑하고 보호하고 도우면서 살아가자는 의미가 담겼다. 다른 말로 '사랑의 동산'이라 부르기도 한다. 이들은 더 이상 거리를 배회하다가 돌에 맞을 필요가 없었다. 건강한 한 인격체로서 존중받으며 살아갈 수 있게 되었다.

1939년 윌슨 선교사가 떠나고 1941년을 기점으로 선교사들이 모두 강제 추방되자 애양원은 일제의 관리로 들어갔다. 그렇기 때문에 위축될 수밖에 없었는데 해방이 되어 선교사들이 재입국하면서 예전의 활기를 되찾았다.

1945년 9월 손양원 목사가 애양원 임시원장으로 부임하면서 애양원도 활기를 되찾았다. 손양원 목사는 1950년 교회를 지키다가 인민군에게 총살되었다. 그러나 손양원 목사가 보여준 신앙과 사랑은 한국교회에 지대한 영향을 끼쳤다.

애양원에서 새 삶은 얻은 환자들은 직접 삶을 일구어 갔다. 엘머 보이어(Elmer T. Boyer, 한국명 보이열) 선교사가 원장으로 부임하자 남원, 여천에 농원을 조성하여 완치된 환자들이 재활하고 사회 복귀를 할 수 있도록 도왔다. 1955년에는 한성신학교를 설립했다. 치유자들이 신학 공부를 하여 목회자가 되고자 한다면 그 길을 열어주었다. 졸업자들에게는 호남신학교와 한남대학교에 입학할 수 있도록 했다. 심지어 미국의 프리스톤 신학교에 편입할 수 있도록 도왔다.

1959년 스탠리 토플(Stanly C. Topple, 한국명 도성내) 선교사가 부임하였다. 토플은 애양원이 예수의 정신이 넘치는 곳으로 만들고자 했다. 그가 남긴 애양원 일과는 다음과 같다.

진리를 고백하고 따르는 교인인 1,200명의 환자들이 있다. 매일 아침 해가 뜨기 전에 예배당은 기도 모임으로 꽉 차고, 낮 12시에 교회종이 울리면 사람들은 기도시간을 갖기 위해 하던 것을 멈춘다. 매일 20~30분의 예배시간이 있어 말씀을 보고 기도를 한다. 환자들은 매일의 부딪치는 일들과 나와 우리 가족을 주님이 보호해 주시기를 계속 기도하였다.[11]

토플 선교사는 미군의 도움을 받아 시설을 확충하거나 편리하게 바꾸어 나갔다. 치료받은 환자들의 재활을 돕기 위한 재활병원도 설립했다. 이를 위해 더 많은 전문 의료 선교사가 내한해 도왔다. 토플 원장은 1970년대 중반 애양원 북쪽에 도성농원이라는 정착촌을 조성했다. 한센인들은 토플의 헌신에 감사하는 의미로 마을명을 토플 선교사의 한국식 이름을 따 '도성'이라 하였다.

애양원병원 현 애양원병원은 한센인 전용이 아니라, 다양한 진료와 치료를 병행하고 있다.

11 Stanly C. Topple, "Lesson from a Korea experience in rehabiaitation mission work", 전주예수병원 행정처

1960년부터 한센인 정책이 바뀌었다. 외부와 격리하는 수용소 위주에서 정착촌 위주의 정책으로 전환한 것이다. 한센병이 불치가 아니라 치료가 가능하다는 사실이 명백해졌다. 또 전염되지 않는다는 사실도 알려졌다. 그렇기 때문에 한센인을 가둬두는 것은 인권유린이 된다. 일제강점기부터 시행되고 있었던 강제 격리, 단종과 낙태 시술 등도 중지되었다.

토플 원장은 새로운 병원을 지었다. 한센병자를 치료하는 것을 넘어 소아마비 환자를 치료하는 데도 힘썼다. 한센병자가 점점 줄고 있었기 때문이다. 그래서 오늘날 애양원병원은 소아마비, 관절염 치료와 수술로 유명한 병원이 되었다.

1976년 한국인 김인권 박사에게 애양원 책임이 양도되었다. 김인권 박사는 열정적으로 애양원을 위해 헌신했다. 1980년에 새로운 병동신축, 양로원, 성서암송관, 수양관, 요양소 등을 개축했다. 부족한 농어촌 의료선교도 활발하게 진행해 한국 복음화에 큰 역할을 하였다.

애양원역사박물관

등록문화재로 지정된 애양원역사박물관 건물은 1926년 애양병원으로 건축되었다. 병원이 새 건물로 이전한 뒤 독신 한센인 숙소로 사용되었다. 그러다 이들은 다른 곳으로 옮겨가고 상당 기간 비어 있었다. 1999년에 대대적으로 수리한 후 2000년부터 애양원이 지나온 역사를 알리는 역사관으로 사용되고 있다. 애양원역사박물관에는 한센병의 역사, 한센인의 생활, 예전에 사용하던 의료기구 등이

애양원역사박물관 1926년에 지어진 애양병원을 이전하고, 지금은 역사박물관으로 사용하고 있다.

보관 · 전시되어 있다.

애양원교회는 1935년 재건되었다. 애양원병원 건물과 마찬가지로 등록문화재가 되었다. 교회는 1950년대, 1970년대, 1990년대 보수를 하였다. 원래의 모습은 많이 잃었지만 전체 골격은 유지하고 있어서 문화재가 될 수 있었다. 역사관과 교회 사이에는 손양원 목사 순교 기념비가 세워졌다.

애양원교회

예수를 닮은 목자 손양원

애양원교회는 1909년 광주선교부에서 한센인을 치료하면서 시작되었다. 1912년 영국선교회 지원으로 최흥종이 기증한 1,000평의 부지에 E자형 예배당을 지었다. 그리고 동네 이름을 따 '봉선리교회'라 하였다. 1916년에 120명의 교인이 있었으며 타마자 목사가 담임했다. 1917년에는 이종수를 장로로 세웠다. 1919년에는 김태옥을 장로로 세우고 곡성군 내에 있는 두 교회를 지원했다.

1925년 여수 율촌 신풍리에 새로운 터전을 마련하고 이주했다. 그래서 '신풍교회'라 했다. 1935년부터 이 일대를 애양원이라 하면서 '애양원교회'가 되었다. 1929년 처음으로 한국인 목사 김응규가 부임했다. 1934년 화재가 발생하여 골조만 남기고 전소되었다. 다음 해 중건되었는데 현재 모습은 이때 것이다.

1939년에는 한국인으로는 두 번째로 손양원 목사가 부임했다. 손 목사가 부임할 당시는 목사가 아닌 전도사 신분이었다. 그는 신사참배를 반대했기 때문에 목사 안수를 받지 못했다. 손양원 목사의 본

애양원교회

명은 손연준, 부인은 정쾌조다. 애양원에 부임하면서 손양원, 정양원(훗날 정양순)으로 개명하였다. 애양원에 부임하기 전에 손양원으로 개명했다는 설도 있다. 손양원 목사는 1926년 부산 감마동에 있던 한센인 정착촌에서 전도사로 활동한 경력이 있었다. 손 목사가 평양신학교 2학년이었을 때, 애양원교회 사경회 강사로 초빙된 적이 있었다. 당시 애양원교회는 외부 사람이 예배를 인도하거나 방문했을 때는 하얀 가운을 입고 장갑을 끼고 들어가는 가도록 했다. 그런데 손 목사는 거절하며 이렇게 말했다.

호랑이를 잡으려고 호랑이 굴에 들어 온 사람이 호랑이를 무서워해서야 어찌 호랑이를 잡겠나? 이곳에서 일을 한다는 사람들이 병을 무서워해서야 어떻게 일을 하겠는가?

1940년 신사참배를 거부하여 여수 경찰서에 투옥되었다. 손 목사는 평양 신학교 재학 때 이미 신사참배를 반대했다. 손 목사는 가는 곳마다 신사참배는 우상숭배라며 그 부당성을 조목조목 설명하고 지적했다. 신사참배를 강요하는 것은 하나님의 뜻이 아니며, 그것을 강제하는 일본은 반드시 패망한다고 외쳤다. 한센인 교회에서 목회하는 손양원 목사를 어찌하지 못하던 일경은 그의 불같은 설교로 신사참배 거부가 확산되자 1940년 9월 25일 체포하여 재판에 넘겼다. 손 목사에게 적용된 죄명은 '신사참배 거부와 백성 선동'이었다. 1년 6개월 형을 선고받았다. 일제는 사상전향을 해야 석방한다는 조건을 걸었다. 1943년 만기 출옥할 날이 가까워지자 담당 검사는 사상 전환을 시도했다. "덴꼬(轉向:전향)"해야 나간다고 위협했다. 그러자 손 목사는 "당신은 덴꼬가 문제이지만 나에게는 신꼬(信仰)가 문제이다."라는 말을 남겼다. 결국 손 목사는 해방될 때까지 도합 6년의 옥고를 치러야 했다.

손양원 목사

1945년 해방이 되자 손양원 목사는 애양원으로 돌아왔다. 1946년 목사안수를 받았다. 해방되었지만 나라는 안정되지 못했다. 신탁통치반대, 통일국가수립 등을 놓고 좌우 대립이 극심했다. 그 여파로 1948년 제주4.3사건, 여순사건이 이어졌다. 여순사건은 손양원 목사의 두 아들 손동신과 손동일을 앗아갔다. 큰아들은 순천사범학교, 둘째는 순천중학교에 다니고 있었다. 두 형제는 복음을 전하면서 공산주의의 잘못도 알렸다. 그래서 여순사건이 터지자 공산 프락치는 가장 먼저 두 형제를 색출해 인민재판에 넘겼다. 반란군이 어느 정도 진압된 후 두 아들의 시신을 거두어 장례를 치렀다. 이때 손 목사는 하나님께 감사의 기도를 올렸다.

첫째, 나 같은 죄인의 혈통에서 순교의 자식들이 나오게 하셨으니 하나님께 감사합니다.

둘째, 허다한 많은 성도들 중에 어찌 이런 보배들을 주께서 하필 내게 주셨는지 그 점 또한 주께 감사합니다.

셋째, 3남3녀 중에서 가장 아름다운 두 아들 장자와 차자를 바치게 된 나의 축복을 하나님께 감사합니다.

넷째, 한 아들의 순교도 귀하다 하거늘 하물며 두 아들의 순교이리요. 하나님께 감사합니다.

다섯째, 예수 믿다가 누워 죽는 것도 큰 복이라 하거늘 하물며 전도하다 총살 순교 당함이리요. 하나님께 감사합니다.

여섯째, 미국 유학 가려고 준비하던 내 아들, 미국보다 더 좋은 천국 갔으니 내 마음 안심되어 하나님께 감사합니다.

일곱째, 나의 사랑하는 두 아들을 총살한 원수를 회개시켜 내 아들로 삼고자 하는 사랑하는 마음을 주신 하나님께 감사합니다.

여덟째, 내 두 아들의 순교로 말미암아 무수한 천국의 아들들이 생길 것이 믿어지니 우리 아버지 하나님께 감사합니다.

아홉째, 이 같은 역경 중에서 이상 여덟 가지 진리와 하나님의 사랑을 찾는 기쁜 마음, 여유 있는 믿음 주신 우리 주 예수 그리스도께 감사합니다.

끝으로 나에게 분수에 넘치는 과분한 큰 복을 내려 주신 하나님께 모든 영광을 돌립니다. 이 일들이 옛날 내 아버지, 어머니가 새벽마다 부르짖던 수십 년간의 눈물로 이루어진 기도의 결정이요, 나의 사랑하는 한센병자 형제 자매들이 23년간 나와 내 가족을 위해 기도해 준 그 성의의 열매로 믿어 의심치 않으며 여러분께도 감사드립니다.

여순사건이 진압되고 두 형제를 죽인 자들 중 하나인 안재선도 체포되어 총살을 앞두고 있었다. 손 목사는 계엄사령관을 찾아가 그 학생의 석방을 간청하였다. 그리하여 안재선은 석방되었고, 손 목사는 그를 손재선이라 하여 양아들로 삼았다.

1950년 한국전쟁이 발발하여 여수가 공산군에 점령되었다. 손 목사는 피난 권고를 물리치고 남아 '잘 죽자'라는 주제로 강연했다. 교회의 재직들과 교역자들이 모두 떠나기를 권했으나 손 목사는 남았

애양원 교회는 문화재로 지정되었다.

다. 한센인들을 남겨두고 갈 수 없었다. 재직들만 보냈다. "주의 이름으로 죽는다면 얼마나 영광스럽겠습니까? 그리고 만일 내가 피신한다면 일천 명이나 되는 양떼들은 어떻게 합니까? 내가 만일 피신한다면 그들을 자살시키는 것이나 다를 것이 무엇입니까?" 손양원 목사 1950년 9월 13일 공산군에게 체포되었다. 인천상륙작전으로 전세가 역전되자 공산군은 손양원 목사를 사살했다. 1950년 9월 28일이었다. 손 목사 나이 48살이었다. 이때 여수 지역에서 목회하던 조상학 목사, 지한영 강도사, 지준철 성도 등 많은 이들이 순교했다.

애양원교회는 전쟁의 아픔을 딛고 다시 일어섰다. 1956년 한성신학교를 설립했다. 3년제로 시작되었으나 2회 졸업생을 배출하고 폐교되었다. 1982년 일반학교에서 애양원교회 다니는 아이들을 거부하고 차별하자 아이들의 요구로 교회 이름을 성산교회로 바꾸었다. 지금은 애양원 성산교회로 불리고 있다.

손양원 목사 순교기념관

애양원 순교기념공원

애양원 일대는 손양원 목사의 삶과 신앙을 기념하는 것으로 가득하다. 고난의 길, 용서의 길, 사랑의 길을 따라가면 손양원목사순교기념관, 삼부자묘, 팔복광장, 애양원교회 등을 만날 수 있다.

손양원목사순교기념관은 애양원 성산교회, 여수노회 그리고 한국교회의 헌금으로 1993년에 건축되었다. 그러자 많은 교회가 이곳을 탐방하여 손양원 목사의 순교신앙을 배우고 돋우는 기회를 가졌다. 기념관 평면은 ㅅ자 모양인데 손양원의 '손'의 ㅅ자, 삼위일체, 손양원 목사와 두 아들을 상징한다고 한다. 기념관 내벽은 12면으로 되어 있는데 이스라엘 12지파, 예수님 12제자를 상징한다. 6층계는 안식일에 들어가는 과정, 원뿔처럼 생긴 천정은 신자가 하늘을 향해야 함을 상징하였다. 전시실에는 애양원의 역사, 애양원을 위해 헌신했던 하나님의 사람들, 손양원 목사와 두 아들 사진과 유품을 전시했다. 2층에는 손 목사의 생애, 옥중서신, 한성신학교 등과 관련된 자료들이 전시되어 있다. 기념관 앞에는 순교기념비가 있다. 박종구 목사의 '순교자'라는 시를 새겨 놓았다. 다른 기념비에는 고훈 목사의 '당신은 이미 이 땅 사람이 아니었습니다'라는 시를 새겼다.

2012년에는 손양원목사순교기념탑인 '사랑의 열매탑'이 세워졌다. 추모상징탑은 9개의 층계를 만들고, 세 개의 길고 둥근 기둥을 세워 놓은 형태다. 기둥 위로는 넝쿨처럼 뻗어나간 가지에 많은 열매가 맺혔다. 9개의 층계는 손양원 목사가 드린 아홉 가지 감사의 기도, 세 개의 둥근 기둥은 부둥켜안고 있는 듯한 형상인데 삼부자를 상징한다. 그 위로 뻗어나간 가지와 열매는 순교가 씨앗이 되어 열매가 맺힌다는 것을 상징했다.

2013년에는 손양원목사순교유적공원이 조성되면서 손양원 목사를 비롯한 12인의 순교자 부조물이 추가로 설치되었다. 신사참배를 거부하다 순교한 이기풍 목사와 양용근 목사, 6.25 때 순교한 조상학 목사, 윤형숙 전도사, 지한영 전도사, 지준철 성도, 허상용 집사, 김정복 목사, 안덕윤 목사, 이선용 목사가 있다. 손양원 목사의 두 아들도 있다. 이들은 고흥, 광양, 구례, 순천, 여수 지역에서 체포되어 손양원 목사와 함께 미평과수원으로 끌려가 총살당했다. 미평과수원 인근과 광양선교백주년기념관에도 이들의 순교를 확인할 수 있다.

'사랑과 용서'라는 조각도 있다. 이 조각은 손양원 목사가 한 남자를 끌어안고 있는 모습이며, 뒤에는 두 개의 빈 의자가 놓여 있다. 집 나간 탕자를 반갑게 맞아주는 아버지 모습을 닮았다. 안겨 있는 남자는 양아들 안재선 또는 애양원 가족들, 또는 손 목사가 사랑했던 나라와 민족으로 상징된다. 빈 의자는 여순사건으로 순교한 두 아들 또는 스스로 포기한 부귀와 안락한 삶을 형상화했다.

손양원 목사가 안재선을 안아주는 형상

장천교회

예배당이 세 개 있는 교회

1904년 러일전쟁이 터졌다. 일본이 이겼다. 일본은 대한제국 정부를 압박했다. 마치 한국 스스로 일본에게 나라를 내어준 것처럼 위장하기 위해 조약문에 서명할 것을 강요했다. 이에 백성들은 의병이 되어 일어났다. 계몽운동에 뛰어들어 나라를 구할 근대시민을 양성하기도 하였다.

여수 유지(有志)였던 조일환, 이기홍, 박경주 등은 일제의 손아귀에서 벗어나 자유로운 삶을 살기 위해 만주로 떠났다. 만주로 가던 중 서울 세브란스 병원에서 복음을 들었다. 복음을 들은 그들은 예수를 믿기로 했다. 만주로 가던 발길을 돌려 고향으로 돌아갔다. 자유로운 삶의 근원이 어디에서 오는지, 진정한 자유가 무엇인지, 국가와 민족을 살릴 방안이 무엇인지 고민하던 그들은 해답을 찾았다. 우선 여수에서 가까운 목포선교부를 찾아갔다. 그곳에서 기독교 진리를 좀 더 자세히 전수받았다.

프레스턴(Preston, 1903~1940, 한국명 변요한) 선교사가 조일환

세 개의 예배당이 나란히 있는 장천교회

의 집으로 와 예배를 드린 것이 장천교회의 시작이었다. 1905년 10월 15일 여수 율촌면 여흥리 작은 초가에서 있었던 일이다. 장천교회는 1912년 여흥학교(麗興學校)를 세워 근대교육을 시작했다. 누구든지 배우고자 하는 이들이라면 받아들였다. 산술, 이과, 지리, 창가, 일본어 등을 가르쳤다. 당시 나라 안 어디든지 개화는 교회에서 시작되었다. 나라를 구할 인재도 교회 학교에서 배출되었다. 교회는 지역사회에 새바람을 일으켰다. 여수 지역 인재는 여흥학교에서 모두 배출되었다. 그랬기에 민족의식이 강했다. 여흥학교는 민족말살정책이 강화되던 1935년 자진 폐교했다. 신사참배, 궁성요배, 황국신민서사 암송 등의 요구가 있자 예배당도 스스로 닫았다. 우상을 숭배하느니 예배당을 닫고, 가정 교회로 돌아간 것이다.

일제강점기 엄혹한 세월에도 30여 명의 목회자가 배출되었다. 해방 후 여순 · 순천 사건과 한국전쟁 때도 예배당을 강탈당하고, 지한영 강도사와 그의 아들인 지준철이 순교하는 일을 겪기도 했다.

장천교회에는 예배당이 세 개 있다. 1924년, 1973년, 2003년에 건축한 것이다. 새 예배당을 지을 때마다 기존 예배당을 철거하지 않고 한치 옆에 지었다. 그래서 예배당 세 개가 나란히 있게 되었다. 교회가 걸어온 역사를 한눈에 볼 수 있어 매우 흥미롭다. 특히 1924년에 지은 예배당은 등록문화재로 지정되었다.

문화재예배당은 1924년 당시 율촌면 최초의 석조 건축물이자 유일한 2층 건물이었다. 벽체는 화강암으로 하였고 지붕은 목조를 뼈대를 한 트러스 구조로 하였다. 예배실은 2층이며 예배실로 올라가는 층계를 양쪽 대칭으로 두었다. 좌우측 출입문 위를 덮은 지붕은 길게 뺀 목재 위에 얹었다. 가운데는 탑을 3층으로 설치했다. 탑 꼭대기에는 십자가를 올렸다. 측면에는 창문을 다섯 군데 설치해서 예배당 내부로 빛을 많이 끌어들였다. 예배당을 지은 이후 여러 차례 수리하면서 원래의 모습에서 변화된 부분이 있지만 대체로 옛 모습을 잘 간직하고 있다.

TIP 여수 기독교 유적 탐방

▮ 애양원교회, 애양원역사박물관

전남 여수시 율촌면 산돌길 42 / TEL.061-682-7515

▮ 손양원목사순교기념관

전남 여수시 율촌면 산돌길 70-6 / TEL.061-682-953

▮ 장천교회

전남 여수시 율촌면 동산개길 42 / TEL.061-682-7082

애양원역사관, 손양원목사순교기념관은 일요일 휴관이다. 애양원교회(성산교회), 애양원역사관은 같은 장소에 있어서 찾기 쉽다. 승용차는 애양원교회에 주차할 수 있으나 대형버스는 아래 주차장에 세우고 걸어서 가야 한다. 애양원역사관에는 애양원과 애양병원이 걸어온 길, 한센병에 대해서 소개하고 있다. 벚꽃이 피는 계절이나, 9월 중순 꽃무릇이 필 때 이곳을 탐방하면 매우 아름답다. 애양원교회에서 애양원병원까지 걸어서 갈 수 있다. 고즈넉한 길을 따라가면 신학교로 사용되었던 건물인 토플하우스, 한센인이 살던 주택의 일부를 살리고 개조해 만든 펜션단지를 볼 수 있다. (펜션 문의는 예약 : aeyangwon.co.kr / 010-2281-4537) 애양병원 앞에는 바다가 있다. 갯벌을 건너가는 목조다리도 설치되어 있어 산책하기 좋다.

굴비의 고장, 영광

철쭉이 떨어져 바닷물에 떠다닐 때면 영광 앞바다에 조기떼가 몰려온다. 뱃사람들은 속이 빈 대나무 장대를 물속에 넣고 조기 울음을 듣는다. 물 반 고기 반이라 했다. 조기는 영광에 와서 굴비가 되었다. 짭조름한 맛이 일품인 굴비는 조기를 소금에 절여 만든 음식이

염전 영광군에는 염전이 매우 많다. 하얀 소금이 결정을 맺는 계절에 여행을 떠나보자.

다. 아가미 속에 소금을 가득 넣은 다음, 생선 몸 전체에 소금을 뿌리고 항아리에 담아 이틀을 절인 뒤 다시 보에 싸서 하루쯤 눌러 놓은 다음 빳빳해질 때까지 말리는 과정을 거친다. 조기가 굴비가 되기 위해서는 영광 소금이 제격이다. 이 소금은 영광 소금밭에서 하루 만에 생산한 것이어야 한다. 하루 만에 생산한 소금은 결정이 약해서 바스러진다. 조기에 상처를 주지 않는다.

굴비

조기가 굴비가 된 유래는 고려시대로 거슬러 올라간다. 고려 인종 때에 이자겸이 세도를 부리다 영광 고을로 유배되었다. 낯선 고을에 왔더니 이곳 사람들은 생선을 꾸덕하게 말려서 먹는 것이다. 저도 먹어 봤더니 매우 맛이 좋았다. 그래서 인종에게 보내기로 하였다. 유배를 보낸 미운 임금이지만 특산물을 진상한 것이다. 그러면서 이 고기의 이름을 '굴비(屈非)'라 적어 올렸다. 비록 먼 남쪽에 유배객으로 와 있지만 비굴하게 석방을 탄원하는 것은 아니라는 뜻이었다.

법성포에는 나라에서 세곡을 모아 저장하는 조창이 있었다. 수많은 배들이 세곡을 실어 오고, 실어나가느라 언제나 흥성거렸다. 조기와 곡식, 사람들이 몰려드니 돈이 넘쳐났다. 법성포에서는 이런 노래가 불렸다. '도온 시일러 가세에에, 돈 실러으어 가으세에에, 여영광에 버법성포에라 돈 시이러 가!' 그래서 "아들을 낳아 원님을 보내려면 남쪽 옥당골로 보내라"는 말이 생겨났다. 옥당골로 보내면 돈이 생긴다는 뜻이겠다. 옥당골은 영광이다.

여름이 되어 모시가 자라면 그것을 베어 떡을 만든다. 빛깔은 쑥떡과 같지만, 맛은 다르다. 쑥떡은 여린 순을 쓰지만 모시는 다 자란 것을 쓴다. 그래서 여름이 되면 모시를 베어낸다. 다 자란 모시를 가지고 모시송편, 모시개떡, 모시절편 등을 만든다.

무더운 여름이 되면 영광 해변 처처에서 눈처럼 하얀 소금이 생산된다. 염전이 많이 사라지기는 했지만 여전히 많은 양의 소금이 생산된다. 뜨거운 여름 햇살에 소금 결정이 만들어진다. 염전에 소복하게 소금이 쌓이면 눈을 쓸어 모아 놓은 듯 하얗다.

9월이면 붉은 꽃무릇이 피어난다. 불갑산 불갑사에 붉은 양탄자가 깔린다. 상사화에 속하는 꽃무릇은 여린 꽃대만 쑥 올라와 그 끝에 긴 속눈썹 같은 붉은 꽃을 피운다. 이 무렵이 되면 전국에서 관광객이 몰려든다.

영광은 눈이 많이 온다. 초겨울부터 한없이 눈이 온다. 엄청온다. 겨울에는 설국이 된다. 그러나 아무리 많이 내려도 하루 이틀이면 녹는다. 영광 해안에 노을이 내리면 온 산이 붉게 물들기도 한다. 백수해안도로를 따라 드라이브를 즐기다 아름다운 석양을 만나면 망연히 바다를 바라보게 된다.

영광은 종교 전시장이다. 굴비로 유명한 법성포는 백제불교도래지로 유명하다. 마라난타라는 승려가 법성포로 들어와 불교를 전하고, 백제 조정으로 들어가 침류왕에게 불교를 소개했다고 한다. 그래서 법성포에는 백제불교도래지가 휘황하게 꾸며져 있다. 원불교의 성지이기도 하다. 영광 백수읍 길룡리는 원불교 창시자 소태산 박중빈이 태어나고, 성장하고, 깨달음을 이룬 곳이다. 성지로 꾸며져 있으며 원불교 대학인 영산대학교가 있다.

이런 곳에 염산교회와 야월교회가 있다. 이념이 무엇인지 몰랐던, 그냥 주일이면 행복하게 교회 다녔던 이들이 무참하게 살해당했다. 한국전쟁 때 전라도 일대를 점령했던 공산군이 퇴각하는 과정에 수많은 참극이 벌어졌다. 영광 교회 중 역사가 오래된 교회마다 크고 작은 순교 이야기를 품고 있다. 그 비극을 어찌 담담히 말할 수 있으랴!

염산교회

순교의 영광을 주옵소서

영광의 서남쪽 해안지역인 백수읍과 염산면 일대에는 염전(소금밭)이 끝없이 펼쳐져 있었다. 얼마나 염전이 많았던지 소금산 즉 염산이라 불렀다. 한때 국내 천일염의 14%를 생산할 정도였다. 그러나 지금은 소금밭을 대신해 태양광 패널이 까맣게 덮여 있다. 소금보다는 태양광 전력이 경제적으로 도움은 되겠지만, 소금밭을 더 이상 보지 못할 것 같아 못내 아쉽다. 풍력발전기는 가없는 바다에서 불어오는 바람을 에너지로 삼아 휙휙 돌아가고 있어 이국적 풍광을 보여준다.

소금밭은 줄어들고 있지만 풍요로운 들은 그대로여서 반갑다. 대패로 밀어낸 듯 반듯한 논들이 가없이 펼쳐진 그 끝에 우뚝 솟은 교회가 보인다. 염산교회다. 마을에서 가장 높은 곳에 교회가 있다. 염산교회가 있는 설도항은 옛날 섬이었다. 육지에서 그리 멀지 않은 곳에 있던 작은 섬이었다. 일제강점기에 간척한다고 제방을 섬으로 연결해 논을 만들면서 제방 끝에 솟은 항구마을이 되었다. 설도항은

염산교회 전경 염산교회가 있는 언덕은 섬이었다. 간척을 하면서 드넓은 농경지 한 가운데 솟은 언덕처럼 보인다. 교회는 가장 높은 곳에 자리했다.

염산면소재지에서 가장 가까운 바다다. 안으로 깊숙이 들어온 바다 끝에 붙은 항구다. 고기가 얼마나 많이 잡혔던지 팔고 남은 것은 젓갈을 담궜다. 그래서 지금도 설도항에는 젓갈 판매점이 많다.

간척하려고 제방을 쌓는다. 그러면 냇물이나 강물이 바다로 나갈 길이 막힌다. 그래서 그곳에 수문을 설치한다. 밀물일 때는 수문을 닫았다가, 썰물 때에는 문을 열어 고인 물을 밖으로 내보낸다. 수문으로 가두어진 물은 농업용수로도 요긴하게 사용된다. 이 수문 근처에 기독교인 순교탑이 있다. 순교탑은 영광 지역에서 있었던 끔찍한 사연을 기리고 있다.

염산교회는 1939년 옥실리교회에서 출발했다. 허상(후에 장로)의 기도로 시작된 옥실리교회는 해방이 되자 사람의 통행이 많은 면소재지 옆으로 예배당을 옮기고 이름도 새로 지었다. 이렇게 탄생한 교회가 오늘날의 염산교회다. 1940년대에는 일제의 민족말살정책이 혹독했던 때였다. 그 와중에 문맹퇴치운동을 하여 지역민들의 깨우치고 있었고, 신사참배 요구도 단호하게 거부하였다.

해방 후 원창권 목사가 2대 담임으로 시무하다가, 1950년 3월 김방호 목사가 부임했다. 염산면 일대는 한국전쟁 전부터 이 지방 출신 남로당 거물급 고정간첩 김삼룡이 추종세력을 이끌고 숨어 지내고 있었다. 여기서 멀지 않은 곳에서 벌어진 여순반란사건과 연계하며 활동하다가 국군과 교전을 벌였다. 대부분 간첩들이 사살되었지만 살아남은 자들은 산속에 숨어 지냈다. 밤이 되면 마을로 내려와 약탈을 일삼았다. 특히 교인들을 불순세력이라 지목하며 염산교회로 찾아와 원창권 목사에게 행패를 부렸다. 원 목사는 목숨의 위협을 느껴 교회를 사임하였다. 그 후임으로 김방호 목사가 취임했다. 이런 어수선한 가운데 김 목사는 교인들의 신앙을 굳건하게 하는 데 힘썼다. 손양원 목사를 초빙하여 부흥회를 개최하는 등 천국소망을 품은 교인들로 성장시켰다. 김방호 목사는 3.1만세운동을 주도했던 독립운동가였다. 만주로 가서 독립운동에 매진하다가 국내로 돌아와 예수를 영접했다. 평양신학교를 졸업하고 주로 산간 오지를 다니면서 예수를 전하다가 역시 오지나 다름없는 염산교회에 부임했던 것이다.

77명의 순교자

1950년 6월 25일 전쟁이 일어났다. 북한군이 파죽지세로 남하했다. 7월 23일 염산으로 들어온 북한군은 미리 활동하고 있던 빨치산과 합세해서 지역을 완전히 장악했다. 이들은 염산교회를 빼앗아 인민위원회 사무실로 사용했다, 목사 사택은 인민군 숙소가 되었다. 교회에서 쫓겨난 김방호 목사는 가족들을 데리고 성도들 집을 옮겨가며 살아야 했다. 그 와중에도 주일이면 공산군의 눈을 피해 예배를 드렸다. 교인들은 아들이 있는 신안군 비금도로 피난 갈 것을 권했다. 그러나 교인들을 남겨두고 갈 수 없다며 기어코 남았다.

유엔군이 인천상륙작전에 성공하고 국군이 서울을 수복했다는 소식이 들렸다. 공산군이 철수하고 유엔군과 국군이 온다는 소식이 들렸다. 그래서 그들을 환영하기 위해 몇몇 교인들이 영광읍을 다녀왔다. 공산 치하에서 벗어났다는 기쁨이 너무 컸던 탓일까? 미처 퇴각하지 못하고 빨치산 활동하던 자들이 이 사실을 알았다. 빨치산은 마을로 들어와 교인들을 찾아 학살하기 시작했다. 이때 염산교회 교인의 3분의 2에 해당되는 77명이 순교했다. 한국교회 역사상 가장 많은 순교자가 나왔다.

빨치산은 예배당에 불을 질러 버렸다. 영광읍에 다녀왔던 기삼도는 죽창에 찔려 예배당과 함께 불탔다. 노용길 등 3명은 굴비처럼 묶여 수문 근처 바다에 던져졌다. 다음날 공산군은 노병재 집사 가족과 3형제 등 일가족 22명을 새끼줄에 묶고 돌을 매달아 설도항에 한번에 밀어 넣었다. 노병재 집사는 바다에 빠져서도 "내 주를 가까이 하게 함은 십자가 짐 같은 고생이나" 찬송을 불렀다.

허상 장로 가족은 산골짝에서 죽창에 찔리고 돌무더기에 깔려 숨졌다. 숨이 끊이지는 중에서도 '하나님! 하나님!'을 불렀다. 염산교회 순교는 어린아이들에게도 예외는 아니었다. 예수를 믿는다는 이

유만으로 공산군은 아이들을 무참히 죽였다. 어른들과 다를 바 없이 죽였다. 죽음 앞둔 네 살 동생이 무섭다고 울자 언니는 "울지마라. 우리는 곧 천국에 간다"라며 달랬다.

김방호 목사 일가족 8명도 모두 몽둥이에 맞아 죽었다. 아이들에게 아버지를 때려죽이면 너희들은 살려주겠다며 인간으로서 할 수 없는 꼬임이 있었지만 단호하게 거부했다. 김방호 목사는 "너희들은 절대로 이들을 미워하지 마라. 이들이 몰라서 그러는 거야"라며 아이들을 위로했다. 그리고 죽음을 앞둔 마지막 기도를 했다. "주님! 주님! 하나님의 뜻이라면 순교의 영광을 주옵소서"

2대 담임목사였던 원창권 목사도 다른 지역에서 가족과 함께 순교했다. 염산교회에서 말씀을 전했던 1, 2, 3대 목사 모두 순교했다.

김방호 목사 부부, 허상 장로 부부 무덤 교회 마당에 나란히 마련되었다. 1950년 10월 순교의 영광을 안고 하나님 품에 안겼다.

이 모든 일이 1950년 10월 3일부터 이듬해 1월 6일까지 3개월간 벌어진 것이다.

사랑의 사도 김익 전도사

이런 일이 있고 난 후 성도들은 흩어졌다. 상처가 너무 컸다. 죽은 자들은 천국에 갔지만 살아남은 이들 또한 상처를 안고 살아야 했다. 아직도 전쟁이 한창이던 1951년 4월 김방호 목사의 둘째 아들인 김익 전도사가 부임해왔다. 김익 전도사는 당시 처가에 있다가 목숨을 건졌다. 김익 전도사는 첫 예배에서 이렇게 선포했다.

온 가족이 죽임을 당한 곳이기에 생각하기도 싫지만 나는 이곳에 내 부모 형제들의 원수를 갚으러 왔습니다. 그들을 예수 믿게 해서 천국 가게 하는 것이 참된 원수 갚는 일이 아니겠습니까? 여러분도 저와 함께 이 일에 힘을 합쳐주세요.

살아남은 43명 성도들은 농업창고에 모여 수요예배를 드리면서 교회문을 다시 열었다. 공산군이 물러난 후 공산군에 협조했던 주민들은 숨죽이고 살아야 했다. 살육에 협조했던 주민들은 고개를 들고 살 수 없었다. 주민들 사이에 도저히 건널 수 없는 원망과 불신의 강이 생겨버린 것이다. 그런데 김익 전도사는 그들을 껴안기 위해 혼신을 다해 예수를 전했다. 그리고 용서하고 사랑했다. 이제 염산면에서는 더 이상 그때 이야기를 하지 않게 되었다. 김 전도사는 과로로 시력을 잃었다. 아프지 않은 곳이 없을 정도로 몸이 망가져 있었다. 결국 부임한 지 2년 만에 합병증으로 세상을 떠났다. 염산 사람들은 그를 일컬어 '사랑의 사도'라 불렀다. 염산교회 교인들은 원망보다는 순교자가 걸어갔던 천국 신앙을 품고 살았다. 그리고 김익 전도사가 보여준 사랑을 행할 수 있게 되었다.

순교의 영성을 돋우는 교회

염산교회 마당에 올라서면 순교자들이 순교의 신앙을 돋우었던 곳이라는 사실에 뭉클한 마음이 앞선다. 마당에는 순교자 32명 합장묘, 김방호 목사 부부묘, 허상 장로 부부묘가 나란히 있다. 순교자들의 당당했던 모습을 목격했을 제방 수문 개폐기를 마당에 옮겨 놓았다. 77인순교기념탑에는 "죽도록 충성하라 그리하면 내가 생명의 면류관을 네게 주리라"(계2:10)를 새겨 놓았다.

염산교회 순교자가 나온 예배당과 새 예배당이 함께 있다. 순교자 예배당은 복원된 것이다.

교회 내부에는 순교 증언 영상물을 시청할 수 있다. 한국전쟁 당시 어린아이였던 이들이 오랜 시간이 흘렀지만, 그날을 생생하게 증언하며 아팠던 기억을 전해준다. 교회 2층 전시실에는 김방호 목사가 사용했던 성경이 있고, 순교자들에게서 수습된 유품이 전시되어 있다. 관련 자료 300여 점을 보고 있으면 저절로 숙연해진다.

염산교회에서는 순교체험을 진행하고 있다. 설도항 인근에서 가져온 돌을 끈으로 묶어 놓았는데, 이것을 들고 학살이 자행된 가까운 설도항까지 걸어보는 것이다. 무거운 돌을 들고 끙끙거리며 걷게 되지만, 고난 당하신 예수와 순교자를 생각하면 절로 눈물이 흐른다.

염산교회 옛 예배당도 복원되었다. 복원된 작은 예배당은 공산군에 의해 불타버린 예배당이다. 현재 사용하고 있는 예배당과 순교기념관 등에 비해 규모는 작지만, 훨씬 더 가치 있는 곳이라 여겨진다. 순교자들의 영성이 자란 예배당이기 때문이다.

설도항에는 '기독교인순교탑'이 있다. 한국전쟁 당시 영광군에서만 194명의 기독교인이 신앙을 지키다 목숨을 잃었다. 기념탑 자리는 당시 수문이 있던 장소다. 이곳에서 많은 그리스도인이 순교 당했다. 기념탑을 소개하는 안내판에는 이렇게 기록되어 있다.

이곳은 수문이 있었던 자리였는데 기독교인 순교지입니다. 1950년 6.25 한국전쟁 당시 신앙을 지키기 위해 자신의 목숨을 바꾼 순교자는 염산교회 77명의 성도들을 비롯해 영광군의 194명의 순교자들이 있는데 이들의 숭고한 신앙 정신을 기리기 위하여 역사적 사건의 현장인 이곳에 '기독교인 순교탑'을 세우게 되었습니다. 기독교인들

기독교인순교탑 교인들을 수문으로 밀어 넣었던 설도항 수문 근처에 세워졌다.

은 예수를 믿는다는 이유 때문에 목에 돌을 매달고 바닷물에 던짐을 당하는가 하면 죽창에 찔리고 몽둥이에 맞고 칼에 목을 베이고 생매장을 당하는 등 여러 모양으로 죽임을 당했습니다. 신앙을 목숨보다 중하게 여긴 순교자들은 천국을 소망하며 죽음 앞에서도 자신을 죽이는 그들을 긍휼히 여기는 마음을 가지고 순교의 제물이 되었습니다. 특히 이곳에 수장당한 순교자들이 바닷물 속에서 허우적거리면서도 찬송을 부르며 천국을 향하여 나아갔던 모습은 오늘을 살아가는 우리들에게 좋은 신앙의 모본이 되고 있습니다.

기념탑 아래 오석에는 요한복음 11장 말씀을 새겨 두었다.

예수께서 가라사대 나는 부활이요 생명이니 나를 믿는 자는 죽어도 살겠고 무릇 살아서 나를 믿는 자는 영원히 죽지 아니하리니 이것을 네가 믿느냐. 가로되 주여 그러하외다. 주는 그리스도시오 세상에 오시는 하나님의 아들이신 줄 내가 믿나이다.(요11:25~27)

이런 것을 볼 때마다 아쉬운 것은 일반인들도 알기 쉽게 새겼으면 하는 아쉬움이 있다. 가령 '가라사대, 가로되, 그러하외다, 믿나이다'라는 말은 현대에서는 사용되지 않는 왕조시대 언어 전통이다. 기념탑은 예수를 믿지 않는 사람들도 찾는 곳이다. 그렇기 때문에 성경을 현대어로 풀어서 기록해야 할 필요가 있다.

젓갈향이 짙은 염산교회를 순례하는 길은 천국소망이 무엇인지 확인하는 길이다. 죽음 앞에서 두렵지 않은 이들이 있으랴! 그러나 더 큰 것을 바라보고 담대하게 죽음을 맞이했던 이들을 보면서 현재를 생각하고, 나를 점검하는 길이 된다.

야월교회

이 돌이 증거가 되리라

광주선교부에서 활동하던 유진 벨 선교사는 목포로 갔다. 그리고 배를 타고 서해안을 따라 북상하면서 전도 여행을 하였다. 그는 영광 법성포로 들어가려고 작정하였다. 법성포가 영광에서는 가장 번성한 곳이기 때문이다. 그런데 법성포인 줄 알고 상륙한 곳이 법성포구가 아니라 야월도였다. 야월리는 당시만 해도 섬이었다. 썰물이 되어 갯벌이 드러나면 육지와 연결되는 독특한 곳이었다. 물고기를 잡고, 염전을 하며 소소하게 살아가는 그런 곳이었다. 뜻하지 않게 상륙한 유진 벨 선교사로부터 복음을 들은 야월 주민 몇몇은 신앙을 갖게 되었다. 이때가 1908년 4월, 야월교회의 시작이었다. 일진회에 맞서던 의기(義氣)를 가진 문영국, 정정옥이 예수를 믿게 되면서 야월교회가 시작된 것이다. 야월교회는 이 일대 여러 교회의 모태교회가 되었다.

기독교 신앙을 갖게 된 사람들은 일본 어용단체 일진회의 횡포에 맞섰던 의기 높은 이들이었다. 그래서 훗날 일제의 신사참배 요구를

야월교회 순교기념관

단호히 거부할 수 있었고 그것 때문에 교회가 폐쇄되기도 했다. 신앙을 갖게 된 야월교회 교인들은 선교사들에게 학습, 세례문답을 받으면서 하나님의 자녀로 거듭나게 되었다. 박인원, 이경필, 최흥종, 이계수 조사들이 차례로 와서 이들을 지도하였고 전도할 수 있는 신앙으로 성장시켰다.

전교인이 순교

야월교회의 아픔은 해방 후 한국전쟁 직전에 시작되었다. 1950년 6월 22일 공산군 1개 부대가 후방을 교란할 목적으로 야월리 지역에 상륙하였다. 여순반란사건을 진압하기 위해 내려와 있던 국군과 경찰의 토벌에 거의 섬멸당하고 일부 잔당들이 마을 뒷산으로 숨어들었다. 그리고 그중 한 명이 야월교회 교인에게 발각되어 경찰에 신고되었고 체포 후 총살당했다. 이 사건으로 야월교회에 대한 공산군의 보복이 끔찍하게 자행되었다.

1950년 7월 공산군이 영광군 일대를 점령하면서 인민위원회가 조직되었다. 이들은 지난 일에 대한 보복으로 야월교회 교인들을 학살하기 시작했다. 어떤 이들은 수장시키고, 어떤 이들은 구덩이를 직접 파게 하고, 손발을 묶은 뒤 생매장했다. 갯벌에 구덩이를 파고 수장시키기도 했다. 일본도로 목을 내리치는 만행도 서슴지 않았다. 이때 야월교회 교인 65명 전부가 순교했다. 전교인이 순교한 전대미문의 사건인 것이다. 세계사에서도 전교인이 순교한 예는 찾아보기 힘들다. 당시 9살이던 최종한 장로는 끔찍했던 그때의 기억이 아직 생생하다고 증언한다. "그때 우리 가정이 예수를 믿지 않고 유교 사상이 투철했기 때문에 우리 아버님이 인민군에 끌려가 인민재판 후 죽지 않고 살았다. 6.25전쟁은 생각만해도 끔찍하다"[12]

전교인이 공산군에 의해 학살된 후 '예수 믿다 망한 동네'라는 소문이 퍼졌다. 때문에 교회문을 여는 사람이 없었다. 살아남은 교인이 있어야 교회를 다시 시작할텐데 아무도 없었다. 그러니 순교자를 기리는 일은 더더욱 어려운 일이었다. 그러던 중 1953년 안창권 전도사가 광주 선교부의 지원을 받아 교회학교를 열고 학생들에게 복음을 전하면서 야월교회가 다시 시작되었다. 그러나 예수 믿다가 온 가족을 다 죽일 셈이냐는 어른들의 드센 반발에 아이들이 교회를 다니는 것이 쉽지 않았다. 그 후 야월교회는 많은 목회자가 거쳐 갔다.

---

12 GOOD NEWS, 2020.02.28. 기사에서

다시 일어선 교회

1988년 배길량 목사가 부임하여 야월교회를 일으키기 시작했다. 순교자의 명단을 확보하기 위해 면사무소를 찾았으나 사망신고조차 되어 있지 않았다. 일가족 모두가 죽었으니 누가 사망신고를 할 수 있었겠는가? 40년이 넘도록 사망신고가 되어 있지 않았으니 그 상황을 말로 설명할 수 없었으리라. 배 목사는 야월교회 순교자들의 피가 헛되지 않으려면 그들을 기리는 기념관이 필요하다고 역설했다. 배 목사의 호소에 몇몇 교회가 응답하면서 1990년 교회 마당에 순교기념탑이 세워졌다. 순교기념탑 건립에 즈음하여 기록된 글을 소개한다.

1898년 목포에 선교부를 세운 미국남장로교 소속의 배유지 목사 일행의 선교활동으로 이곳 영광군 염산면 야월리까지 복음이 전파되었다. 구한말의 암울한 시대적 상황에서 이곳에서도 친일적인 일진회를 반대하던 문영국, 정정옥씨 등이 교회를 찾았으며 이렇게 해서 1908년 4월 5일 야월리교회가 설립되었다. 교회는 이 지역 사회의 신앙, 교육, 문화, 정신, 사상 모든 면에서 주축을 이루면서 성장하였고 해방 이후 야월도가 연육되면서 더욱 커간 것이다. 이러한 가운데 1950년 6월 22일 이 지역에 상륙한 숫자 미상의 인민군의 기습이 한 기독교인의 제보로 목적을 이루지 못하게 되었고 기독교에 대한 사상적 갈등으로 교회에 탄압을 가하던 중 1950년 9월부터 10월(음) 사이에 기독교인들을 핍박 살해하였다. 교회는 불타고 교인 전체(65명)가 거룩한 순교의 제물이 되어서 한때 이 지역 복음화가 단절된 듯 하였으나 이들의 순교의 씨앗이 큰 나무로 자라서 이곳이 믿음의 모퉁이돌이라고 오늘까지 생생하게 증언해준다. 본 대한예수교장로회 광주노회는 정성어린 기념탑을 세우면서 이곳이 여호수아의 증언석이 되어서(수24:27) 65인의 귀한 순교의 신앙을 영원토록 전해주기를 바란다.

순교기념탑을 건립한 후에도 후원의 손길이 지속적으로 이어져 '순교자기념관'이 추가로 건립되었다. 순교자들의 신앙을 체험할 수 있도록 여러 시설이 들어서게 되어 견학뿐만 아니라 숙박도 가능해졌다. 순교기념관 앞에는 고훈 목사가 쓴 '당신들이 뿌린 순교의 피로'라는 시비가 세워졌다.

우리는 살아서 말하고
당신들은 순교로 말합니다.
우리는 입으로 고백하고
당신들은 목숨으로 고백합니다
우리는 숨 쉬며 살고
당신들은 숨 막혀 죽음으로 여기
살아 있습니다.

6.25동란의 광풍
형제심장에 총을 쏘고 칼로 찔러
피투성이로 쓰러지는 이 한반도
를 가슴에 안고
하늘 향하는 믿음 하나로

야월교회 순교기념탑

논도 밭도 강도 바다도
마음도 예배당도 하늘도 땅도
더러는 돌에 매달려 바다에 생수장되고
더러는 묶이어 웅덩이에 생매장 당한
야월교회 65명 전교인 순교자들이여
그렇게 심장이 터져버린
실로 너무도 가혹하고 끔찍한
그러나
그날 당신들 침묵의 절규로 드린
거룩한 봉헌의 제물이여
저기 갯바람 소리 서해 파도 소리로
그 고통 지금도 여기 들리고

오늘도
당신들이 뿌린 피제단에서
우리같은 엉터리들도
이렇게 풍성한 하늘 복을 추수합니다

순교기념관 입구에 적힌 '순교는 죽음이 아니고 새로운 시작입니다'는 기독교인들에게 던지는 강력한 메시지다. 전시관에는 한국전쟁, 야월교회 관련 자료들이 패널 해설과 모형으로 전시되어 있다. 적당한 분량의 설명문이 있어 오히려 더 꼼꼼하게 읽게 된다. 순교자들이 다녔던 옛 야월교회 머릿돌이 있는데, 그곳에는 순교자 명단과 여호수아서 성경 구절이 적혀 있다.

야월교회 순교기념관 내부

보라 이 돌이 우리에게 증거가 되리니 이는 여호와께서 우리에게 하신 모든 말씀을 이 돌이 들었음이라 그런즉 너희로 너희 하나님을 배반치 않게 하도록 이 돌이 증거가 되리라 (여호수아 24장 27절)

선교사들이 야월리에 들어와 복음을 전하는 모습의 조형물, 선교사 가방, 오래된 성경, 불에 탄 십자가 등이 전시되어 있다. 공산군에 의해 핍박받고 순교 당하는 장면의 조형물도 있다. 옆 방에는 맞잡은 손 조형물이 있다. 하나님의 거룩한 손과 죄로 얼룩진 손이 서로 맞잡고 있는 조형물이다. 거룩한 하나님의 손이 상처로 얼룩지고 부서진 손을 부여잡고 있다. 맞잡은 손 조형물이 있는 1층 방 벽에는 순교한 야월교회 교인들 사진과 명단이 있다. 윗층으로 올라가면 한국전쟁 당시 순교한 교회 지도자들의 사진과 명단이 전시되어 있다.

TIP 영광 기독교 유적 탐방

▌염산교회
전남 영광군 염산면 향화로5길 34-30 / TEL 061-352-9005

▌야월교회
전남 영광군 염산면 칠산로7길 30-6 / TEL 061-352-9147

염산교회와 야월교회는 가까운 곳에 있다. 탐방 일정을 만들 때 두 교회를 함께 탐방하는 것이 좋다. 시간을 여유롭게 만들어서 천천히 둘러볼 것을 권한다. 염산교회 앞 설도항에 있는 기독교인순교기념탑도 꼭 봐야 한다. 야월교회, 염산교회 주변에는 염전이 많다. 소금을 생산하는 계절에 간다면 소금 만드는 것을 직접 볼 수 있다. 체험장도 있으니 아이들과 체험을 겸해보는 것도 좋겠다.

두 교회를 탐방할 예정이라면 영광백수해안도로를 드라이브하기 바란다. 전망이 괜찮은 곳에는 전망대, 까페, 벤치, 정자 등이 있어서 잠시 쉬어가기에 좋다. 해질녘에는 일몰을 감상할 수 있는 포인트가 된다. 백수해안도로를 따라가다 보면 모시송편을 판매하는 곳도 많다. 맛있는 모시송편을 맛보는 것도 영광탐방의 포인트.

백수해안도로의 북쪽 끝에는 법성포가 있다. 법성포는 굴비로 유명한 곳이다. 굴비로 시작해서 굴비로 끝난다. 주머니 사정이 괜찮다면 상다리 휘어지는 '굴비정식'이 기다린다. 법성포에는 법성교회(061-356-2334)가 있다. CCC의 선구자 김준곤 목사가 시무했던 교회이기도 한데 한국전쟁 때 김종인 목사를 비롯해 6명의 순교자가 나왔다. 영광에서 가까운 무안 해제중앙교회에서도 5명의 순교자가 나왔다.

슬로시티 증도

신안군은 섬으로만 이루어진 지자체다. 이제는 섬이라는 말이 무색하게 교량이 연결되어 뭍처럼 자동차로 이동할 수 있게 되었지만, 섬 특유의 서정은 남아 있어 신안군 여행은 마음을 들뜨게 한다. 그곳에 슬로시티 증도가 있다.

증도 우전해수욕장

아시아 최초 슬로시티로 지정된 신안군 증도에는 소금밭이 많다. 태평염전이라 불리는 염전은 우리나라를 대표하는 염전이다. 국내 단일 염전 최대크기(140만평)로 한국전쟁 후 피난민을 정착시키기 위해 전증도와 후증도 사이를 막아 염전을 만들었다. 소금 수확이 한창일 때면 눈이 내린 듯하고, 염전에 반영된 파란 하늘과 흰 뭉게 구름은 이 세상의 풍경이 아닌 듯하다. 소금창고를 개조해 소금박물관으로 사용하고 있어 소금에 대한 지식을 얻을 수 있다. 소금박물관 옆에는 태평염생식물원이 있다. 소금밭 습지에 조성된 국내 최고의 염생식물원으로 잘 조성된 탐방로를 따라가면 갖가지 갯벌 생물들을 관찰할 수 있다. 8~9월이 되어 칠면초, 함초가 붉게 물들면 이색적 풍광이 장관을 이룬다.

우전해수욕장 옆 한반도 모양의 해송숲은 바다에서 불어오는 모래를 막아주고, 고운 모래밭이 유지되도록 해준다. 해수욕장은 4km 가까이 펼쳐졌는데 이국적인 풍경을 내보여서 일없이 걷게 된다. 석양 무렵 아름다운 일몰을 보려고 사람들이 몰려든다. 우전해수욕장 옆에는 '짱뚱어다리'가 있다. 솔무등공원과 우전해변 사이 갯벌위에 세워진 470m의 다리다. 썰물 때 드러나는 청정 갯벌에는 칠게, 농게, 짱뚱어 등 다양한 갯벌 생명들이 저마다 영역을 차지하고 앉아 먹이 사냥을 펼친다. 짱뚱어다리 위에서는 눈을 멀뚱멀뚱하며 갯벌 위를 기어 다니는 짱뚱어와 게들을 실컷 볼 수 있다.

신안 바다에는 헤아릴 수 없는 보물이 숨겨져 있다. 1975년 증도면 방축리 앞 바다에서 어부의 그물에 도자기가 걸려 올라오면서 발견된 것이 '신안해저유물'이다. 중국 무역선이 일본으로 가다가 신안

앞바다에서 침몰한 것이었다. 수많은 도자기, 금속류 등이 발견되었다. 우리나라 서해바다에서 많은 보물선이 발견되는 것으로 봐서 모르긴 해도 더 많이 발견될 가능성이 있다. 방축리에는 신안해저유물 발굴 기념비가 그 바다를 바라보는 자리에 세워졌다.

섬들로 이루어진 전남 신안군에는 기독교인이 35%에 이른다. 특히 증도는 무려 90%가 예수를 믿는다. 무속이 매우 강한 섬 지역에서 기독인들의 비율이 이 정도로 높은 것은 경이로운 일이다. 무슨 일이 있었던 것일까? 신안에는 문준경 전도사의 땀이 섬마다 뿌려졌고, 순교자의 영성이 강력하게 영향을 미쳤기 때문이다. 특히 임자도, 증도를 여행할 때면 문준경 이름 석 자 정도는 알고 가야 한다. 그렇지 않으면 섬의 겉만 더듬는 여행이 될 것이다.

문준경 전도사

신안 섬 선교의 어머니

한국 기독교인 중 문준경을 모르는 이가 있을까? 섬 선교의 어머니라 불린 문준경(1891~1950)은 신안군 암태도 출신이다. 암태도는 일제강점기에 불의한 지주에게 치열하게 대항했던 소작쟁의로 유명한 곳이다.

문준경은 1908년 17살 되던 해에 16살 정근택(1892~1950)과 혼인했다. 혼인 후 부부는 행복했다. 그러나 10년이 되도록 자녀가 생기

증도 증동리교회 벽에 그려진 문준경 전도사

지 않아 고통받았다. 자식을 낳아 대를 이어야 한다는 생각이 강했던 문준경은 남편에게 다른 여인을 만나기를 권했다. 그러나 남편은 받아들이지 않았다. 시아버지가 세상을 떠나고 3년 상이 끝나자 문준경은 두 번째 결혼을 주선했다. 남편 정근택은 소복진이라는 여인과 다시 혼인했다. 사실 혼인이라는 것은 부인이 없을 때 하는 것이다. 이혼하지 않은 상태에서 혼인을 다시 한다는 것은 이상한 일이다. 그러나 자식을 두기 위해 문준경 스스로 선택한 일이었다. 일설에 문준경이 혼인 첫날부터 남편에게 버림받은 것으로 알려져 있으나 사실과 다르다는 것이 후손들에 의해 밝혀졌다. 두 번째 부인 소복진은 아이를 가졌다. 그러나 출산 때에 난산으로 매우 고통스러워했다. 문준경은 난산한 산모를 정성으로 간호해 살려냈다. 큰 시숙은 문준경의 성을 따서 아이의 이름을 문심(文心)이라 지었다.

문준경은 남편이 두 번째 결혼한 후부터 홀로 지냈다. 그러나 이혼한 것은 아니었다. 문준경은 소씨와도 사이가 좋았다. 소복진이 낳은 자녀는 법적으로 문준경의 아이였다. 소씨의 자녀들은 문준경을 어머니라 부르며 잘 따랐다. 문준경은 무슨 일이 생기면 남편 정씨와 상의했다. 남편 정씨는 '서남해 해상왕'으로 불릴 정도로 지역 유지였다. 해방 후 목포어업조합의 초대 대표로 선출되기도 했다. 정씨는 지역에서 영향력 있는 인물이었다. 재력만 있는 것이 아니라 많은 선행을 베풀기도 하여 존경받고 있었다. 훗날 문준경 전도사가 섬을 순회하며 전도할 때 남편의 선행이 큰 도움이 된 것도 사실이다. 폐쇄적인 섬 지역이 문준경 전도사의 복음 전도에 마음 문을 열 수 있었던 배경에는 남편이 있었음을 간과해서는 안 된다.

예수를 만나다

문준경은 오빠가 살고 있는 목포로 갔다. 오빠는 목포에서 여관업을 하고 있었다. 오빠의 여관업을 도우면서 살던 문준경은 목포 북교동교회에서 예수를 만났다. 당시 북교동교회에는 장석초 목사가 시무하고 있었다. 장 목사는 목포에서 고아와 과부를 돌보던 가난한 자의 목자였다. 예수를 만나 새사람이 된 문준경은 오직 예수를 전하는 일에 삶을 바치기로 작정했다. 충만한 영성으로 친정 부모에게 예수를 전하러 갔다가 서양 귀신 들렸다며 쫓겨났다. 그러나 그녀는 더 이상 세상일에 연연하지 않았다. 이미 하나님의 사람이 되어 있었다. 문준경은 자신에게 생겼던 가슴 아픈 일들은 복음을 위해 계획된 하나님의 뜻으로 받아들였다.

부흥사로 유명한 이성봉 목사가 목포 북교동교회에 부임해 와서 시무하던 때에 문준경은 소명을 느끼게 된다. 그리고 1931년, 서울로 올라가 경성성서학원에서 신학 공부를 했다. 문준경은 기혼자여서 신학교에 입학할 수 없었다. 그러나 이성봉 목사의 추천으로 입학할 수 있었다. 그녀의 나이 40세였다. 경성성서학원은 6년제였다. 3개월은 공부하고 9개월은 직접 목회 활동하며 교회를 개척할 수 있었다.

122섬을 순회하다

문준경 전도사는 고향으로 돌아와 다도해 122개 섬을 순회하며 예수를 전하는 전도자가 되었다. 그녀의 첫 열매는 임자도 임자진리교회였다. 일 년에 아홉 켤레 고무신이 닳아 없어지도록 전도여행

문준경 전도사 기념관과 상정봉 전경

을 다녔다. 열매로 맺어진 교인들을 가꾸는 데도 온 힘을 다했다. 그녀는 암태도 출신이다. 그랬기에 섬사람들 삶을 누구보다 잘 알았다. 그녀는 여인이라서 당하는 설움을 체험적으로 알았기에 여인들의 위로자가 되어 주었다. 조산부로서 아기를 받아 주고, 전염병으로 죽은 이가 있다면 염을 해주었다. 중풍병자를 기도로 고치기도 했다. 목포를 오가면서 섬사람들이 필요로 하는 물건을 날라다 주는 배달부 역할도 했다. 필요하다면 버선을 벗어주는 것도 마다하지 않을 정도로 정성을 쏟았다. 주민들의 생활 속으로 파고들어 전도한 결과 많은 열매를 수확할 수 있었다. 그리하여 진리교회, 증동리교회, 우전리교회, 대초리교회, 병풍교회, 장고리교회, 소악교회, 방축리교회, 기점교회, 화도교회, 증도제일교회 등이 설립되었다.

열매는 교회 개척으로만 나타난 것은 아니었다. 문준경 전도사의 기도와 발품으로 하나님의 용사들이 나타난 것이다. 정태기 목사(크리스찬 치유상담대학원대학교 총장), 김준곤 목사(한국대학생선교회 설립자), 이만신 목사(부흥사), 고훈 목사, 채영남 목사 등 한국기독교계를 이끈 지도자들이 신안군에서 나타났다.

일제의 만행이 극에 달했던 1943년, 그녀는 신사참배를 거부했다는 이유로 체포되었다. 구타와 협박 그리고 악랄한 고문에도 굴하지 않고 찬송을 불렀다. 에스더서 4장 16절의 '죽으면 죽으리라'는 각오로 당당히 저항했다.

죽으면 죽으리라

기다리고 고대하던 해방이 되었으나 전남지역은 여순사건이 터졌다. 이 사건의 여파로 좌우대립의 상처가 깊었다. 그러던 중 1950년 한국전쟁이 발발했다. 전쟁이 터지자 외부와 차단된 섬에 인민군이 들어왔다. 인민군보다 보도국 완장을 찬 자들이 더 날뛰었다. 빨치산, 자생 공산당원을 내무서원이라 불렀다. 그들은 인민군과 한통속이 되어 우익 인사, 지주, 기독교인들을 찾아내 죽창으로 찔러 죽였다. 군경의 도움을 받기 어려운 섬 지역은 무정부상태나 다름없었다. 공산주의 이념에 경도된 그들은 세상을 뒤바꿀 것처럼 날뛰었다.

문준경 전도사와 함께 섬에서 목회하던 양도천, 백정희 전도사는 저들에게 사로잡혀 죽을 만큼 두들겨 맞았다. 백정희 전도사는 문준경 전도사의 양딸이기도 했다. 내무서원은 문준경, 양도천, 이봉서 전도사는 죄질이 나쁘다며 목포 정치보위부로 옮겨 처형하려 했다. 그들이 배를 타고 떠난 후 증도 증동리 양민은 좌익분자들에게 학살당했다. 배가 목포에 당도하자 인공기 대신 태극기가 펄럭였다. 세

사람을 끌고 온 내무서원은 급히 도망쳤다. 목포에서 이성봉 목사와 재회한 문준경은 안도의 숨을 내쉬었지만 섬에 두고 온 신도들이 걱정되었다. 백정희 전도사의 안부도 궁금했다. 이성봉 목사는 전쟁이 끝난 후에 가도 된다며 말렸다. 그러나 문준경 전도사는 '저 때문에 무고한 사람들이 죽어서는 안 된다'고 하며 섬으로 돌아갔다. 섬에 도착하니 여전히 공산 치하에 놓여 있었다. 1950년 9월 28일 제 발로 공산 폭도들을 찾아갔다. 무수한 구타와 죽창으로 찔림을 당하면서도 "나는 죽이더라도 백정희 전도사와 성도들은 죽이지 말라"고 간청했다. 공산군은 "너는 반동의 씨암탉 같은 존재이기에 처형한다"며 문 전도사를 죽였다. 1950년 10월 5일 새벽, 증도 증동리교회에서 800m 떨어진 바닷가였다. 문 전도사 나이 59세였다.

그녀가 순교한 직후 버려졌던 시신은 며칠 후 수습되어 증동리 뒷

문준경 전도사 순교지 문준경 전도사가 순교했던 바닷가에 무덤, 순교비 등이 조성되었다.

산에 매장되었다. 2005년 문 전도사의 유해는 그녀가 순교 당한 순교지로 이장되었다. 1964년 문 전도사의 제자들이 순교비를 세웠다. '여기 도서의 영혼을 사랑하시던 문준경 전도사님이 누어 계시다'라고 새겼다. 추모석 뒷면에는 이렇게 새겼다. '빈한 자의 위로되고 병든 자의 의사, 아해 낳은 집의 산파, 문맹퇴치 미신타파의 선봉자, 압해 지도 임자 자은 암태 안좌 등지에 복음 전도, 진리 증동리 대초리 방축리 교회 설립, 모든 것을 섬사람을 위하였고 자기를 위하여는 아무 것도 취한 것이 없었다. 그대의 이름에 하나님의 은총이 영원히 깃들기를. 우리들의 어머니.'

순교로 다시 시작

그녀는 그렇게 순교했다. 그녀의 삶과 순교는 신안군 섬지역에 막대한 영향을 끼쳤다. 그녀 순교 후 100여 곳에 교회가 더 생겼다.

문준경 전도사의 문하생이었던 정태기 목사(한신대)는 "증도가 복음화율이 높은 이유는 전적으로 문준경 전도사님 때문입니다. 문준경 전도사님이 복음을 전하시기 전에 섬사람들은 미신을 믿었던 사람들입니다. 그런데 그 사람들이 문준경 전도사님 때문에 예수님을 받아들이고 미신을 버리게 됩니다."고 설명했다.[13]

대학생선교회(CCC)를 선립한 김준곤 목사는 "소화제니 먹으라고 주시고 때로는 아픈 부위를 만지시며 할머니가 손자의 배를 쓰다듬듯 하셨는데, 기도하는 그 모습이 제 마음에 확 박혀 있습니다. '이

---

13 뉴스와 논단, 2020.10.02. 기사

자매는 돈도 없고, 약도 없고, 여기 병원도 없습니다. 그러니 하나님께서 직접 고쳐 주십시오' 하셨습니다. 그런데 그게 신기하게 낫습니다. 신자, 불신자를 가리지 않고 치유하십니다."고 했다.[14]

이만신 목사는 이렇게 증언한다. "어려서부터 이모할머니 문준경 전도사의 사랑을 많이 받았습니다. 늘 가까이에서 뵈면서 그 분의 신앙지도를 받으며 성장했습니다. 제가 목회자가 된 것도, 그 분의 영성이 자리했던 것을 느낍니다."[15]

증도에서만 159명의 목사와 82명의 장로가 배출되었다. 신안군 섬 전체로 확대하면 1,400명 이상의 헌신자가 나왔다. 세계 기독교사에 없는 놀라운 열매다. 한 알의 밀이 떨어져 죽으면 많은 열매를 맺는다는 말씀이 신안에서 이루어졌다. 문준경 전도사 기념관에는 그녀의 순교 의미를 이렇게 소개하고 있다.

기독교는 생명의 종교이며 그 결실은 순교의 영성이다. 기독교라는 커다란 나무에서 아름다운 성령의 열매를 맺게 하는 근본은 순교이다. 역사가 토인비는 '순교는 고난 이상의 고난으로 우리 영혼이 각성되는 중요한 통로이며 필수적이기조차 하다.'고 하였으며 교부 터툴리안은 '순교자의 피는 교회부흥의 씨앗'이라고 하였다. 한국 교회사에 등장하는 순교자들은 평탄한 간증의 사람들이 아니라 죽음으로써 말하는 독특한 인물들이다. 그 가운데 문준경 전도사는 죽음으로서만 그리스도에게 충성을 보인 것이 아니라 자신의 전 생애를

---

14 위의 신문

15 국민일보, 2017.05.19. 기사

통해서 순교자의 모습을 드러냈으며, 자기 자신을 부인하고 날마다 자기 십자가를 지고 주님을 따른 믿음의 산 증인이었다. 그분은 자신의 이기적 욕망만을 위해 살지 않았다. 오직 그녀는 잃어버린 영혼을 구원하기 위해 한 알의 썩어지는 밀알이 되었다. 실로 그녀는 기독교 지도자의 참다운 모습이 무엇인가를 말로서 행동으로서 잘 보여준 믿음의 영웅이다.

문준경 전도사 기념관

문준경 전도사에게 사랑의 빚을 진 증도의 11개 교회는 문준경기념사업회를 조직하고 문준경 전도사의 순교영성을 알리고 본받기 위한 사업을 차례로 벌여 나갔다. 슬로시티로 지정된 증도 증동리에는 '문준경 전도사 기념관'이 건립되었다. 2013년에 완공된 기념관에

문준경 전도사 기념관

는 문준경 전도사 일대기와 성결교단 순교 상황과 관련 교회들이 전시되어 있다.

전시관 안으로 들어가면 문준경 전도사 동상이 마주 보인다. 전시관에는 문준경 전도사가 사용하던 성경, 재봉틀, 졸업증서가 전시되어 있다. 2층으로 올라가면 고무신 9켤레가 닳도록 다닌 길의 모형이 있고, 그녀에게 영향을 받은 사람들의 증언이 소개되어 있다. 그녀가 개척했거나 훗날 세워진 교회들도 소개되어 있다.

기념관 옆으로 난 길을 따라 산으로 올라가면 문준경 전도사가 기도하던 터가 나온다. 상정봉 기도바위라 한다. 간혹 순례 나선 이들이 올라와 기도하는 모습을 목격할 수 있다. 이곳은 증도를 한눈에 조망할 수 있는 봉우리다. 문 전도사가 나라의 독립을 기원하며 무릎을 꿇고 기도했던 터전이다. 해방 후 전쟁이 일어나자 피를 토하는 심정으로 기도했다.

주여, 이 나라는 어찌하여 이다지도 고통을 받아야 하는 것입니까? 백성들의 신음소리가 들리지 않습니까? 눈물로 울부짖으며 간구하는 저들의 기도 소리가 들리지 않습니까? 주여! 주여! 굽어 살피시고 돌보아 주시옵소서. 연약한 백성들의 신음소리가 저의 오장육부를 다 파헤치는 것만 같습니다. 일제 35년 동안 나라 곳곳에서 흘린 눈물과 피, 그것으로 족하다고 생각됩니다. 주님이시여! 내 아버지시여! 천한 소인의 기도를 들어 응답해 주옵소서! 하루빨리 이 악마의 무리들을 이 땅에서 내몰아 주옵소서. 불쌍한 내 민족을 구원해 주시옵소서. 주여! 주님이시여!

증동리성결교회

기념관에서 멀지 않은 증동리성결교회도 찾아가 보자. 교회 마당에 문준경 전도사 순교비가 있다. 비석에는 '故文俊卿傳道師殉教記念碑(고문준경전도사순교기념비)'와 '밀알 한 개가 땅에 떠러저 죽으면 많은 열매를 맺나니라 요한 十二ㅇ二十四'가 새겨졌다. 증동리교회는 문준경 전도사가 개척하였다.

1930년대 말, 불한당들은 예배당을 강제로 경방단에 팔아넘기는 짓을 저지르기도 했다. 경방단은 일제 말 치안을 강화한다는 명목으로 만든 사조직으로 위안부와 징용자를 송출하는 데 앞장섰던 친일단체였다. 해방이 되어 교회 문은 다시 열렸지만 한국전쟁이 터지고 많은 교인들이 신앙을 지키다 순교했다.

증동리성결교회

민어의 섬 임자도

신안군 임자도는 제법 큰 섬이다. 클 뿐만 아니라 풍요롭기도 하다. 바다와 땅이 모두 풍요롭다. 임자도가 풍요로운 들을 품은 보물섬이 된 것은 1885년 이후였다. 작은 섬 수십 개가 흩어져 있었는데 섬을 잇는 제방을 쌓고 간척을 시작한 것이다. 그래서 임자도의 30%는 간척으로 생긴 땅이다. 간척지에서는 쌀이 생산된다. 조선시대 말에 시작된 간척은 소규모였다. 그러나 일제강점기 산미증식계획으로 추진된 간척은 대규모여서 현재의 임자도를 만들었다. 섬과 섬 사이에 모래가 쌓여서 비교적 쉽게 간척을 진행할 수 있었다고 한다. 간척으로 증식된 쌀은 일본으로 모두 실어 갔다. 임자도에 떨어진 열매는 없었다. 농경지는 넓어졌지만 주민들은 더 굶주렸다. 증식된 수확량보다 더 가져갔기 때문이다.

임자도는 원래 모래가 많은 땅이다. 모래 토양에서 자연산 들깨(荏子:임자)가 많이 생산되어 임자도라고 했다. 임자도 곳곳에 보이는 큰 웅덩이(물치, 모래치)들은 사막의 오아시스와 같아 한국 유일의 사막으로 불리는 곳이다. 모래가 머금고 있던 물이 모여 만든 둠

벙이다. 웬만한 가뭄에도 물 걱정 없이 농사를 지을 수 있다. 임자도는 모래질에서 잘 자라는 대파를 심어 괜찮은 수익을 올리고 있다.

토질이 네덜란드와 비슷하다는 것에서 착안하여 300만 송이의 튤립을 심어 축제를 연다. 튤립이 피는 4월초~중순이면 전국에서 수만 명의 관광객이 모여든다. 형형색색의 튤립에 매료되어 얼굴빛마저 튤립빛으로 물든다.

조선 말 임자도로 유배되었던 우봉 조희룡(1786~1856)은 매화 그림을 즐겨 그렸다. 추사 김정희의 제자로 매화그림으로는 조선 최고라는 평을 받았다. 임자도에서 그린 홍매도대련(紅梅圖對聯)은 그의 대표작이 되었다. 튤립보다 먼저 피는 매화도 임자도의 봄을 풍요롭게 한다.

민어의 섬 임자도 민어로 유명한 섬이지만, 들깨가 많아서 임자도라 했다.

임자도는 땅만 풍요로운 곳이 아니다. 임자도는 민어(民魚)의 섬이다. 이름에 백성 민(民)자가 들어 있지만 백성 밥상에는 오르기 어려운 생선이었다. 여름에 잡히는 고급 어종이었다. 그래서 서민들은 여름철 보양식으로 개를 잡아먹고, 부자 양반들은 민어를 먹었다. 임자도에는 모래가 많아서 모래를 좋아하는 새우가 많이 서식한다. 민어는 그 새우를 잡아먹고 산다. 몸길이가 30cm~1m이며 무게 15kg에 이르는 당당한 외형을 갖고 있다. 비린내가 나지 않으며 쫄깃한 식감이 가히 최고의 생선이라는 평가가 무색하지 않다. 버릴 것이 하나도 없는 생선이지만 특히 부레 요리가 유명하다. 동력선이 나타나 바다 밑까지 훑어가며 잡는 바람에 민어의 씨가 마르다시피 했지만 여전히 임자도를 대표하는 생선이다.

임자도 북쪽 끝에 있는 전장포는 새우젓으로 유명하다. 전장포에서 잡히는 백화새우는 색깔이 곱고 희다. 조선시대에 전장포 새우젓은 한강 마포로 실려가 한양 사람들 밥상에 올랐다. 전장포에는 그때의 유물인 마포독(옹기)이라는 가마터가 남아 있다. 전장포 솔개산에는 새우젓을 숙성시키는 동굴이 지금도 있다.

대광해수욕장은 썰물 때면 100만 평이나 드러난다. 해변 길이만 해도 12km나 된다. 입자가 고운 모래로 된 해변이라 경비행기가 이착륙할 수 있을 만큼 단단하다. 모래밭 가운데 갯벌이 있어서 아이들이 모래놀이하다가 뻘을 가져다 몸에 바르곤 한다. 해마다 5월이면 이 해변에서 승마축제도 열린다. 말굽이 빠지지 않을 정도로 단단하기 때문이다.

이렇게 아름답고 풍요로운 섬에 문준경 전도사의 발길이 닿았고,

그 열매로 임자진리교회가 건립되었다. 임자도는 1950년 한국전쟁 전후 1만여 명 인구 중 1,700여 명의 민간인이 희생된 곳이다. 인간이 만든 이념이 무엇이라고 서로 죽이는 비극이 벌어진 것인지. 임자도 진리교회 교인 48명도 신앙을 지키다가 순교했다. 눈부시도록 아름다운 임자도 풍광과 무관하게 서럽도록 붉은 핏빛 역사가 섬 곳곳에 스며 있다.

임자진리교회

원수를 사랑으로 갚거라

임자진리교회는 문준경 전도사와 이판일의 만남에서 시작되었다. 문준경 전도사는 증도를 거점으로 신안군 일대 섬을 돌며 복음을 전하고 있었다. 이판일은 예수를 만나기 전까지 가부장적인 의식이 강한 사람이었다. 그 의식의 저변에는 일찍이 세상을 떠난 부친

임자진리교회

이 있었다. 어머니와 4형제를 돌봐야 하는 장남으로서의 책임감이 그를 단단히 동여매고 있었다. 그래서 그는 옆을 돌아볼 틈 없이 근면하였고 성실하게 일했다.

그가 깨뜨려졌다

어느 날 이판일은 마을 아이들과 여인 30여 명이 어우러져 노래하는 모습을 보았다. 어느 중년 부인이 고운 음성으로 노래를 부르면 모인 사람들이 기대에 찬 따뜻한 얼굴로 쳐다보고 있었고, 잠시 후 함께 따라 불렀다. 노래가 끝나자 그 여인은 예수를 전했다. 그 여인은 경성성서학원 신학생 문준경이었다. 학기가 끝나 방학이 되자 고향으로 돌아와 복음을 전하고 있었다. 이때 이판일의 아들 이인재와 딸 이옥심이 문준경 전도사의 복음을 듣고 있었다.

어느 날 이판일에게 문준경 전도사가 찾아왔다. 지난날 인상 깊은 장면도 있었고 해서 이판일은 문준경 전도사를 반갑게 맞아 주었다. 문준경은 쪽복음서 한 권을 주며 예수를 전했다. 진리에 대한 탐구심이 강했던 이판일은 문 전도사와의 대화를 통해 예수를 믿었다. 문 전도사는 이판일을 직접 지도하며 신앙의 지침을 알려주었다. 문준경 전도사는 훗날 '임자도교회 부흥기'라는 글을 썼는데, 이판일 장로와의 만남에 대해 '그가 깨뜨려 졌다' 하였다. 이때가 1930년경이었다.

예수를 믿기로 결단했다면 그에 따른 순종이 요구된다. 즉석에서 담배를 끊기로 했다. 담뱃대를 부러뜨리고 주머니에 든 담배를 아궁이에 던져 버렸다. 이판일이 예수를 영접하자 그 가족 모두가 한가지로 되었다. 어머니, 동생 이판성 등 온 가족이 예수를 믿었다. 이때가 임자진리교회의 시작이었다.

1934년 이성봉 목사의 집례로 여성 5명과 함께 진리교회 최초의 세례교인이 되었다. 이후 집사가 되고 1946년에는 장로가 되었다. 일제강점기 말 신사참배에 대항해 예배당을 닫았다. 우상을 숭배하느니 예배당 문을 닫는 것이 옳다고 판단한 것이다.

저들을 용서하소서

1950년 한국전쟁이 터지자 증도와 마찬가지로 인민군, 좌익분자들이 섬을 점령했다. 9월 24일 진리교회는 간판을 떼이고 폐쇄되었다. 이판일 장로는 예배당을 인민군에게 빼앗겼지만 밀실에서 예배드렸다. 이 때문에 인민군에 체포되어 목포 정치보위소로 옮겨져 곤욕을 치렀다. 마침 그를 알아본 정치보위소장으로 인해 취조 후 석방되었다. 곧바로 유엔군이 인천상륙작전에 성공하자 공산군은 서둘러 퇴각했다. 이판일 장로는 주변의 만류에도 임자도로 돌아갔다. "늙으신 어머님과 교우들을 버린 채 나만 살 수 없다"며 임자도로 향했다. 임자도로 돌아온 이판일 장로는 10월 4일 저녁, 48명 교우와 예배를 드렸다. 그런데 갑자기 총과 몽둥이로 무장한 인민군이 들이닥쳤다. 이판일 장로와 가족, 교인들은 어딘지 모를 곳으로 끌려갔다. 이판일 장로는 늙으신 어머님을 등에 업고 3km를 걸었다. 바닷물이 들고나는 뻘밭 옆 대기리 솔밭에 저들은 미리 구덩이를 파 놓았다. 이곳이 순교의 장소임을 직감한 이판일 장로는 "주여, 이 부족한 종과 우리 모두의 영혼을 받아주소서. 또한 저들을 용서하여 주소서"

라며 최후의 기도를 올렸다. 그때 공산당원 하나가 몽둥이로 이판일 장로의 머리를 가격했다. 이판일 장로는 그대로 구덩이로 굴러 떨어져 순교했다. 나머지 47명도 모두 죽임을 당했다. 이판일 장로 가족 13명이 이때 순교했다. 무고한 양민 300명도 함께 죽임을 당했다. 솔밭 구덩이에는 대창에 찔리고 총상에 목숨이 붙어 있던 부상자의 신음이 몇 날 며칠 이어졌다고 한다. 누구 하나 나서서 구할 수가 없었다. 산 자들은 고통스러움에 귀를 막아야 했다. 살아있는 것이 지옥이었다.

48인 순교 기념탑

원수를 사랑으로 갚거라

목포에 거주하던 이판일 장로의 아들 이인재는 10월 30일 해군과 함께 임자도로 돌아왔다. 가족을 모두 잃은 이인재는 부역자 색출 책임자가 되어 임자도로 돌아왔다. 이인재는 가족과 교인들 모두가 처참하게 죽었다는 사실에 피눈물을 흘렸다. 부패한 시신을 거두어 무덤을 만들었다. 이제 좌익이 아니라 우익의 세상이었다. 그는 국군과 함께 원수들을 찾아내 체포했다. 부역자들을 야산 공터에 세웠다.

국군은 이인제에게 원수를 갚을 기회를 주었다. 권총을 주고 방아쇠를 당기게 했다. 그때 순교한 아버지 음성이 들렸다.

아들아, 내가 그들을 용서했으니 너도 그들을 용서해라. 원수를 사랑으로 갚거라

이인재는 방아쇠를 당기지 못했다. 그리고 선포했다.

당신들이 죽인 아버지가 당신들을 용서했으니 나도 당신들을 용서합니다. 이것은 오로지 하나님의 사랑 때문입니다. 당신들도 예수를 믿으시오.

이인재는 국군 책임자에게 저들을 살려달라고 간청하였다. 가족을 모두 잃은 피해자가 간청하니 국군도 숙연해졌다. 가해자들은 석방되었다. 혹시 가해자들이 위험할까 하여 광목천에 태극기를 그린 완장을 만들어 나눠주면서 일종의 신원보증을 해주었다. 이인재는 1954년 32살의 나이로 서울신학대학에 입학해 신학을 공부하였다. 전도사로 임자 진리교회에 부임해 교회를 다시 세우는 일에 힘썼다. 가해자들을 교인으로 받아들이고 그들을 섬겼다. 가해자 아들의 주례를 서고, 중매 서서 결혼도 시키고, 용서받은 분은 훗날 장로가 되었다.

이인재는 1956년부터 전도사로 섬기다가, 1980년대 담임목사로 10년을 더 섬겼다. 교인들이 순교했던 대기리에는 이인재 목사가 개척한 대기리 교회가 세워졌다. 평화통일 염원 대기리교회 반쪽예배

당이 2023년 4월 1일 완성되었다.

임자진리교회 앞마당에는 1957년에 세워진 순교비, 1990년에 건립된 순교탑이 있다. 교회에는 두 형제 즉 이판일, 이판성을 기념하는 공간이 있다. 주일학교에서 사용하는 이판성관에는 49개의 나무 십자가가 벽에 장식되어 있다. 48개+1개다. 1개는 이곳에 순례 온 당신이 지고 가야 할 십자가다.

임자교회는 순교성지이면서 순교적 영성을 이어가는 다양한 활동을 하고 있다.

순교지인 대기리 백산 솔밭에는 2017년에 건립한 "용서하라"는 기념비가 세워졌다. 순교자들의 뜻을 받들어 세웠다.

신안 기독교 유적 탐방

▮ 문준경 전도사 기념관
전남 신안군 증도면 문준경길 234(증동리 1817번지) / TEL.061-271-3455

▮ 증동리성결교회
전남 신안군 증도면 문준경길 178 / TEL.061-271-7547

▮ 문준경 순교지&무덤
전남 신안군 증도면 증동리 1608

▮ 임자진리교회
전남 신안군 임자면 진리길 25 / TEL.061-275-5322

증도는 연륙교가 있어 섬이 아니다. 자동차로 쉽게 접근할 수 있다. 증도는 제법 큰 섬이어서 둘러볼 곳이 많다. 문준경 전도사 기념관(http://www.mjk1004.org)에는 생활관이 있어서 숙식이 가능하다. 전화로 문의하면 된다. 자세한 것은 홈페이지를 통해 알아볼 수 있다. 기념관 오른쪽으로 난 길을 따라 뒷산으로 올라가면 상정봉 정상에 이를 수 있고, 정상에서 50m 더 가면 문준경 전도사가 기도하던 기도바위가 나온다, 상정봉 등산로는 짧지만 제법 가파르다. 야자매트가 깔

상정봉 기도바위

린 지그재그 길을 따라가다 보면 문준경 전도사와 관련된 인물들을 소개하는 표지를 볼 수 있다. 하나씩 꼼꼼히 읽다 보면 숨을 고를 수 있는 여유가 생긴다. 정상까지 20분 정도 소요된다. 정상에 올라가면 증도 전체가 조망된다. 우전해수욕장, 한반도를 닮은 솔밭, 태평염전, 신안군의 수많은 섬을 한 눈에 볼 수 있다. 태양이 뜨거운 계절 증도에 가면 태평염전에서 생산되는 소금을 볼 수 있다. 전국 제일이라는 태평염전 소금밭은 대단한 볼거리가 된다. 소금박물관도 있으니 겸해서 탐방해 보자. 소금박물관 옆에는 염생식물원이 있다. 짱뚱어가 뛰고, 집게발을 치켜든 게들을 만날 수 있다. 9월이 되면 칠면초, 함초가 붉게 물들어 장관을 이룬다.

임자도는 이제 섬이 아니라 뭍이 되었다. 2021년 임자대교가 개통되었기 때문이다. 지도 점암나루터에서 배를 타면 최소 30분 소요되던 뱃길이 자동차로 불과 3분이면 도착한다. 자동차를 타고 이곳저곳 돌아보면서 순교자의 영성을 통해 내 영성을 살펴볼 수 있는 귀한 섬이다. 임자진리교회, 대기리 백산 솔밭 순교비, 대기리반쪽예배당, 임자도에서 희생당한 992인 위령비(임자중앙교회 옆)를 차례로 탐방하면 된다. 참고로 매년 4월 초 임자도 대광해수욕장에서는 튤립축제를 연다.

[추천코스1]

문준경 전도사 기념관 → 상정봉기도바위 → 신안해저유물발굴기념비 → 증동리성결교회 → (1박) → 순교지&무덤 → 짱뚱어다리 → 우전해수욕장 → 태평염전, 소금박물관, 염생식물원 (1박2일 소요)

[추천코스2]

임자진리교회 → 대기리 백산 솔밭 순교지 → 대광해수욕장 → 992인 위령비

제 8 부

대구 · 경북

평지 위로 솟은 언덕 대구

'대프리카'라는 말이 있다. 대구가 바다에서 멀고 분지형 지형이라 아프리카만큼 덥다는 뜻으로 한 말이다. "땅의 형세가 평탄하고 넓다. 겹친 산봉우리가 둘러 있고 큰 내가 꾸불꾸불 얽혀 있으니 사방이 모이는 곳이다."라고 옛사람은 기록했다. 대구는 경상도 내륙 가운데에 있어 예부터 교통의 중심지가 되었다. 그래서 경상감영이 설치되었다.

교통이 편리한 곳에는 시장이 형성된다. 대구는 특히 3대 약령시로 유명했다. 지금도 약령시가 있으며 박물관을 만들어서 대구약령시를 자랑하고 있다. 현대에 들어서 대구는 섬유산업으로 성장했다. 지금은 예전만큼 번영을 누리지 못하지만, '밀라노 프로젝트'를 통해서 재기를 꿈꾸고 있다.

삼한시대에는 달구벌(達句伐)이라 했다. 신라가 삼국을 통일하고 이곳을 대구라 불렀다. 대구에는 유명한 팔공산이 있다. 고려 태조 왕건이 신라를 도와주러 출전했다가 견훤의 군대에 대패했는데 그때 8명의 장수를 잃고 말았다. 그래서 팔공산(八公山)이라 했다.

약령시한의학박물관 대구는 예로부터 약령시가 번성했다. 전국 3대 약령시로 유명해서 많은 인구 이동이 있었다.

팔공산은 불교의 산이라 불러도 무방할 정도로 수많은 사찰로 채워져 있다. 동화사, 은해사는 팔공산을 대표하는 사찰이고, 초조대장경을 봉안했던 부인사, 기도하러 가는 갓바위, 벽돌탑이 있는 송림사, 오래된 목조건축물을 간직한 거조암이 있다. 대부분 사찰이 천 년도 더 된 것들이다.

대구는 미국 북장로교 선교구역이었다. 옛 중심에 청라언덕이 있고, 그곳에 대구선교부 흔적이 진하게 남아 있다. 대구선교부의 활약이 궁금하다면 청라언덕으로 가 보자.

대구선교부

대구지역은 예양협정에 따라 미국 북장로교 선교구역이 되었다. 베어드(William M. Baird, 1862~1931, 한국명 배위량) 선교사는 경상도 북부를 순회하며 선교지를 살폈다. 배편으로 낙동강을 거슬러 올라가 경북 북부까지 다녀오는 여행이었다. 그의 첫 전도여행은 1893년 4월 17일부터 5월 20일까지였는데, 선교부 설치 장소를 물색하기 위한 목적도 있었다. 베어드는 대구에서 3일을 머물렀고, 결과 선교부를 설치하기에 대구가 적당하다는 결론을 내렸다. 그리고 미국 선교부에 보고서를 보냈다. 그는 보고서에서 대구의 장점을 여섯 가지로 소개하였다.

첫째, 대구는 경상도 북부 지방의 중심지이다. 둘째, 인구가 많다. 셋째, 교통상으로 볼 때 서울과 부산이 연결되는 지점이고, 낙동강 수로로 내륙까지 이동 가능하다. 넷째, 경상감영이 있는 행정의 중심지다. 다섯째, 약령시가 열리는 상업의 중심지이다. 여섯째, 부동산을 구입하는데 관청의 반대가 없다.

대구선교부 전경 청라언덕 위에 여러 채의 건물은 선교사 사택, 병원, 학교였다. 당시에는 저 언덕에 올라가야 희망이 있었다. 교육을 받을 수 있었고, 병 고침을 받을 수도 있었다. 새로운 희망도 저기에서 얻을 수 있었다.

대구 선교부 개설은 1895년 11월에 허락되었다. 독립적인 선교부가 아니라 부산선교부의 감독을 받는 지회로서 허가되었다. 독립지부가 되려면 최소한 3명의 선교사가 상주하여야 하는 데 여건이 충족되지 않았기 때문이다.

베어드는 1896년 대구읍성 남문 안에 있는 땅 1,388m^2(420평), 초가집 5동, 기와집 1동을 매입하였다. 이렇게 대구선교부 기초를 다진 베어드는 서울로 옮겨갔고, 후임으로 아담스(James E. Adams, 1867~1929, 한국명 안의와) 선교사가 부임해 후속 작업을 했다. 1899년에는 브루엔(H. M. Bruem)과 사이드보담(R. H. Sideobhtham) 선교사가 합류해 선교 영역을 확대하였다.

브루엔은 아담스를 도와 대구 동산(東山)으로 선교기지를 옮기고 시설을 구축하는 데 큰 역할을 했다. 동산은 삼국시대 토성(土城)인 달성의 동쪽에 있어서 붙여진 지명이다. 실제로는 달성의 동남쪽에 있다. 브루엔은 대구제일교회 2대 담임목사로 있다가, 남산교회가 분립되자 그곳으로 옮겨 사역하였다. 남산교회에서 목회할 당시 3.1

만세운동을 지원한 것이 밝혀져 일제의 감시를 받아야 했다.

1897년에는 의료 선교사인 우드린 존슨(W. O. Johnson, 1869~1951, 한국명 장인차)이 부임하여 선교부 골격이 갖추어졌다. 그는 1899년에 제중원(현 동산의료원)을 설립하고 본격적인 의료선교를 시작하였다. 이로써 대구선교부는 공식적으로 개설되었다. 대구선교부는 일제가 선교사들을 강제 추방할 때(1941)까지 대구와 경북지역 선교를 위해 헌신하였다.

대구선교부는 교육선교에도 열정을 다했다. 1900년, 야소교 대남소학교(현 종로초등학교)를 설립했다. 1902년에는 브루엔의 부인 부마테(Mrs. Martha S. Bruen)가 신명여자소학교를 설립해 여성교육의 문을 열었다. 대남과 신명학교는 1926년 병합해 희도보통학교로 운영되었다. 1906년에는 계성학교(현 계성중 · 고등학교), 1907년에는 여학생을 위한 신명학교(현 신명중 · 고등학교)를 세워 중등교육에도 역할을 하였다.

선교부는 기독교 신앙을 바탕으로 신교육을 실시해 국가와 지역사회에 인재를 양성하고 공급하였다. 이들은 학교와 교회, 지역사회에 새로운 분위기를 심는 선구자가 되었다. 수천 년 습성을 바꾸는 중요한 역할도 맡았다. 기독교계 학교의 교사와 학생은 민족운동에서도 핵심 역할을 하였다. 대구 3.1만세운동에서 가장 적극적이고 열정적으로 만세를 불렀다. 계성학교 교사 백남채는 신정교회 장로였다. 그는 대구만세운동에 계성중학교 학생을 동원하는 데 앞장섰다는 이유로 2년 동안 옥고를 치렀다. 같은 학교 김영서, 최상원, 권의윤, 최경학 교사도 적극적으로 나섰다. 남학교와 여학교 가릴 것 없

대구YMCA 선교부는 교회, 학교를 통해서 지역 사회를 이끌 인재를 양성하고, 그들은 YMCA를 매개로 조직적으로 움직였다. 대구 근대화의 주역들이 이곳에서 활동했다.

이 만세운동에 동참하여 교회의 역할을 사회에 각인시켰다. 3.1만세운동 후 젊은이들이 교회에 몰려든 것을 따져보면 교회가 가야 할 길이 무엇인지 짐작하게 된다.

대구선교부에 부임했던 선교사들의 활약은 실로 눈부셨다. 아담스는 계성학교를 설립하고, 1897년 대구제일교회를 시작으로 31개 교회를 세웠다. 브루엔은 1901년 김천 송천교회를 시작으로 56개 교회를 세웠다. 맥파랜드(E.F.Mcfarland)는 23개 교회를 설립했다. 어드먼(Walter C. Erdman)은 17개 교회를 설립하였을 뿐만 아니라 1914년에는 대구남자성경학교 교장도 역임했다. 평양신학교에서 구약문학과 성경해석학도 가르쳤다. 블레어(H. E. Blair, 한국명 방혜법)는 6개 교회를 개척했다. 윈(George H. Winn, 한국명 위철치)은 17개 교회를 개척했다. 그는 대구 계성학교 교장으로 재임했고, 1937년에는 서울선교부로 옮겨 활동했다. 그린필드(M. Willis Greenfield)는 9개 교회를 세웠다. 그 외에도 40명의 선교사가 대구선교부에서 활동하며 복음 확장에 기여했다.

계명대학교 동산의료원

조랑말 타고 온 성탄절 선물

대구 동산병원의 전신인 제중원은 우드린 존슨(W. O. Johnson, 1869~1951, 한국명 장인차) 선교사에 의해 1899년에 설립되었다. 존슨은 1897년 12월 25일 성탄절에 조랑말을 타고 성탄절 선물처럼 대구로 왔다. 2년 동안 한국말을 익히며 선교 준비를 마친 후 대구 첫 교회인 남문안예배당(현 제일교회) 옆에 작은 초가집을 고쳐 '미국약방'이라는 간판을 걸고 약을 나눠 주었다. 이것이 대구 최초(1899)의 근대 의료였다. 그 후 미국 선교부에 요청한 의료기기와 약품이 들어오자 제중원(濟衆院)[16]을 설립하고 1902년까지 매년 2,000명의 환자를 진료하고 치료했다.

16 제중원은 갑신정변으로 죽을 위기에 처한 민영익을 고쳐준 알렌에 의해 시작되었다. 고종은 민영익을 살린 알렌에게 홍영식의 집을 병원으로 사용하도록 했다. 처음에는 광혜원이라 하였다가 곧 제중원으로 고쳤다. 시작은 국립병원이었으나 한국정부의 무능으로 병원이 어려움에 처하자 운영권을 미국북장로회에 넘겼다. 이때부터 미국북장로회 선교사들이 설립한 병원을 제중원이라 부르게 된 것이다.

대구동산병원

그는 1899~1910년까지 제중원 초대 병원장을 맡아 활약했는데, 대구 최초로 제왕절개 수술을 하여 산모와 아기의 생명을 살려 지역을 놀라게 했다. 외과 수술로 늑막염을 낫게 하고, 백내장으로 앞을 못 보던 할머니가 수술 후 혼자 걸어서 예배당으로 들어가게 했다. 대구 사람들은 근대의학의 힘을 비로소 깨닫게 되었다. 그래서 지금까지 의존했던 주술에서 멀어지기 시작했다. 이것은 곧 대구 주민들이 예배당으로 향하는 계기가 되었다. 존슨의 헌신적인 치료로 승려가 기독교인이 되었고, 절도범이 개심하여 기독교인이 되었다.

존슨 박사가 제중원을 개원한 지 몇 년이 지난 1908년 어느 날, 손가락과 발가락이 다 떨어져 나간 한 젊은 스님이 존슨을 찾아왔다. 그는 존슨에게 "내 병을 고쳐주든지 아니면 죽여달라"고 호소했다.

– (중략) – 존슨 박사는 이 일이 있었던 다음 해 제중원 근처 초가집 한 채를 마련하고 10명의 나환자를 수용하여 진료를 시작했다. 이것이 대구의 나환자 요양사업의 시작이며 대구애락보건병원의 모태가 되었다.[17]

소문이 나자 많은 한센인이 찾아와 치료받았다. 끝없이 몰려오는 한센인을 위해 1913년 한센인 요양소를 만들어야 했다. 플레쳐(A. G. Fletcher, 1882~1970, 한국명 별리추) 의료선교사는 영국 나환자선교회에 한국의 실태를 알리고 원조를 요청했다. 그러자 한 기부자가 5천 달러를 보내왔다. 이것이 대구 애락원의 전신이었다.

별리추(플레쳐) 원장은 병원을 건축하면서 모든 시설의 중앙에 교회를 배치했고 그 주위에 환자 숙소를 배치했다. 이러한 건물의 배치는 나환자들을 돌보고 치료하는 사역의 초점이 하나님을 섬기고 그리스도의 복음을 전하는 데 있음을 말해주고 있다.[18]

1916년에는 현재 위치인 내당동 일대로 이전해 한센인을 돌보

별이추 기념비 대구 애락원 입구에 세워진 별이추 원장 기념비

17 동산의료원 100년사, 1999, 65쪽
18 위의 책

았는데 부산 상애원(1910), 여수 애양원(1928)과 함께 한국에 설치된 한센인 치료와 자립을 위한 귀한 공간이 되었다. 한센인들은 이곳에서 평안을 얻었다. 그들은 질병 때문에 하나님을 찬양할 수 있게 되었다고 한다. 질병이 아니었더라면 구주를 알 수 없었을 것이라 말했다.

1933년 농업전문선교사 챔니스(O. V. Chamness)가 애락원에 왔다. 그는 환자들에게 농업과 축산을 가르쳤다. 이들에게 노동한 만큼 임금을 계산해 주었다. 저축하는 것도 가르쳐 주어서 치료받고 나서 홀로서기를 할 수 있도록 도왔다.

남문 안에서 청라언덕으로

처음 제중원이 있던 곳은 대구읍성 안쪽에 붙어 있었다. 성벽으로 막혀 있어서 바람이 통하지 않았다. 게다가 건물은 낮고 좁아서 여름에는 견디기 어려울 정도로 더웠다. 의사들의 건강이 위협받을 정도였다. 심지어 여름마다 수해를 입었다. 병원 앞을 흐르는 냇물은 썩어서 냄새가 코를 찔렀다. 아침저녁으로 민간에서 피워 올리는 연기는 거리에 가득했다. 밤마다 짓는 개소리, 부인네들의 다듬이 소리, 심지어 무당 굿하는 소리까지 끊이지 않고 들려서 밤잠을 이루기 힘들었다.

그래서 존슨은 제중원을 옮기기로 했다. 여러 곳을 물색한 끝에 1903년 동산 언덕으로 이전했다. 동산 언덕에는 선교사 사택과 병원이 일군을 이루었고, 벽돌로 지어진 병원과 사택 벽에는 담쟁이가 타고 올라가 매우 아름다웠다. 그래서 푸른 담쟁이넝쿨이 우거진 언덕이라 하여 '청라언덕'이라 불렀다.

한국인 의사 양성

존슨 선교사는 한국의 열악한 의료 수준을 개선할 필요를 깨닫고 개선할 방안을 찾았다. 의원으로 불리는 한의사들은 인간 신체에 대한 기초 지식이 부족했다. 천연두가 중국에서 온 귀신이라 생각할 정도였으니 말이다. 한국인들의 기초 위생 또한 형편없어서 질병에 쉽게 노출되었다. 따라서 위생 교육만 제대로 해도 나을 수 있는 병이 많았다.

존슨은 한국인 의사를 양성해 기초 보건이라도 손쓸 수 있도록 개선하고자 했다. 1908년과 1909년 사이 제중원에서 근무하던 청년 7명을 선발해 근대의학을 가르치기 시작하였다. 교육과목은 해부학, 생리학, 약품조제, 내과학, 외과학 등 근대의학에서 필요한 것이었다. 학생들 수준이 어느 정도 갖추어지자 가벼운 진료와 치료를 맡도록 해 실력을 키워 주었다. 그러나 존슨 선교사가 발진티푸스에 걸려 치료와 요양을 거듭하다가 건강이 악화되어 급히 귀국하는 바람에 교육은 중단되었다. 다행스럽게 후임으로 부임한 플레처 선교사가 교육을 이어 나가면서 한국인 의사를 배출할 수 있었다.

1911년 2대 병원장으로 부임한 아치볼드 플레처(Archibald Fletcher, 1882~1970, 한국병 별위추)는 제중원을 동산의료원으로 개칭했다. 동산의료원은 암울했던 일제강점기에 그나마 위로가 되고 의지가 되었던 곳이다. 대구뿐만 아니라 주변 지역 주민들의 질병을 헌신적으로 치료하였다. 치료뿐만 아니라 더 나은 삶을 제시하기 위해 복음을 전하는 일도 쉬지 않았다. 1906년 연간 5,000명이던 환자가 1913년에는 1만 명이 넘었고, 1917년에는 17,000명에 이르렀다. 1921년에는 동산병원 내 전도회를 조직하고 병원이 없는 지역을 순회하며 의료봉사와 복음 전파를 병행하였다. 그 결과 그가 다녔던 곳마다 교회가 설립되었다.

일제의 집요한 방해에도 멈추지 않고 의학을 교육하여 스스로 설 수 있는 기초를 다져주었다. 그러나 일제는 각 지역 선교부가 진행하던 의료 교육을 인정하지 않았다. 단 서울 세브란스에서 교육한 것만 인정했다. 수준 높은 교육을 받고 싶어 하는 학생들은 서울로 올려보내 마치도록 했다.

1930년대에 늘어나는 환자를 치료하기 위해 병원을 새로 지었다. 이때 지은 병원 건물이 등록문화재 제15호로 지정된 '대구 동산병원 구관'이다. 일제강점기에는 일본군 경찰병원으로, 한국전쟁 때에는 국립경찰병원 대구분원으로 사용된 적도 있었다. 전쟁이 끝난 뒤 전쟁고아를 무료로 치료해 주었고, 이것이 한국 최초의 아동병원을 시작하는 계기가 되었다. 동산병원은 1981년 계명대학교 의과대학 부속병원이 되었다.

청라언덕

담쟁이넝쿨 푸른 벽돌집

대구선교부가 있던 동산은 대구 근대화와 신문화의 탯자리다. 동산은 원래 야트막한 산이었다. 이곳은 가난한 사람들이 장례도 제대로 치르지 못하고 묻히던 곳이었다. 선교부에서는 이곳을 달성 서씨 문중으로부터 사들이고 선교사주택, 병원, 학교를 건립하였다. 서러운 죽음만이 가득했던 이곳에 선교사들이 터 잡음으로써 생명의 땅으로 거듭났다. 이제 이곳은 죽은 후에 오는 곳이 아니라, 새 생명을 구하기 위해 찾는 곳이 되었다.

선교사들은 대구읍성 남문 안에 있던 제중원을 동산으로 옮기고 필요한 시설을 갖추어 나갔다. 의료선교의 핵심인 제중원(동산병원)은 붉은벽돌로 된 건물을 세웠다. 학교가 세워졌고 선교사 주택 10여 채도 차례로 들어섰다. 동산 위에 있었기에 멀리서도 보였다. 병원과 주택 외벽에는 담쟁이넝쿨이 타고 올라갔다. 담쟁이넝쿨이 감싼 벽돌집은 매우 이국적이었다. 대구 사람들은 담쟁이넝쿨이 가득한 이곳을 '청라(靑蘿)언덕'이라 불렀다.

선교사 주택은 언덕 위에 적당한 거리를 두고 흩어져 있었다. 집 주변에는 사과밭이 펼쳐져 있었다. 언덕 위에 집을 짓는 풍경은 각 지역 선교부의 공통된 방식이었다. 이 이국적인 청라언덕은 구원의 동산이자 신문화를 수혈하는 기지 역할을 하였다.

어떤 이들은 경계의 눈으로 쳐다보았고, 어떤 이들은 동경과 부러움으로 바라보았던 청라언덕이 다행스럽게 개발 광풍에서 살짝 빗겨나 있었다. 그래서 완벽하지 않지만 개화기 대구선교부의 모습을 일부나마 간직할 수 있었다. 선교사 주택은 3채만 남았지만, 청라언덕이 지녔던 당시 풍경을 조금이나마 상상할 수 있게 해준다. 선교사들이 심었던 사과나무 3세 목(木)은 대구선교부에서 있었던 옛이야기를 들려준다. 대구제일교회 앞에 세운 '이레의 동산비'에는 다음과 같이 새겨져 있다.

이레의 동산비

이곳은 대구 기독교의 발상지로 19세기 말 미국 북장로교 선교사들이 대구를 선교지로 선택하여 선교의 중심지가 되었다. 아담스, 존슨, 브루언 세 분의 선교사가 남문 안에 있던 선교본부를 이곳으로 옮기며 "우리가 선 땅은 천지를 창조하신 여호와 이레의 땅"이라고 외쳤다. 브루언은 당시 대구의 읍성을 바라보며 "다윗의 망대가 서 있는 예루살렘" 같다고 하였다. 그들의 말처럼 이곳을 중심으로 하여 교회, 학교, 병원이 설립되었고 대구가 제2의 예루살렘이라고 일컫는 부흥의 역사를 이루게 되었다.

우리나라 최초의 가곡 '동무생각' 때문에 청라언덕은 전국민이 아는 곳이 되었다. 그러나 청라언덕이 실제로 있다는 것은 대구 사람만 안다. 청라언덕에는 대구 출신 작곡가 박태준이 곡을 짓고, 이은상이 가사를 지은 '동무생각'을 새긴 노래비가 있다. 봄의 교향악이/

동무생각 노래비 청라언덕을 전국민에게 각인 시킨 '동무생각' 은 이 언덕에서 탄생했다.

울려 퍼지는/ 청라언덕 위에/ 백합 필 적에/ 나는 흰나리꽃/ 향내 맡으며/ 너를 위해/ 노래 노래 부른다/ 청라언덕과 같은/ 내 맘에/ 백합 같은 내 동무야/ 네가 내게서/ 피어날 적에/ 모든 슬픔이/ 사라진다.
1910년대 박태준은 대구 계성학교 학창 시절, 청라언덕 인근에 있는 신명여학교 학생을 좋아했다. 그 학생에 대한 그리움을 담아 작곡한 것이 '동무생각'이다.

1919년 3.1만세운동 때 청라언덕은 나라를 되찾으려는 기운으로 가득했다. 학생들은 일본 경찰의 감시를 피해 청라언덕 샛길을 통해 서문시장으로 달려갔다. '만세를 불러 독립을 쟁취할 수 있다면 무엇이 두려우랴!' 독립에 대한 열망으로 두려움을 이기고 힘차게 달렸던 언덕이다. 그래서 그때 그 길을 3.1운동길이라 하였다.

블레어 주택(교육역사박물관)

이 집은 1901년에 내한한 선교사 블레어가 살던 집으로 1910년경에 지은 것으로 전한다. 당시로서는 최첨단 공법인 콘크리트를 부어서 기초를 다졌다. 경사지를 이용해서 지하실을 만든 다음 벽돌을 쌓아 2층 집을 지었다. 평면은 남북방향으로 긴 장방형이다. 지붕은 급경사 뾰족지붕이며, 벽난로 굴뚝이 지붕을 뚫고 솟아있다. 바닥은 장마루를 깔았다. 1층에는 응접실과 침실, 주방, 식당이 있고, 계단으로 연결된 2층에는 침실과 욕실이 갖추어져 있다. 창문은 서구식으로 위아래로 열 수 있게 되어 있다. 현관은 2층 구조로 되어 있는데, 1층은 출입 통로로, 2층은 유리창을 달아 내부를 선룸(Sun Room)으로 사용하였다.

블레어 주택(교육역사박물관)

이 집의 전체적인 모습은 미국에서 유행한 방갈로풍에 가까운 서양식 주택이다. 내부 일부를 바꾼 것을 제외하고는 형태와 구조는 비교적 잘 간직하고 있다. 대구광역시 유형문화재로 지정되었으며 현재는 계명기독대학교의 '교육역사박물관'으로 사용하고 있다. 다양한 민속자료, 근대화 이후 교육과정, 시대별 교과서, 옛날 학교의 모습 등을 전시했다. 대구 3.1운동, 일제의 만행 등을 사진으로 전시하고 있다.

청라언덕 사과나무

한때는 유명했던 '대구사과'가 청라언덕에서 시작되었다. 당시 선교사들은 중국에서 사역했던 선교사들이 미국 과일나무를 보급해

청라언덕 사과나무

서 큰 효과를 보았다는 것을 들어 알고 있었다. 동산(東山)에 병원과 사택을 옮겨올 당시 존슨 선교사는 미국 미주리주에 있는 육묘장에 과일나무를 주문했다. 선교사 주택 주변 언덕과 밭에 미국에서 보내온 사과나무 묘목 70그루를 심었다. 그렇게 동산에 심었던 사과나무가 대구 토종 능금과 접목해 대구사과로 재탄생되었다. 1960년대에는 대구 사과 재배 면적이 전국의 73%, 생산량은 83%에 달했다. 존슨 선교사가 심었던 나무는 없어졌지만 3세 목(木)이 청라언덕을 지키고 있다.

동산병원 구관 현관과 고압산소치료기

이 현관(porch)은 1933년에 건축한 동산병원 본관에 붙어 있던 것

동산병원 구관 현관 지하철이 생기면서 병원 구관 현관부가 헐리게 되자, 이것만 떼어서 언덕으로 옮겼다. 내부에는 고압산소치료기가 전시되어 있다.

이다. 2010년 대구지하철 공사로 철거될 위기에 현관만 따로 떼어 옮겨 놓았다.

고압산소치료기는 가압장치 안에서 환자에게 산소를 흡입시키는 의료장비로, 일산화탄소의 급성 중독 치료 등에 많이 사용되었다. 이 고압산소치료기는 1970년대 미국 북장로교 밴 클리브 선교사가 가져온 설계도를 바탕으로 대구 한성메디칼(구 한성공업사)에서 국내 최초로 제작한 장비다.

1972년에 제작된 후 40년 동안 동산의료원 응급실에서 많은 환자를 살려냈다. 이 장비를 시작으로 전국에 고압산소치료기가 확산되었으며, 1970~1980년대 연탄가스에 중독된 수많은 환자를 살려내는 역할을 하였다.

챔니스 주택(의료박물관)

이 집은 선교사 레이너(R.O. Reiner), 챔니스(O.V. Chamness), 소우텔(Sawtel)이 살던 곳으로 1910년에 건축되었다. 1984~1993년까지는 동산병원 의료원장인 모펫(H.F Moffett)이 거주하였다.

1907년 대구읍성이 철거될 때 성돌을 가져와 기초를 쌓았다. 그 위에 붉은 벽돌을 미국식으로 쌓았다. 현관을 들어서면 2층으로 올라가는 계단홀이 보이고, 1층에는 거실, 서재, 부엌, 식당을 두었다. 1층 동남쪽으로 목조베란다를 넓게 설치해 부족한 거실을 보완했다. 2층은 계단실을 중심으로 좌우에 침실을 배치하고 욕실, 벽장 등을 두었다. 급경사 지붕에는 벽난로와 연결된 굴뚝 2개가 있다.

대구광역시 유형문화재로 지정되었으며 현재는 '의료박물관'으로

챔니스 주택(의료박물관)

사용되고 있다. 1800년대부터 1900년대에 이르는 많은 동시양의 의료기기 등이 전시되어 있어 의학 발전 과정을 확인할 수 있다.

개원 100주년 기념 종탑

전국 담장 허물기의 첫 행사로 철거한 동산병원의 유서 깊은 정문 및 중문 기둥과 담장을 옮겨다 세웠다. 그 위에 병원의 초창기에 개척한 수많은 종 중 하나를 올려 놓았다. 종은 예수 그리스도의 복음 전파를, 두 기둥은 환자를 돌보는 교직원들의 사랑의 손길을, 보도에 놓은 다듬이돌은 병원이 하나님 나라의 확장에 디딤돌임을 상징한다. – 1999.10.1. 계명대학교 동산의료원장

개원 100주년 기념종탑

스윗즈 주택(선교박물관)

1906년부터 1910년경에 지어진 주택으로 스윗즈 여사를 비롯해 계성학교 4대 교장인 핸더슨, 계명대학교 초대학장인 캠벨 등이 거주하였다. 스윗즈(Mertha Switzer, 1880~1920, 한국명 성마르다)는 1911년에 내한했다. 그녀는 평생 독신으로 살면서 대구 여성들의 교육과 전도에 힘썼다.

1736년에 축조된 대구읍성이 헐릴 때 성돌을 가져와 기초를 쌓았다. 헐린 대구 읍성의 성돌은 늪지를 메우는 데 많이 사용되었다고 한다. 또한 선교사들이 이를 가져와 선교사 주택, 계성학교, 신명학교를 짓는 데 기초로 사용하였다. 수레 50량 분량이었다고 전한다. 스윗즈 주택의 지붕과 서까래는 한옥을 본떴다.

스윗즈 주택(선교박물관)

1981년 동산의료재단에서 인수하여 '선교박물관'으로 사용하고 있다. 1층에는 각종 성경과 선교유물, 기독교의 전래 과정 등을 사진 자료로 소개하고 있다. 2층에는 성막 모형 및 이스라엘 현지에서 구입한 구약과 신약 관련 소품들을 관람할 수 있다.

은혜의 정원(선교사 묘지)

이곳은 대구와 경북 지역에 복음을 전하러 왔다가 순직한 선교사들과 그 가족이 잠들어 있는 묘지다. 대구 여러 곳에 흩어져 있던 것을 1997년에 한곳에 모아 관리하고 있다. 이곳에는 모두 12개의 묘석이 세워져 있다.

스윗즈 선교사는 1911년 내한한 후 평생 독신으로 살면서 대구 여성들의 교육과 전도를 위해 헌신했다. 그녀는 49세에 과로로 세상을 떠났고 이곳에 안장되었다. 그녀는 부유한 집에서 태어났다. 1911년

은혜의 정원(선교사 묘지)

대구로 온 뒤 월급을 받지 않고 오직 여자와 아이들을 위해 헌신했다. 그녀가 남긴 유산은 일본과 만주 지역 한인촌을 선교하는 데 지원되었다.

하워드 마펫((Howard Fergus Moffett, 1917~2013, 한국명 마포화열)과 그의 부인이 잠들어 있다. 하워드 마펫은 미국 북장로교 초대 선교사 사무엘 마펫(한국명 마포삼열)의 아들로 평양에서 태어났다. 한국전쟁이 발발하자 미군에 자원입대해 군의관이 되어 내한했다. 45년간 대구동산병원장을 지냈고, 한센인을 치료하는 애락병원도 확장하여 한센인 치료와 자립에 헌신하였다. 2013년 97세로 미국 산타 바바라에서 소천한 마펫(마포화열) 원장은 그의 유언에 따라 대구 은혜의 동산에 안장되었다.

대구선교부의 기초를 세우고 발전시킨 아담스 선교사의 아내 **넬리 딕 아담스**가 잠들어 있다. 그녀는 1897년에 내한해 대구선교부에서 활동했다. 대구제일교회 유년주일학교를 창립했고, 부인주일학교 교장을 역임했다. 부인사경회, 신명여학교에서 성경을 가르쳤다. 넬리 딕은 넷째 아이를 출산하고 산후 후유증으로 고생하다가 1909년 43세로 소천하였다. 대구에서 제일 먼저 순직한 선교사였다. 묘비에는 "She is not dead but sleepth 그녀는 죽은 것이 아니라 잠들어 있을 뿐이다"고 새겼다. 그녀의 쌍둥이 자매 진(Jaene)도 아프리카 선교사로 나갔다가 순교하였다.

체이스 코로포드 사우텔은 28세의 젊은 나이로 세상을 떠났는데, 안타깝게도 그는 신혼이었다. 그는 1907년 대구 선교부로 와서 안동선교지부 개설을 지원하러 갔다가 장티푸스에 감염되어 1909년 11

월 소천했다. 그의 묘비에는 “I am going to love them 나는 그들을 사랑하겠노라”고 새겼다.

마르타 스콧 부르엔의 두 딸 **안나**와 **해리엇**이 나란히 잠들어 있고, 동산병원 일반외과 의사로 사역했던 **존 해밀턴 도슨**의 무덤도 있다. 해밀턴은 죽음 직전 가족들에게 “한국에서의 의료 선교는 자신의 인생에서 가장 행복한 기간이었고, 한국을 사랑했다.”라며 사랑하는 대구에 안장되기를 유언했다.

존 로손 시블리(John Rawson Sibley, 1926~2012, 한국명 손요한)는 동산병원 외과와 애락원에서 사역했다. 1960년 한국에 도착하여 사역을 시작하였을 때 한국 정부는 한센병 환자들에게 생활보조금 지급을 중단하겠다고 발표했다. 동산병원이 운영하던 애락원도 문을 닫아야 할 처지가 되었다. 시블리는 한국 정부와 협상하여 한센인들에 대한 식량과 연료 보조가 끊기지 않도록 했다. 동시에 미국에 협조를 구해 한센인을 수술할 수 있는 외과병원을 설립하였다.

부르엔 선교사의 아내 **마르타 스콧 부르엔**은 1902년 대구 신명학교를 설립하고 여성 교육에 헌신하였다. 그녀는 대구 여성교육의 선구자가 되었다. 대구제일교회 부인주일학교 교사와 농촌교회 여전도회 조직, 부인 사경회를 이끌었다. 1930년 50세로 세상을 떠났다. 그녀의 쌍둥이 두 딸이 어머니 옆에 묻히고 싶다는 유언으로 2007년에 함께 안장되었다.

마겐 콜러는 1911년에 내한한 구세군 여사관 중위였다. 그녀는 경북 의성 인근에서 사역하다가 장티푸스에 감염되어 1913년 세상을 떠났다.

23년간 대구 계성학교 교장을 역임했던 핸더슨의 아들로 2살에 세상을 떠난 **핸더슨 버디**가 잠들어 있다. **루스 번스턴**은 구세군 대구지방관 번스턴의 딸로 1918년에 출생하여 1919년에 사망하였다. 선교사 부부의 딸로 태어난 지 열흘 만에 사망한 **헬렌 맥기 윈**, 챔니스 선교사의 딸 **바바라 챔니스**도 안장되었다. 핸더슨 선교사의 아기 **조엘 로버트 핸더슨**, 핸더슨은 1958년에 내한하여 13년간 사역하였다.

대구제일교회

대구 민족운동의 중심

대구제일교회는 대구와 경북지역의 모교회(母敎會)다. 1893년 베어드 선교사의 선교여행으로 시작된 대구지역 기독교 역사는 1896년에 예배당 부지를 마련함으로써 본격화되었다. 베어드는 대구읍성 남문 내에 있던 주택 8채를 고쳐서 대구 · 경북지역 최초의 개신교 교회인 대구제일교회를 세웠다. 이때 교회는 '성내교회' 또는 '남문내교회', '남문안예배당'이라 불렸다.

선교사들의 헌신적인 활동으로 교인이 폭발적으로 늘어나 더 큰 예배당을 건축해야 했다. 아담스 목사는 교인들의 정성 담긴 헌금으로 예배당 건축을 추진했다. 그러던 중 태풍으로 붕괴되어 공사를 다시 진행해야 하는 어려움을 겪었다. 아담스 목사와 교인들이 다시 애쓴 결과 140평의 넓은 새 예배당을 준공할 수 있었다.

대구제일교회 안에 YMCA도 있어서 대구 근대화와 신교육, 민족의식을 고취하고 지역사회를 계몽하는 중심이 되었다. 일제강점기에도 대구제일교회는 성장을 멈추지 않아서 1933년에는 새로운 예

계성성당에서 본 대구제일교회

배당이 필요해졌다. 최재화 목사가 주도하여 1,480m²(448평), 2층 벽돌 예배당을 신축하게 되었다. 교회 이름을 '제일교회'로 고쳤다. 1936년에는 5층, 33m 높이의 종탑을 세워 지금 문화재로 지정된 예배당과 같은 모습을 갖추었다. 이 예배당은 신축 후 60년 동안 사용되면서 대구제일교회의 역사가 되었다. 1933년 10월에 전조선 주일학교 대회가 열렸는데 3,600명이 참석하는 대성황을 이루었다. 대구제일교회는 경북 지역 모교회 역할도 했다. 이 교회에서 개척하거나 분립해 나간 교회가 무려 20곳에 달했으니 말이다.

대구제일교회 벽돌예배당은 고딕양식으로 지어졌다. 부벽 벽체와 첨두형 아치 창문, 고딕첨탑 등의 특징을 가지고 있어서 이국적인 건축 양식을 보여준다. 1933년에 건축되어 역사적으로 건축적으로 매우 중요하여 1992년에 대구시유형문화재가 되었다. 현재는 대구제일교회 부설 '대구기독교역사관'으로 사용되고 있다. '남성로선교관'이라고도 한다. 현 대구제일교회는 청라언덕 위에 있다. 1996년에 전 영남신학교 부지를 매입하고, 새 예배당을 지어 이전(2002)하였다.

설움을 토해 놓는 곳

초창기 교회가 성세를 이룰 수 있었던 것은 '교육선교'와 '의료선교'의 영향이 컸다. 예배당에 첫발을 디딘 이들은 어떤 계기가 있었는데 '교육과 의료' 혜택에서 시작된 경우가 많았다. 대구제일교회는 희도학교, 신명학교, 계성학교를 세워 한국의 미래에 투자했다. 제중원도 설립하여 병든 이들을 치료하고 돌봐주었다. 병 고침을 받은 이들은 예배당 문을 스스로 열었다.

'교육과 의료'가 기독교인이 되는 계기에 큰 역할을 했다면, 그 후에는 '예배' 그 자체가 주는 위로 때문이다. 특히 여인들이 그랬다. 시집살이 괴로움을 어디 하소연할 데 없었다. 목 놓아 울 수도 없었다. 이름도 없었고, 글도 몰랐다. 사회적으로 약자였다. 교회는 그것을 해소해 주었다. 하나님께 하소연했고, 목사와 교우들에게 고민을 털어놓았다. 찬송을 부르며 마음에 쌓인 응어리를 풀어내었다. 교회는 이름을 지어주었다. 한글을 가르쳐 성경을 읽게 해주었다. 세상에 존재하는 부속물이 아니라, 당당한 인격체로 대접해 주었다. 그래서 교회로 모여들었다.

신분제로 설움 당하던 이들 또한 교회로 몰려들었다. 교회 안에서는 누구나 평등했다. 형제요 자매였다. 교회에서조차 신분제의 한계를 넘지 못하는 신자가 있다면, 선교사들은 매섭게 질책했다. 시원하고 통쾌했다.

지식인들은 국가를 세울 수 있는 방책을 찾아 교회로 왔다. 서구 국가들이 부강해진 이유를 알고 싶었다. 신문화를 접할 수 있는 곳은 교회가 유일했다. 그래서 교회로 왔다.

대구제일교회 구예배당 1933년에 건축되어 문화재로 지정 다. 지금은 대구기독교역사관으로 사용되고 있다.

교회는 사랑이 넘치는 곳이면서도 옳지 않은 것에 대해서는 매섭게 질책했다. 예수의 제자로서 올바른 모습을 보이지 않을 시에는 '당신은 교인이 아닙니다'라고 따끔하게 알려주었다. 술, 담배, 노름, 축첩 등 하지 말아야 할 것들을 단호하게 말해 주었다. 그래서 교회로 모여들었다.

3.1만세운동

1919년 2월 민족대표 33인 중 한 분인 이갑성이 대구로 내려왔다. 대구제일교회 목사였던 이만집 목사에게 거사를 알리고, 협조를 구하기 위해서였다. 이갑성은 대구제일교회에서 세례를 받고, 서울 세

청라언덕 3.1만세운동길

브란스 병원 약제실 책임자로 있었다. 이만집 목사는 '대구에 일본군 제80연대가 주둔해 있어 희생이 클 것이며, 만세운동으로는 독립이 될 수 없다' 며 반신반의했다.

1919년 3월 1일 독립선언이 발표되고 만세운동이 시작된 가운데, 3월 3일 의전학생 이용상으로부터 독립선언서 200장이 이만집 목사에게 전해졌다. 이 독립선언서는 계성학교 아담스관에서 등사되어 대구와 경북지방으로 퍼져나갔다.

1919년 3월 8일, 비가 내렸다. 대구 서문시장으로 사람들이 모여들었다. 대구제일교회, 남산교회, 서문교회 교인들과 계성학교, 신명학교, 성서학원 학생과 교사들이었다. 오후 2시경 대구고등보통학교 학생 200명이 서문시장으로 뛰어오는 것을 시작으로 김태련 조사가 독립선언서를 낭독하려는 찰나 일경에 빼앗겼다. 소달구지에 올라가 이를 지켜보던 이만집 목사는 자신이 들고 있던 독립선언서에서 '공약삼장'을 낭독하고 "대한독립만세"를 외쳤다. 군중들은 태극기를 들고 비에 젖은 시장길을 달려 만세를 외쳤다. 1천여 명의 군중들이 함께했다. 일본 경찰, 80연대 군인들이 막아서는 데도 멈추지 않았다. 일본군은 손에 태극기를 든 시민들을 진압하겠다고 기관총, 착검한 소총으로 조준했다. 그리고 시위대에 달려들어 무자비하게 구타하고 체포하였다. 이날 157명이 검거되었고, 형식적인 재판 후 71명이 실형을 받았다. 이날 만세를 불렀던 교회 지도자들과 각급 학교 교사, 학생, 농민, 상인, 수공업자, 병원 근로자들이었다. 탄압한다고 꺾일 독립 의지가 아니었다.

3월 9일 오후 3시 계성학교 학생, 군중 150명이 달성공원에 모여 만세를 부르려 했으나 경찰에 제지당하였다. 3월 10일에는 계성학교 교감 김영서와 학생 6명, 대구고보 학생 2명, 시민 5명이 만세 시위를 전개했다. 이 시위로 65명이 체포되었다. 이 때문에 대구고보, 계성학교, 신명여학교에 휴교령이 내려졌다.

하루는 상급생 언니들이 말하기를 우리가 공부하는 것도 중요하지만 더욱 더 중요한 것은 일제의 압제 밑에 있는 우리나라가 독립하는 것이 급선무인데 이 운동에 나가서 동참해야 한다고 말해 주었다. 그 말을 듣는 우리들의 마음에 뜨거운 열성이 불붙기 시작하였다. 그 후부터는 기숙사 이방 저방에 쫓아다니면서 태극기 만들기와 그날에 입고 나갈 의복 준비에 여념이 없었다.

– 3.1운동 당시 신명여학교 2학년에 재학중이던 김학진 할머니의 증언

신명여학교 학생들은 3.1운동 후에도 국권 회복과 여성의 권리 향상을 위해 대한애국부인회, 조선여자기독청년회에서 활동하며 기독교인의 사명을 다하였다.

기록에 의하면 대구만세운동으로 210명이 목숨을 잃었으며 916명이 다쳤고, 3,200명이 체포되어 재판을 받았다. 대구에서는 청라언덕에서 계산성당으로 내려가는 길을 '3.1만세운동길'로 지정해서 기념하고 있다.

신명학교 3.1운동 벽화 대구제일교회와 신명학교 사이 담에는 1919년의 함성을 기리는 벽화가 있다.

계성학교

개화꾼을 배출하던 학교

역사가 오래된 학교는 많은 이야기를 품고 있다. 특히 중등교육기관은 국가와 지역에 이바지할 고급인재가 양성되는 산실 역할을 하였다. 개항 이후 더딘 나라 발전과 망국으로 치닫는 상황에서도 미래를 짊어질 인재들을 배출해 냈다. 나라가 위태로울 때, 일제의 강

계성학교 옛 모습

압에 놓였을 때 이들은 각종 사회 운동을 주도하며 나아갈 방향을 제시해 주었다. 대구에서는 계성학교가 배출해 낸 인재들이 그런 역할을 맡았다.

계성학교는 1906년 아담스 선교사가 대구제일교회 내에 설립한 학교다. 보통학교를 졸업하고 상급학교에 진학하고 싶어도 할 수 없었던 학생들을 위한 중등과정의 학교였다. 교과목은 성경, 한글, 작문, 수학, 화학, 지리, 역사, 음악 등이었다. 학생들이 스스로 모금한 20원으로 축구, 야구, 정구에 필요한 운동기구를 구입하기도 했다. 토요일엔 구경하는 지역민들에게도 운동을 가르쳐 주었다.

아담스는 미국 선교부에서 후원을 받아 1908년에 아담스관을 지었다. 1912년에는 조선총독부 인가를 받고 정식학교로 발전했다. 27명으로 시작한 학교는 점차 학생 수가 증가하여 좀 더 넓은 교사(校舍)가 필요해졌다. 아담스의 활동에 감동 된 맥퍼슨 부부가 거금을 기증하여 1913년에 맥퍼슨관을 지었다. 1931년 계성학교 5대 교장인 핸더슨이 아담스관과 맥퍼스관 사이에 핸더슨관을 지어 교사로 사용하면서 학교의 면모가 확 바뀌었다.

계성학교에 있는 아담스관, 맥퍼슨관, 핸더슨관은 근대식 건축물이라는 역사성과 공간구성과 시대성을 반영하는 건축적 자료로 인정받아 대구시 유형문화재가 되었다.

신식 고등 교육을 받은 학생들은 지역민들에게 '개화꾼'으로 불리며 선망과 존경의 대상이었다. 대구 3.1운동에서 계성학교, 대구고등보통학교, 신명여학교 학생들이 주축을 이루었다. 특히 계성학교가 열정적이었는데 3.1운동으로 실형을 받은 76명 중에서 44명이 계성학교 재학생과 졸업생, 교사들이었다. 이 일로 계성학교는 일제의 감시와 탄압을 받게 되었고, 1945년 2월에는 공산중학교로 교명을 강제로 바꾸어야 했다. 해방 후에는 다시 계성학교가 되었다.

아담스관

현재 계성중학교 교무실로 사용하고 있는 아담스관은 선교사 아담스(J.E.Adams)가 1908년에 건립한 영남 최초의 서양식 학교 건물이다. 1906년, 아담스는 자신의 초가집에서 학교를 시작하였다. 학생이 늘어나자 1908년 아담스 가문으로부터 건축비를 지원받아 교실과 교회를 세웠다.

계성중학교 아담스관

아담스 본인이 직접 설계를 자문하고, 공사는 중국 벽돌공과 일본인 목수들이 맡았다. 기초를 쌓은 석재는 대구읍성을 철거한 돌을 가져다 사용했다. 붉은 벽돌로 지은 이국풍이지만 한국식 기와지붕을 얹었다. 건물 면적은 407m²(124평)이고 정면 중앙에 돌출된 종탑을 중심으로 좌우 대칭을 이루고 있다. 종탑 하단부는 화강석 버팀기둥과 반원 아치의 아케이트를 설치하고 종탑부 창문 윗부분도 아치로 했다. 난방시설, 창호, 유리 등은 미국에서 가져와 사용했다. 지하는 보일러실과 창고, 1층은 교실, 2층은 예배당으로 사용했다. 아담스는 건물을 완공하고 후원을 아끼지 않았던 그의 어머니를 기념하기 위해 '아담스홀'이라 명명하였다.

3.1운동 당시 지하실에서 독립선언문 200부가 인쇄되었다. 계성학교 교사 김영서, 백남채는 학생 김삼도, 이승욱, 허성도, 김수길, 김재범, 이이석 등과 독립선언서를 등사하였다.

1935년 남쪽 교실에 돗자리 40매를 깔고 유도를 시작한 것이 계성유도의 효시가 되었다. 1950년대에는 도서관으로 사용되었다. 1998년에는 전통기와를 동기와로 교체했다.

맥퍼슨관

계성학교가 총독부 인가를 받은 정식학교가 되자 학생 수가 급격히 증가하였다. 기존에 사용하던 아담스관으로는 모든 학생을 수용할 수 없을 지경이 되었다. 아담스 선교사는 안식년에 미국으로 가교사(校舍) 건립을 위한 후원을 각계에 요청하였다. 그의 뜨거운 교육열에 감동한 친척인 맥퍼슨 부부가 거금인 4만원을 내놓았다.

계성중학교 맥퍼스관 주일에는 계성교회 예배당으로 사용된다.

1913년 아담스는 2대 교장인 라이너(Riner) 선교사와 함께 이 건물을 설계했다. 아담스관을 지을 때처럼 중국인 벽돌공, 일본인 목수가 참여했다. 전체적인 느낌은 아담스관과 비슷하다. 이곳은 건축 후 과학실, 음악실 등 특별교실로 사용하였다. 한국 현대음악의 선구자인 박태준, 현제명이 이곳에서 함께 공부했다고 한다. 주중에는 계성학교 컴퓨터실로, 주일에는 계성교회로 사용하고 있다.

핸더슨관

1928년 안식년을 맞아 미국으로 돌아간 블레어 선교사는 계성학교 5대 교장인 핸더슨을 돕기 위해 모금운동을 했다. 대구에서 일어난 선교 상황을 보고하고, 후원을 요청했다. 미국 각지에서 후원이

계성중학교 핸더슨관

모아졌다. 1931년 핸더슨 교장은 블레어 선교사가 보내준 후원금으로 독특한 외관의 교사(校舍)를 지었다. 핸더슨 교장이 직접 설계했으며 기초공사는 학생들이 도왔다. 중국인 벽돌공과 일본인 목수가 참여했다.

연면적 2,639m^2(720평), 지하 1층, 지상 2층의 붉은 벽돌 건물이 세워졌다. 1964년에 3층을 증축했다. 증축하면서 늘어난 무게를 지탱하기 위해 건물 내부에 철근콘크리트 기둥을 세웠다. 현관 좌우에 쌍탑을 세우고 윗부분에는 성곽의 여장 모양으로 마무리했다. 외관은 중세 성곽을 닮았다. 건물 외벽에는 담쟁이넝쿨이 싱그럽게 덮여 있어 이국적 풍취가 가득하다.

TIP 대구 기독교 유적 탐방

▮ 대구제일교회
대구 중구 국채보상로102길 50 / TEL.053-253-2615

▮ 대구제일교회 남성로선교관(문화재예배당)
대구 중구 남성로 23 / TEL.053-253-2615

▮ 동산의료원
대구광역시 달서구 달구벌대로 1035 / TEL. 1577-6622

▮ 계성중학교
대구 중구 달성로 35 계성중고등학교

현 대구제일교회가 있는 청라언덕에는 선교박물관, 100주년 기념종탑, 동산의료원 사과나무, 의료박물관, 동산병원 구관현관, 교육역사박물관, 청라언덕비, 은혜의정원(선교사 묘원)이 밀집되어 있어 기독교 유적 탐방지로 최적의 장소라 할 수 있다. 문화해설사가 배치되어 있으니 도움을 받으면 된다.

신명고등학교도 주목해야 하는 곳이다. 1902년에 마르타 부르엔 선교사가 설립한 대구지역 최초의 여성 중등교육 기관이다. 1919년 대구 3.1만세운동 때에 이 학교 여학생들이 대거 참여하였다. 1937년 미국 교육자 헬렌 켈러가 이 학교를 방문해 "미래의 역사를 짊어진 신명의 딸들이여, 꿈을 가져라. 하나님이 택한 딸로서 아름다운 작품이 되어라"고 격려했다. 대구제일교회 뒤에 있다.

대구제일교회 맞은편에는 **계산대성당**이 있고, 그 남쪽에는 '빼앗긴 들에도 봄은 오는가'의 **이상화 시인 집**이 있다. 국채보상운동을 주도했던 독립운동가 **서상돈 선생의 집**도 마주 보고 있다. **'교남YMCA**

회관'도 주목해 봐야 할 기독교 유적이다. 이 회관은 청년전도를 위해 1914년에 세웠다. 일제강점기 3.1운동, 물산장려운동, 기독교 농촌운동, 신간회 등 대구지역 기독교 민족운동의 거점이 되었다. 이 건물은 (구)대구제일교회 예배당 맞은편에 있다.

청라언덕을 내려와 큰길을 건너 서문시장 방향으로 가면 **계성중고등학교**가 있다. 학교 내에는 선교사들이 설립한 아담스관, 맥퍼스관, 핸더스관이 남아 있어 초창기 교육선교사들의 열정을 체험할 수 있다.

[추천1]

청라언덕 → 신명고등학교 → 대구제일교회 → 3.1운동길 → 계산성당 → 이상화, 이상돈 고택 → 교남YMCA, 대구제일교회 기독교역사관 → 마당깊은 집

[추천2]

서문시장 → 계성학교 → 동산의료원 → 청라언덕 → 신명고등학교 → 대구제일교회 → 3.1운동길 → 계산성당 → 이상화, 이상돈 고택 → 교남YMCA, 대구제일교회 기독교역사관 → 마당깊은 집
(계성학교는 휴일에만 가능)

정신문화의 수도 안동

후삼국을 통일한 고려 태조 왕건은 후백제 견훤에게 패해 수세에 몰린 적이 있었다. 왕건은 열세를 만회하기 위해 죽령을 넘어 고창(안동)에서 견훤의 군대와 일전을 치루기로 했다. 이곳에서 패하면 살아서 돌아올 수 없다. 승부수를 던진 것이다. 견훤의 군대는 승리를 예감하고 왕건의 고려군과 싸웠다. 그때 고창 지역의 세 호족(김선평, 장길, 권행)이 왕건의 편에서 싸웠다. 고창의 지리를 훤히 꿰뚫고 있던 세 호족이 고려군 편에 서자 전세는 단숨에 역전이 되어 왕건이 승리를 거두게 되었다. 고창 전투에서 승리한 왕건은 승기를 잡고 후삼국 통일까지 달렸다. 이후 동쪽을 평안하게 했다는 의미로 安東(안동)이라 했다.

낙동강과 반변천이 안동에서 만난다. 그래서 두 물(二+水=永)이 아름답다고 해서 영가(永嘉)라고도 불렀다. 안동은 스스로 '정신문화의 수도'라 한다. 정신문화를 뭐라 정의하느냐에 따라 생각이 다르겠지만, 잃어버린 전통문화를 간직한 곳이라는 뜻이 되겠다. 안동에 가면 아직도 챙 넓은 갓을 쓰고 도포 자락 휘날리며 걸어가는 선

세계문화유산으로 등재된 하회마을

비를 만날 것 같다. 안동은 차창 밖으로 보이는 모습이 곧 시간여행이다. 산자락을 타고 앉은 마을마다 고색창연한 종가가 있고, 산 아래에는 재실이 늠름하다. 풍광 좋은 곳에 정자가 걸터앉았다. 마을을 벗어난 한적한 곳에는 선비가 글 읽던 서원도 보인다.

안동은 우리나라를 대표하는 관광지다. 불교, 유교, 민속 문화의 보고(寶庫)다. 우리나라에서 가장 오래된 목조 건축물인 봉정사 극락전이 봉황산 자락에 있다. 우리나라를 대표하는 관광지 하회마을도 있다. 유교문화를 대표하는 도산서원, 병산서원이 있다. 차전놀이, 놋다리밟기, 선유줄불놀이, 하회별신굿탈놀이 같은 전통민속이 지금도 전수되고 있다.

전통을 고집하느라 새것에는 배타적일 수 있지만 실은 그렇지 않다. 일찍이 개화된 문명을 받아들이고, 자녀들에게 근대학문을 배우도록 했다. 그리하여 일제강점기 나라를 구한 애국지사들이 많이 배출되었다. 안동은 무작정 옛것만 고집하지 않는다. 온고지신(溫故知新)이 안동의 진정한 정신이다.

안동선교부

전통의 고장을 변화시킬 본부

1894년 부산에 머물던 베어드(W.M. Baird, 1862~1931, 한국명 배위량) 선교사가 대구를 거쳐 경북 북부지방인 안동을 지나가며 전도한 것이 안동 최초의 복음전도였다. 1899년 대구에 선교부가 설치되자 안동은 대구선교부에 속하였다. 1902년 대구에서 활동하던 앤더슨(Rev. James E. Adams, 1867~1929, 한국명 안의와) 선교사가 권서인[19]들과 함께 경북 북부 9개 지방을 순회하며 복음을 전했다. 앤더슨과 권서인들은 쪽복음서를 팔면서 복음을 전했는데, 그 결과 믿는 사람이 생겨 국곡교회, 풍산교회가 설립되었다.

1902년 베렛 선교사가 경안지역(안동주변) 14개 군의 전담선교사가 되었다. 1903년에는 베렛과 브루엔 두 선교사가 경안지역을 순행하며 복음을 전했다. 1905년에 방잠교회(현 와룡면 나소동)가 세워졌다. 1906년 방잠에서 기독교 집회가 개최되었다. 이때 기독교인

19 선교 초창기 때 전도지나 성경(쪽복음)을 나누어 주거나 팔면서 복음을 전했던 사람. 매서인이라고도 한다.

700명이 몰려들었다. 외진 시골에 기독교인이 700명이나 몰려들 정도였으니 대단한 일이었다. 이때 참석했던 사람들이 마을로 돌아가 교회를 세우기 시작했다. 이렇게 해서 안동에 믿는 사람이 많아지자, 경북 북부를 담당할 선교부가 1908년에 설립되었다.

안동에 거주하며 복음을 전한 최초의 선교사는 1907년에 부임한 소텔(C. C. Sawtell)이었다. 그러나 안타깝게도 소텔은 전도에 나선 지 10일 만에 장티푸스에 걸려 소천(1909년)하고 말았다. 같은 해 원주에서 활동하던 웰번 선교사, 플레처(A. G. Fletcher, 한국명 별위추) 의료선교사가 조사 김영옥과 함께 안동선교부에 합류하였다. 플레처는 1909년 10월, 임시주택에서 진료를 시작했다. 이것이 안동 성소병원(聖蘇病院)의 시작이었다. 성소병원은 '성스러운 야소교'를 줄인 이름이다. 또는 '거룩한 모습으로 되살아난다'는 뜻도 지녔다. 1914년, 미국에서 셔플러 부인이 후원금 1만 달러를 보내왔다. 안동선교부는 3층 벽돌 건물을 짓고 병원을 이전하였다. 이때부터 병원의 정식명칭은 '코넬리우스 베이커 기념병원'이 되었다. 1941년에 선교사들이 강제 추방되자 병원도 폐원되었다. 건물은 안동여고 기숙사 또는 전쟁물자 지원공장으로 사용되었다.

순직한 소텔의 후임으로 존 크로더스(John Y. Crothers, 한국명 권찬영) 선교사가 부임하였다. 그는 일제에 의해 강제 추방될 때까지 안동에 거주하며 복음을 전했다. 그는 안동 녹전에 사과나무를 전파했는데, '국광', '보리사과' 묘목이었다. 일제의 신사참배 요구를 단호하게 거절하였다. 장로교 총회가 신사참배 찬성으로 돌아서자 반대서한을 보냈다. 해방 후 다시 내한하여 활동하였으며, 한국전쟁 때에

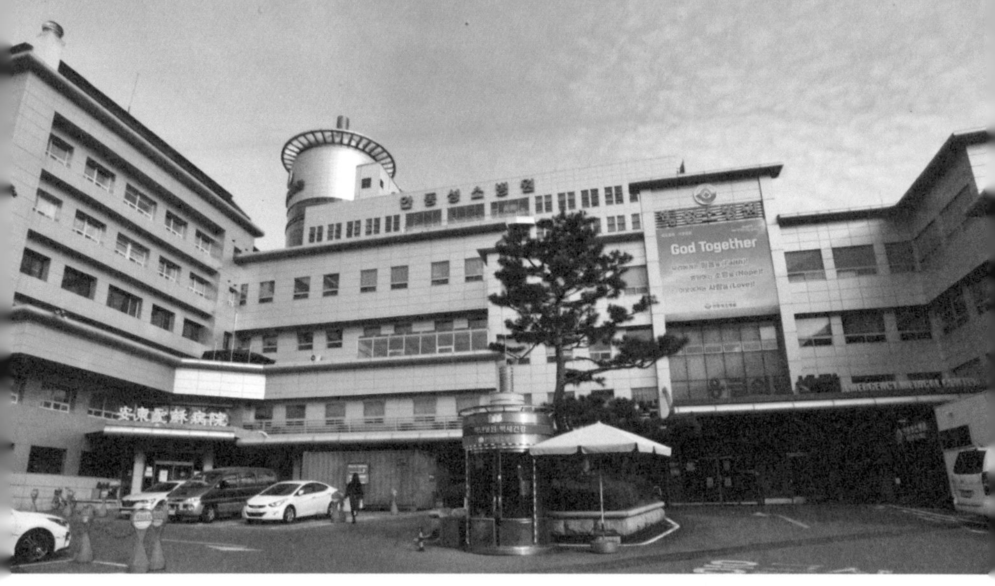

안동성소병원

는 일본에서 선교사를 모아 한국교회와 한인교회를 도왔다. 그는 40여 년을 안동에 거주하며 활약하였다. 사람들은 그를 "터줏대감격의 선교사" 혹은 "Mr. 안동"이라 불렀다.

안동교회

서점에서 시작된 교회

안동 주재 선교사였던 소텔(Rev. C. C. Sawtell)은 풍산교회 교인 김병우를 매서로 임명하고 안동시내로 파송하였다. 김병우는 안동부 서문밖에 초가 5칸을 구입한 후 서원(서점)을 열고 교인들을 모아 예배를 시작했다. 이때가 1909년 8월 8일이었다. 안동교회 창립일이 된다.

김영옥 목사가 부임하였다. 김영옥 목사는 안동교회 초창기에 부임하여 9년 동안 목회하면서 안동교회를 든든한 반석 위에 올려놓았다. 은퇴 후인 1940년 1월~1942년 12월까지 임시목사로 다시 청빙되어 부임하였는데 노령인데다 신사참배 문제가 겹쳐 큰 시련을 겪었다.

안동교회의 시작은 앞서 언급한 것처럼 서점이었다. 유림의 고장 안동에서 서점으로 시작한 것은 탁월한 선택이었다. 학자를 높이고 책을 가까이하는 풍토를 활용한 것이기 때문이다. 이때 처음 예배드린 교인은 김병우, 강복영, 원화순, 원홍이, 권중락, 박끝인, 정선희,

김남홍 등 8명이었다. 다음 해에는 70명이 되었다. 처음에는 예배당을 따로 마련하지 못하고 선교사들의 임시주택에서 예배를 드리다가 1910년 ㄱ자 모양의 16칸 한옥예배당을 마련하였다. 안동교회 초석을 놓았던 김병우는 1913년 안동교회 장로가 되었다. 1914년 현재 위치에 함석지붕에 목조로 된 50칸 규모의 2층 예배당을 건립했다.

안동 선교부는 안동교회 설립 두 달 후 병원도 개원하였다. 성소병원이다. 성소병원 의사는 A. G. 플레처(Archibald Fletcher, 1882~1970, 한국병 별위추) 의료선교사였다. 플레처는 1930년대 대구 동산병원을 이끌어 발전시켰다.

안동교회는 1911년에 계명학원을 설립해 초등교육을 실시했다.

안동교회의 시작이 되었던 협신사기독교서점

계명학원은 여학생도 받아들였다. 남자 중심 전통사회에 큰 변화를 끌어내는 역할을 교회가 하였다.

서점을 열고, 병원을 세우고, 학교를 세워 신학문을 가르친 것은 안동 지역민들에게 대단한 반향을 일으켰다. 앞서 언급했지만 1년 만에 교인이 70명으로 늘었으니 말이다. 그리하여 안동교회는 든든한 반석 위에 올라선 교회가 되었다.

1920년대 후반이 되자 새로운 예배당이 필요해졌다. 기존에 사용하던 함석지붕에 목조 예배당으로는 감당할 수 없을 정도로 교인이 늘어나 있었다. 예배당을 짓기 위해 오랫동안 준비한 끝에 새 예배당은 1937년에 완공되었다. 8,000여 개가 넘는 화강암을 30리 떨어진 북후면 오산리에서 가져와 2층 석조예배당을 완공했다. 이곳은 원래

안동교회 전경 담장이넝쿨이 올라간 예배당은 1937년에 완공된 것이다. 문화재로 지정되었으며 지금도 사용하고 있다.

지반이 무른 곳이었다. 그래서 생소나무를 무수히 박아 넣어 지반을 튼튼히 한 다음 석조예배당을 지었다고 한다. 석조예배당을 설계한 사람은 미국 평신도 선교사 윌리엄 메럴 보리스(W. M. Vories)였다. 그는 이화여대 파이퍼홀, 철원제일감리교회를 설계하였다. 시공은 화교 건축회사 복음건축창(福音建築廠)에서 맡았다. 기초면적 160평의 직사각형 2층으로 지어졌는데, 1959년에 기초면적 40평을 증축하여 연건평 400평이 되었다. 증축은 기존의 예배당을 건드리지 않으면서 뒷편으로 확장하였다. 담쟁이넝쿨로 뒤덮인 화강암 예배당은 석조 외벽, 2층 마루, 지붕 트러스 구조 등이 잘 보존되어 있어서 2015년에 근대문화유산으로 등록되었다.

안동교회는 김영옥 목사가 슬기롭게 교회를 지도하여 날로 성장하였다. 1930년대 후반 일제의 신사참배 요구에도 타협하지 않고 버텼다. 신사참배뿐만 아니라 궁성요배, 황국신민서사 등과 같은 국민의례도 거부하였다. 결국 일제는 예배당을 징발해 일본군이 사용하도록 했다. 한국전쟁 때에는 인민군이 야전병원으로 사용하기도 했다. 이런저런 수난을 당했던 예배당은 다행히 파손되지 않고 다시 예배당으로 사용되고 있다.

문화재 예배당 옆에는 창립 100주년을 기념해 지어진 기념관 예배당이 있다. 예배당 벽에는 'SOLI DEO GLORIA 오직 하나님께 영광을'이라는 글을 부착했다. 두 예배당 사이에는 안동교회 역사를 알려주는 여러 기념물이 있다.

'길안 · 임하지역 전도인 파송교회' 기념비, **'순교자 조춘백 기념비'**, **'기독청년면려회 발상지교회'** 기념비가 있다. 길안 · 임하지역

전도인 파송교회비에 기록된 내용이다.

1901년 경상북도 안동군 남후에서 출생한 김수만 장로가 42세 때 사고로 한쪽 다리를 잃고 나서 서원한 후 헌신적인 전도를 통해 개곡에 첫 교회가 세워지게 되었다. 1953년부터 길안지역 복음전도를 시작한 안동교회는 김수만 장로를 길안 · 임하지역 교회개척 적임자로 결정하고 1954년 5월 전도인으로 파송하여 물심양면으로 후원하였다. 안동교회는 계속해 김금이 전도사, 김경동 전도목사, 김승조 목사, 서재현 전도사를 파송해 김수만 장로와 동역하게 하여 길안 · 임하지역에 여덟 교회를 세웠다. 김수만 장로의 구령 열정은 불구의 몸인 그로 하여금 깊은 산골을 누비며 손수 예배당을 건축하게 하였고 개척한 교회들이 든든히 서가고 있다. 김수만 장로는 일사각오의 믿음으로 복음전파에 전념하다가 1971년 9월 1일(음) 주님의 부르심을 받았다.

김수만 장로가 개척한 교회는 길안교회, 금곡교회, 송사교회, 묵계교회, 백자교회, 금소교회, 신덕교회, 임하교회, 개곡교회, 고곡교회 등이다. 안동교회는 이들 교회가 개척되는 데 기도하고 후원을 아끼지 않았다.

다음은 순교자 조춘백 기념비에 기록된 내용이다.

조춘백은 어려서부터 한문학을 배웠으나 국운이 기울어져 감을 보고 기독교 신앙을 받아들이고 법상교회(현 안동교회)의 신자가 되었다. 일제의 식민지정책으로 탄압과 착취가 더욱 심해지는 가운데 광복의 기회를 엿보던 중 3.1운동이 일어나자 안동교회 교인인 김병우 – (중략) – 등과 밀의 끝에 장날을 의거일로 정하고, 자신에게 상속되는 토지를 매각한 대금을 권점필에게 희사하여 3.1운동 자금에 충당해 달라고 하였다. 3월 18일에 이어 23일 장날 시위대에 가담하여 만세를 부르다가 3월 23일 밤 10시 목성동 서문 다리에서 체포, 수감되어 가혹한 고문을 받아서 사경에 이르렀다. 이후 5년간 수차례 왜경에 체포, 수감되어 심한 고문을 당하였으며, 1924년 2월 23일 고문의 후유증으로 30세에 순교하였다.

석조로 된 문화재 예배당 정면 기둥에는 여러 표지가 부착되어 있다. '한국기독교사적 제32호', '대한민국 근대문화유산', '1919년 3.1운동 참여교회', '한국기독교 유물1호 안동교회 학습 · 세례인 명부, 안동교회 당회록 · 제직회의록'이 있다. 바닥에는 '경안노회100주년위원회', '100주년 기념 경안노회남선교회연합회', '한국CE창립 100주년 기념' 팻말이 있다.

마당에는 동판으로 제작한 안동교회 유적지 안내도가 박혀 있다. 자세히 살펴보고 탐방하면 도움이 되겠다. 주차장 바닥에는 '안동교회(1909) 안동읍 최초의 교회', '안동최초의 2층 예배당(1913)' 동판이 설치되어 있다.

100주년 기념관 동쪽 화성공원에는 안동지역 개신교, 천주교, 유교, 불교, 원불교를 대표하는 건축물을 미니어처로 만날 수 있다. 안동교회 ㄱ자 예배당과 함석지붕 목조 예배당을 볼 수 있다. 예안향교, 안동향교, 봉정사, 법흥동7층전탑, 목성동성당 등 조형물도 볼 수 있다.

3.1만세운동과 안동교회

1919년 2월 8일, 일본 동경에서 유학생들이 일으킨 2.8독립선언은 국내 3.1운동으로 이어졌다. 일본의 심장부 동경에서 일어난 독립선언에 동참했던 강대극과 서울 연희전문 의대생이었던 김재영(김병우 장로의 아들)이 안동으로 돌아와 서울에서 일어난 3.1운동에 대해 자세히 알렸다. 그러자 안동교회 김영옥 목사와 신도들은 3월 13일 안동장날에 거사할 것을 계획하고 준비하였다. 그러나 일경은 김영옥 목사를 비롯한 안동교회 지도자급 인물들을 예비 검속하여 가두어 버렸다. 모든 계획이 실패로 돌아

이원영 목사 선비출신 목사, 퇴계의 후손이며 3.1만세운동으로 수감되었다가 예수를 믿었다.

갈 위기에 처했다. 어찌할 바를 몰라 하던 중 용감한 한 사람이 자전거에 태극기를 꽂고 '대한독립만세!'를 외치면서 장터를 달렸다. 그는 조사(전도사) 이상동(李相東)이었다. 이상동은 대한민국임시정부 국무령을 지낸 석주 이상룡(石州 李相龍)의 동생이었다. 형은 독립투사가 되기 위해 사서오경(四書五經)을 시렁 위에 얹어 두고 만주로 떠났다. 이상동 역시 의병에 가담하거나, 계몽운동에 뛰어들어 활동했다. 민족의 미래를 걱정하던 중 기독교야말로 나라를 살릴 수 있으리라는 믿음을 갖고 기독교인이 되었다. 안동교회 교인은 아니었으나, 그의 단독 거사 소식에 움츠렸던 안동교회 교인들이 용기를 내어 일어났다. 장날이 되자 안동교회 교인과 계명학교 학생이 주도한 만세시위가 시작되었다. 안동의 11개 교회가 동참했다. 장날에 나왔던 안동 주민들도 목 놓아 만세를 불렀다.

일경의 잔혹한 보복이 잇달았다. 안동교회 교인 가운데 김병우 장로가 징역 2년, 김익현, 김명인이 각각 1년, 김재성, 김계한, 이인홍, 황인규, 권점필 등이 6개월 형을 선고받았다. 이상동 조사는 체포되어 서대문형무소에 수감되었다. 그는 감옥에서도 복음을 전했다. 이상동에게 감화를 받고 기독교인이 된 인물은 이원영, 이중무, 이운호, 이맹호 등이었다. 이원영은 안동 예안에서 대규모 만세 시위가 일어났을 때 참여하였다가 체포되었다. 이원영은 출옥 후 세례를 받고 평양신학교에서 공부하고 목사가 되었다. 이원영은 일제강점기에 4차례나 수감될 정도로 투철한 기독교인이자 독립투사로 살았다. 해방 후 안동서부교회에서 목회하였고, 1954년 예수교장로회 총회장이 되어 일제강점기 신사참배를 결의했던 것은 무효라고 선언하며, 참회하였다.

한국기독청년면려회

기독청년면려회는 1921년 2월 5일 안동교회에서 시작되었다. 3.1 만세운동 후 교회의 역할을 확인한 청년들이 교회로 몰려들었다. 몰려든 청년들을 조직하고 사회를 변화시키는 역할을 담당하도록 기독청년면려회가 시작되었다. 안동에서 시작된 면려회는 전국으로 확대되었다. 1924년 12월 서울 피어선기념성경학원에서 만국기독청년면려회 조선연합회 창립총회 및 제1회 전선대회(全鮮大會)가 열려 전국 조직으로 확대되었다. 이것이 현재 총회 남선교회전국연합회로 이어졌다.

기독면려회는 18세기 후반 미국에서 시작되었다. 면려회(勉勵會) 즉 면려는 '스스로 노력하거나 힘쓰는 것' 또는 '남을 격려해서 힘쓰게 한다'는 뜻이다. 면려운동의 중심에는 청년들이 있었다. 우리나라에는 일찍이 소개되었으나 조직되고 실행되기는 안동교회가 처음이었다.

안동교회는 면려회를 창립하고 후원한 앤더슨(Wallis J. Anderson, 1890~1960, 한국명 안대선) 선교사의 아낌없는 헌신으로 성장하였다. 교회봉사, 야간학교 개설, 금주금연 운동, 물산장려운동, 문맹퇴치, 농촌사업 등 범국민운동으로 확산되었다. 오늘날에는 고등부, 청년회, 남선교회 등으로 발전되었다.

교파를 초월한 지원

안동교회는 안동지역 모교회(母教會) 같은 곳이다. 안동교회에서 분가해 나간 교회로는 안동동부교회, 안동서부교회 등 4곳이 있고, 개척한 곳은 8곳이나 된다. 안동교회는 대한예수교장로회 소속이지만 감리교, 성결교, 구세군 등 다른 교단 소속 교회가 자리 잡는 데 도움을 주었다. 김광현 목사는 조상국 집사에게 안동교회를 떠나 감리교회를 섬기도록 당부했다고 한다. 1974년 감리교회가 소실되었을 때 건축헌금을 모아 지원했다. 심지어 천주교 성당을 지을 때도 협력했다고 한다. 해방 후 기독교가 분열로 정신없을 때도 안동교회는 한번도 치우치거나 분열에 휩쓸리지 않았다. 그래서 교회는 분가 또는 개척은 하였어도 분쟁으로 인한 교인 이탈은 없었다. 많은 교회가 전임자와 후임자의 갈등으로 분열을 겪는 일이 있지만 안동교회는 한번도 불편한 일이 없었다.

양반의 고향다운 일이라고 보여진다. 그것은 한국 사회를 유지해 온 유교적 전통과 양반의 본고장인 안동인들의 충효사상이 꽃피운 결과로 본다. 김기수 목사는 출타 후 귀가하면 반드시 웃어른에게 '出必告 反必面(출필고 반필면)'의 도리를 전임 목사에게 잊지 않았다고 한다.[20]

안동 유학자가 기독교인이 된 이유

기독교가 안동지역에 유입된 시기는 1900년대 초반이다. 개화(開化)라는 것이 아직 낯설지만, 도도한 흐름이 된 지 제법되었다. 나라

20 예장신문, 2021.05.14.일자 기사

가 변하고 있었다. 전통사회에 조금씩 균열이 생기고 있었다. 게다가 제국주의 열강들이 야금야금 침략해 오고 있었다. 지식인들은 서늘한 위기감을 감지하고 있었다. 나라 걱정이 이만저만이 아니었다. 그러면서 한편으로는 제국주의 열강들이 강대국으로 성장한 이유가 궁금했다.

안동 양반은 퇴계의 후학이었다. 당으로 보자면 남인(南人)이었다. 남인은 조선 후기가 되면 중앙정계 진출이 어려웠다. 서인 계열이 정권을 장악하고 있었기 때문이다. 남인들은 구석으로 내몰린 처지였다. 그래서 임금만 바라보던 눈을 돌려서 백성을 바라보았다. 그러다 보니 백성의 비참한 현실이 보였고, 그것을 개선하고자 하는 의지가 구체적이었다. 반면 출세가 어렵기 때문에 전통을 고수하려는 힘이 강했다. 그러면서도 직면하는 문제에 대한 해답을 찾고자 하는 의지도 강했다. 대개 기득권층은 현실을 외면한다. 그들은 무척 풍요롭기 때문이다. 개혁은 기득권의 양보를 전제로 한다. 그러니 조선 후기 집권 세력이었던 양반 그것도 노론 계열의 양반들은 개화에 소극적일 수밖에 없었다. 개화파가 번번이 무너졌던 이유이기도 했다.

안동 유림들도 흥선대원군이 추진했던 위정척사(衛正斥邪:바른 것을 지키고, 간사한 것을 물리침)에 동조했다. 그러나 현실은 개선될 기미가 없었다. 쇄국으로 인한, 민씨 세도로 인한 부작용이 극에 달해 나라는 기울고 있었다. 이제 성리학적 질서가 맞는 것이냐에 대한 근본적인 질문을 하지 않을 수 없었다. 현실을 바꾸고자 하는 구체적 고민을 할 수밖에 없는 단계에 이른 것이다. 서양은 오랑캐라는 인식을 바꾸지 못하는 유림이 있는가 하면, 시대적 변화를 민감하게 받아들이는 유림도 있었다.

기독교가 안동지역에 유입되었을 때 반발이 왜 없었겠는가? 그럼에도 근대화가 시대적 요구임을 깨닫고 척사에서 혁신으로 입장을 바꾼 유림들이 있었다. 그들은 나라를 부강하게 하는데 기독교가 필요하다고 생각했다. 그래서 스스로 기독교를 수용하는 데까지 나아갔다. 기독교가 전파된 지역에서 일어나고 있던 변화에 민감하게 반응할 수 있었던 것은 앞서 언급했던 의식이 있었기 때문이다.

기독교가 학교를 설립해 반상의 차별없이 교육하고 국민의식을 깨우는 것, 병원을 세워 병든 자를 살리는 일에 감동받지 않을 수 없었다. 어디 그뿐인가? 금주와 금연, 노름 금지, 축첩 금지, 반상차별 철폐 등 신문화운동은 생각 깊은 유림들에게 큰 울림을 주었다. 문

병산서원 만대루 안동은 서원이 많은 고장이다. 선비적 풍토는 서원에서 생성되었다.

제의식이 투철했던 양반들은 기독교인들에게서 일어나고 있던 변화를 주목해 보았다. 긍정적 변화였다. 나라가 허약해진 이유, 백성의 삶이 도탄에 빠진 이유를 누구보다 잘 알고 있었던 깨어있는 유림은 스스로 교회로 들어갔다.

지식(知識)은 자신을 견고하게 세우기도 하지만, 아상(我相)에 사로잡히게 만들기도 한다. 아상으로 높아진 담장에 막혀 더 넓은 세상이 있다는 것, 그곳에는 나와 다른 또 다른 존재가 있다는 것을 모른다. 반면 지식을 통해 세상은 넓으며, 자신이 알고 있는 지식은 한 줌에 불과하다는 것을 깨닫기도 한다. 또한 자신을 둘러싼 시공(時空)에서 자신은 세상에 존재하는, 또는 흘러가는 시간 속에서 하나의 점에 불과하다는 것을 깨닫는 사람도 있다. 후자의 경우 세상을 향해 열린 눈을 갖게 되어 신문화 수용에 긍정적인 반응을 한다.

안동(安東)을 '정신문화의 수도'라 한다. 조선시대 문화를 잘 간직하고 있어서 이런 별명이 붙은 것이 아니다. 옛것을 소중하게 섬겨가면서도, 새것을 터부시하지 않아서 그렇다. 때로는 굼뜨지만, 옳고 그름을 논할 때는 우레와 같은 준엄함이 있었다. 그래서 안동 유림들이 혼탁한 시대에 교회로 들어왔다.

경안고등학교와 선교사 묘역

경안고등학교는 피터 리어럽(P. V. Lieroph, 1918~?, 한국명 반피득) 선교사가 1954년에 설립한 학교다. 피터 리어럽은 시카고 출신으로 1949년 미국 북장로교 선교사가 되어 한국에 왔다. 안동 북부지역을 순회하며 전도하다가 경안학교를 설립하였다. 연세대학교 및

경안고등학교 내 선교사 묘역

연합신학대학원에서 종교상담학을 강의하였다. 1960년에는 아내와 함께 미혼모 보호시설인 애란원을 설립하고 운영하였다.

경안고등학교가 있는 금곡동 언덕은 원래 안동선교부가 있던 곳이다. 선교부 시설 대부분은 철거되었지만, 선교사 사택 한 채, 선교사 묘지 3기가 교정에 남아 있다. 선교사 사택은 '경안역사관'으로 사용 중이다. 이 집은 한국전쟁 후 내한하여 1959년 귀국할 때까지 헌신한 올가 존슨이 살았던 곳이다.

학교 정문으로 들어가면 선교사 묘 3기가 보인다. 이곳에는 로저 윈(R. E. Winn, 1882~1922, 한국명 인노절) 선교사가 잠들어 있고, 앤더슨 목사, 해롤드 빌켈 목사의 어린 자녀가 안장되어 있다. 로저 윈은 경안성경학교를 설립하고 크로더스 선교사와 함께 경안노회를 설립하는 데 기여했다. 북장로교 안동선교부에서 활동했던 29명의 선교사 가운데 유일하게 안동에서 순직하였다. 그리하여 그가 사랑했던 안동 땅에 안장되었다. 대구 동산의료원 안에는 그의 딸 헬렌이 잠들어 있다. 로저 윈은 미국북장로교 선교사가 되어 1909년 부인과 함께 내한하였다. 부산선교부 소속으로 활동하다가 1914년부터 1922년까지 안동으로 옮겨 사역하였다. 그가 특별히 관심을 기울인 것은 전도사 양성이었다. 1920년 크로더스 선교사와 함께 성경학교를 설립하고 교장으로 재직했다. 많은 전도사를 양성하여 안동 주변에 뿌려진 복음이 잘 자랄 수 있게 도왔다. 그러나 안타깝게도 1922년 11월 이질에 걸려 40세의 나이로 세상을 떠나고 말았다. 안동 일대 교회들은 그를 추모하기 위하여 모금운동을 하였고, 그것이 씨앗이 되어 '윈 기념 성경학교(인노절기념성경학교)'가 건축되었다. 처음 지었던 장소는 현 성소병원 주차장 부근이었다고 한다. 이 학교는 1948년 경안고등성경학교로 바뀌었고, 현재는 경안신학대학원대학교'로 운영되고 있다. 그의 묘비에는 'He is not dead but sleepeth' 즉 '그는 죽지 않았고, 단지 주님 다시 오실 때까지 잠자고 있을 뿐이다.' 라고 새겨져 있다.

안동에서 더 봐야 할 곳

안동 기독교 역사탐방으로 추천할 곳이 더 있다. **'안동서부교회'** 와 **'한국 아동문학의 대부 권정생 가옥'**이다. 안동서부교회는 1924년에 안동교회에서 분립되어 시작되었으며, 초대목사로 이원영 목사가 부임했다. 이원영 목사는 퇴계 이황의 후손으로 젊은 시절 안동 예안에서 3.1만세운동을 주도하다 체포되어 수감되었다. 옥중에서 안동 3.1만세운동을 선도했던 이상동 조사로부터 예수를 소개받고 기독교인이 되었다. 평양신학교를 졸업하고 여러 교회에서 사역하다가 안동으로 돌아와 안동동부교회, 안동서부교회를 섬겼다. 일제강점기 후반 신사참배를 강력히 거부하여 교회에서 나와야 했으며, 노회에서도 제명되었다. 그 후 여러 차례 일경에 검속되어 고초를 겪었다. 광복 후 안동지역에서 기독교인들의 신앙 기초를 다지는 데 진력하였다. 1954년 총회장으로 선출된 후 신사참배를 공개적으로 참회하며 교단의 화합을 위해 노력하였다. 그가 시무했던 안동서부교회에는 이원영 목사 기념비가 있다. 비문은 한경직 목사가 썼다.

훌륭한 가문 / 고귀한 명성 / 영광스러운 성직 / 실로 값진 것을 한 몸에 지닌 / 자랑스럽던 한 인물의 생애 / 그는 일제의 폭정아래 / 수없이 투옥을 당하시며 / 오로지 나라를 사랑하고 / 하나님만 바라보며 걸어가셨다 / 그 독실한 믿음 / 고결한 인격 / 온유 겸손한 성품 / 충성된 하나님의 종 / 늘 우러러 존경합니다.

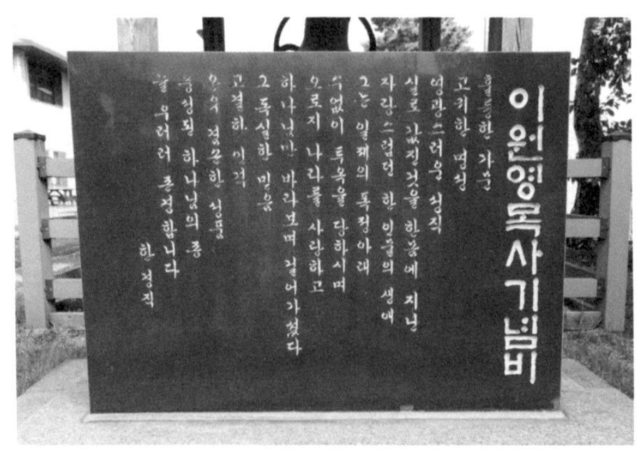

안동서부교회에 있는
이원영 목사 기념비

안동시 도산면 원천리에는 이원영 목사 생가가 보존되어 있다. 기념비 옆에는 오래된 종이 보관되어 있다. 선교종이라 하였는데, 미국 북장로회 선교사였던 크로더스의 특별헌금으로 제작되었다. 3개를 만들어 안동교회, 안동서부교회, 안동동부교회에 기증되었다. 1954년에 종탑을 만들고 걸었다. 주일에는 세 개의 종이 동시에 울렸으며, 성도의 죽음을 애도할 때도 울렸다.

안동 남쪽 일직면 조탑리에는 아동문학의 대부 권정생 선생이 살던 집이 보존되어 있다. 1937년 일본에서 태어나 광복이 되자 귀국했다. 이곳저곳을 떠돌며 가난과 질병으로 힘겨운 생활을 했다. 1967년 안동 조탑리에 정착해 살면서 마을 교회(일직교회) 종지기가 되었다. 1969년 단편동화 '강아지똥'을 발표해 제1회 아동문학상을 받았다. 1973년에는 '무명 저고리와 엄마'를 발표하는 등 아동문학에 큰 업적을 쌓았다. 그는 검소함이 몸에 배어 있었다. 그가 어떻게 살았

동화작가 권정생 선생이 살던 집

는지를 궁금하면 그가 살던 집을 보면 된다. 선생의 집 앞에 서면 나는 너무 많은 것을 가지고 있다는 것을 알게 된다. 일직교회에는 권정생 선생이 예배 시간마다 치던 종이 남아 있으며, 국민일보가 선정한 '한국의 아름다운 교회' 팻말이 붙어 있다. 권정생어린이문학관은 폐교된 일직남부초등학교를 리모델링해서 사용하고 있다.

안동 기독교 유적 탐방

안동교회
경북 안동시 서동문로 127 안동교회 / TEL.054-858-2000

경안고등학교
경북 안동시 제비원로 182 경안고등학교 / TEL.054-857-4703

안동서부교회
경북 안동시 옥명2길 46 / TEL.054-841-1001

일직교회, 권정생 가옥
경북 안동시 일직면 조탑본길 79 / TEL.054-858-1670

안동교회에는 주차할 공간이 많다. 안동교회와 성소병원은 걸어서 다닐만한 거리다. 안동교회 맞은편에는 안동교회 설립의 기원이 된 협신사 기독교서점이 있다. 안동교회 동쪽 공원에는 안동에 있는 다양한 종교 시설물의 모형이 전시되어 있다. 안동장로교회, 안동유교문화관, 목성동주교좌성당, 대원불교대학이 밀집되어 있어서 특별한 공간이 되었다.

경안고등학교 정문을 들어서면 왼쪽에 선교사 묘지가 있다. 평일에는 허락을 받고 잠깐 둘러볼 수 있다. 휴일에는 개방되어 있으니 자유롭게 순례할 수 있다.

안동서부교회에도 주차공간이 넉넉하다. 교회 뒤편에 이원영 목사 기념비와 교회 종이 전시되어 있다.

일직교회는 안동과 의성 경계에 있다. 사과나무가 많은 조탑동에는 고려시대 만든 것으로 알려진 벽돌탑이 있다. 벽돌탑 주변에 주차하고 일직교회, 권정생 가옥, 조탑동 마을을 둘러볼 수 있다. 조탑동 마을길은 전형적인 시골 돌담길이라 무척 정겹다. 일직교회 담장에는 권정생 작가의 '강아지똥' 내용을 벽화로 소개해 놓았다. 일직교회에서 4km 거리에 권정생어린이문학관이 있다. 아이들과 함께라면 그곳을 탐방하는 것도 좋겠다.

[추천1]

안동교회 → 성소병원 → 경안학교 선교사 묘지 → (차량으로 이동) → 안동서부교회 → (차량으로 이동) → 일직교회, 권정생 작가 집

양백지간 영주와 봉화

태백과 소백 사이를 양백지간(兩白之間)이라 한다. 백두산에서 시작된 백두대간이 남쪽으로 쭉 내달리다가 태백산에 이르러 서남쪽으로 방향을 튼다. 다른 한 줄기는 그대로 남쪽으로 내달린다. 그래서 두 줄기 사이를 양백지간이라 부르는데 그곳에 영주와 봉화가 있다.

영주는 한국 고건축에서 가장 아름다운 곳, 부석사가 있다. 부석사 무량수전과 안양루가 빚어내는 아름다움은 가 보지 않고서는 말할 수 없다. 부석사 가는 길에는 우리나라 최초의 서원인 소수서원이 있다. 울창한 송림을 걷다 보면 지금도 선비들 글 읽는 소리가 들릴 듯하다. 부석사와 소수서원은 세계문화유산으로 등재되었다. 소수서원 옆에는 세종의 아들 금성대군이 유배와 있던 곳이다. 그는 단종 임금을 복위시키려다 발각되어 죽임을 당했다.

'오지(奧地)'라는 단어가 가장 잘 어울릴 것 같은 고장 봉화. 송이가 많이 나며, 협곡 열차가 주민들을 실어 나르는 봉화는 영화 '워낭소리' 때문에 세상에서 나고 가장 유명해졌다. 영화는 우리네 고향

고산정 청량산과 낙동강, 선비가 글 읽던 정자는 한 폭의 그림처럼 아름답다.

그 자체를 생각나게 했고, 우리네 부모를 떠올리게 해주었다. 산골 기슭밭을 일구는 농군의 주름살이 곧 고향이었다. 그래서 봉화는 고향의 대명사가 되었다.

태백에서 발원한 낙동강이 산골의 물들을 모아 제법 큰 내를 이루어 안동으로 흘려보내는 땅이 봉화이다. 낙동강은 태백산, 선달산, 각화산, 문수산, 청량산 등 1000~1500m 가 넘는 산 사이를 헤집고 흐른다. 그래서 봉화 구간 낙동강변에서는 모래밭을 보기 어렵다. 말 그대로 협곡뿐이다. 그래서 굽이마다 절경이다.

이런 곳이라 자연경관 외에 뭐 대단할 것이 있겠는가 싶지만, 마을마다 유력한 가문이 집성촌을 이룬 지 수백 년이 되었다. 봉화 유곡리에 닭실마을에는 충재 권벌의 후손이 당당한 가문을 유지하고 있다. 물야의 풍산김씨, 가평리 창녕성씨, 법전에는 법전강씨가 명문세가를 자랑하고 있다.

이렇게 안동 못지않게 유교적 분위가 넘쳐나는 곳이라 기독교가 전해지기는 쉽지 않겠다는 생각이 든다. 그런데 이곳 영주, 봉화에 자랑스러운 교회가 있으니 꼭 탐방해야 할 것이다.

내매교회

향약으로 깨운 변화

내성천(乃城川)은 봉화군 물야면 선달산에서 발원해 남으로 흐르면서 영주시, 예천군을 적시며 흐르다 삼강주막 앞에서 낙동강에 합류한다. 강이나 냇물이 흐르면 강변이나 천변에 옥토가 생긴다. 물이 있고 농토가 있으면 마을이 생긴다. 강이 한 굽이 돌 때마다 마을이 들어섰고, 강과 마을이 어우러지는 모습은 한국의 전형적인 풍광이 되었다. 내성천이 휘돌아 가는 곳에 무섬전통마을이 있고, 한 삽만 푹 퍼내면 섬이 될 것 같은 회룡포 마을도 있다. 강을 품고 산에 기댄 마을마다 묵은 기와가 세월의 무게를 잔뜩 안고 있다. 고가와 재실, 서당개가 풍월을 읊던 서원과 정사, 시구가 절로 나올 것 같은 누정이 펼쳐진다.

이렇게 내성천변에는 유서 깊은 마을이 많지만, 내매는 조금 다른 내력을 지닌 마을이다. 내매마을은 영주시 이산면의 동쪽 내성천변에 형성된 진주강씨 집성촌이었다. 이 마을은 영주에서 가장 먼저 교회가 생겼고, 교회에서 세운 학교도 있어서 뛰어난 인재가 샘솟듯 양성되었다. 교회 공동체는 마을 전체를 변화시켰고, 선한 영향력을 인근 지역으로 확산시켜 나갔다.

추억이 된 내매마을

그런데 내성천에 영주댐이 생겼다. 내성천에 기대어 살던 여러 마을이 수몰되었다. 내매도 마을과 논밭을 불어나는 물에 내주고 이주해야 했다. 주민들은 물이 들지 않은 곳으로 이주했고, 어떤 이들은 아예 멀리 이사가 버렸다. 마을 공동체가 해체된 것이나 다름없다. 강보다 더 긴 추억만 안은 채 고향을 떠났다. 내매를 기억하는 것은 수몰된 마을이 내려다보이는 곳으로 옮긴 내매교회뿐이다. 비록 집들은 흩어졌지만, 주일이 되면 예배당으로 모인다. 그들은 주일마다

추억이 된 내매마을 수몰된 내매교회 예배당에서 이름만 떼어 와 현 예배당 앞에 두었다.

고향을 찾아오는 셈이다.

내매는 내성천에서 '내(乃)'자를 따고 매화낙지(梅花洛池)에서 '매(梅)자'를 따서 지은 이름이라고 한다. 입향조는 강정(1535~1616)은 경기도 장단군에 살다가 임진왜란이 일어나자 피란하였다. 그러던 중 전쟁이 없고 평화가 깃든 땅을 찾아 헤매다 이곳 매화낙지를 만나 정착했고 집성촌을 이루었다. 옛날 사람들은 명당을 찾아다니다가 부합하는 곳이 있으면 터를 잡고 살았다. 내매는 매화꽃을 닮은 곳이라 한다. 매화는 옛 선비들이 좋아했던 꽃이다. 매화꽃이 피면 그 향기는 십 리까지 전해진다. 이런 곳에 살면 후손이 잘되고 온 세상에 이름을 드날리는 인물이 난다는 것이다. 마을 뒤에는 배산(背山)인 성지산이 솟아 있고, 임수(臨水)에 해당하는 내성천이 휘감아 간다. 양지마, 음지마 사람들은 내성천을 사이에 두고 만났다. 여름이면 냇가에 모여서 천렵하면서 화목을 쌓았다.

현 내매교회 예배당

강씨 집성촌 내매교회

내매교회(乃梅敎會)는 영주 지역 최초의 기독교인 강재원 장로에 의해 시작되었다. 그는 1901년 신학문을 배우기 위해 대구로 갔다. 대구에서 보고 경험한 것은 신학문(新學問)이 교회에서 시작된다는 것이다. 그는 윌리엄 마틴 베어드(William M. Baird, 1862~1931, 한국명 배위량) 선교사가 전해준 복음을 듣고 신앙을 갖게 되었다. 교회를 다니며 믿음을 갖게 된 강재원은 세례를 받았고, 세례를 받은 후 고향으로 돌아왔다. 그리고 40리나 떨어진 안동 예안의 방잠교회를 다녔다. 1906년 마을 사람 유병두의 사랑방에서 예배를 시작했다. 이듬해에는 자기 집으로 옮겨 십자가 깃대를 높이 달고 예배를 드렸다. 내매교회가 시작되는 순간이었다. 1909년 초가 6칸 예배당을 따로 지었다. 초대 교인은 강재원 가족, 강병주, 강병창, 강신옥, 강신유, 강석구, 유병두 등이었다. 선교사의 후원 없이 신앙을 갖게 된 이가 스스로 교회를 세운 것이다. 1913년 신도가 늘어서 예배당을 새로 지었다. 남녀칠세부동석을 위해서 ㄱ자 모양으로 지었다. 교회 설립 초기부터 부흥사 길선주, 김익두 목사 등을 초청하여 대부흥회를 열어 뜨거운 신앙을 더했다.

강재원의 헌신으로 진주 강씨 집성촌인 마을 전체(20가구)가 기독교 신자가 되었다. 교회는 내매를 변화시켰다. 교회를 중심으로 강력한 신앙공동체가 형성되었으며, 구성원들의 삶을 실질적으로 변화시켰다. 그 결과 영주와 봉화 지역에 19개 교회가 분리, 개척되는 등 긍정적 영향을 끼쳤다. 강재원 장로는 영주와 봉화 지역에 떨어진

'한 알의 밀'이었다.

강병주 목사

내매교회가 성장하는 데 큰 역할을 했던 인물은 강병주 목사였다. 강병주(1882~1955)는 15살 나이로 혼인한 후 오랫동안 자녀를 얻지 못하자 소실을 얻고자 했으나 부친에게 허락을 얻지 못하였다. 그러자 반발심리로 승려가 되겠다고 해인사로 향했다. 해인사로 가던 중간에 의병을 만나 해인사로 가는 길이 끊기자 마을로 돌아왔다. 뜻하지 않게 일본군이 의병을 토벌하는 살벌한 공간에 있다가 죽을 위기에 하나님께 살려 달라고 기도했다. 이런 신앙적 체험 후 고향으로 돌아와 1907년부터 내매교회에 다녔다. 그는 예수를 믿고 삶이 변했다. 그의 부친 강기원은 가족을 팽개치고 떠났던 아들이 돌아와 회심하여 변한 모습을 보고 놀랐다. 그래서 가족 전체를 이끌고 예수를 믿었다. 강병주는 평양신학교에서 공부하고 목사가 되었다. 그는 목사가 된 후 왕성한 활동을 했다. 농민들을 위해 「농민생활」이라는 잡지를 발간하고, 「벼 다수확법」, 「보리 다수학법」과 같은 책을 저술하였다. 그는 '한글목사'라 불리기도 했는데, 실제로 조선어학회 명예회원이었다. 그는 한글학회 유일한 목사회원이었고, 우리말 큰사전을 편찬할 때 기독교 용어 전문위원으로 활약했다. 1909년 강병주는 아들을 얻었는데 강신명이었다. 강신명은 훗날 목사가 되었고, 해방 후 영락교회과 새문안교회에서 헌신하였다.

내매교회 옛 사진(추정/사진:내매교회)

향약으로 마을 변화

내매교회는 주민들이 예수를 믿는 단계에 머무는 것이 아니라, 주민들의 실제적인 삶에 깊숙이 관여하였다. 이웃과 힘을 합쳐 초가집을 기와집으로 고치고, 부엌을 개량했다. 우물을 수리하고, 마을 길도 넓혔다. 이런 획기적 변화를 이끈 힘은 향약이었다. 조선시대 선비들은 향약을 전파해 마을을 변화시키고, 마을 지도자가 되었다. 내매교회도 마을을 살리기 위해 향약을 만들었고 실천해야 할 조약 6개를 만들었다.

첫째, 우상숭배와 선조제사를 금지하고, 구습타파와 미신을 일소한다.
둘째, 동민 전체가 술과 담배, 도박, 주막 출입을 엄금한다.
셋째, 일제의 앞잡이인 경찰관이 되는 것을 엄금한다.

넷째, 신, 불신을 막론하고 빈약한 관혼상제에는 자비량하여 협조한다.

다섯째, 소 이외의 가축 사육을 금지하며 깨끗한 신앙촌을 만든다.

여섯째, 주일은 성수하며 우물 문을 잠그고 전날에 준비한다.

조선시대 향약은 원래 의도와 달리 양반이 주민을 통제하기 위한 수단으로 변질되었다. 내명교회 향약은 '하나님 안에서 평등'이라는 기본 전제에서 마을을 실질적으로 변화시키는 큰 효과가 있었다. 덕분에 마을 전체가 예수를 믿었으며, 마을은 눈에 띄게 변화되었다. 특히 학교를 세우고 아이들을 교육한 결과 내매 뿐만 아니라 나라와 교회에 필요한 인재들이 속속 나타났다.

내매교회에 큰 시련이 닥친 것은 해방 후인 1949년이었다. 9월 29일 사랑방에 모여 마을 일을 의논 중이던 주민 6명을 공산 폭도들이 총을 마구 갈겨 죽이고 예배당을 불 질러 버린 것이다. 교회는 전소되었고 가족이 죽는 큰 아픔을 겪었다. 1953년 다시 일어나기 위해 강재원 장로를 필두로 목조 예배당을 중건하였다. 1977년에 출향 인사들의 도움으로 벽돌로 예배당을 신축하였다가, 그것이 수몰되면서 지금의 자리로 옮겨 새 예배당을 짓게 되었다.

뛰어난 인물을 배출한 내명학교

1909년 미국 북장로교 소속 아더 웰번(Arthur. G. Welbon, 1866~1928, 한국명 오월번) 선교사가 이 지역 최초로 남자 성경공부반을 내매교회에서 열었다. 1910년 4월 5일 강병주와 강석진이 주축이 되

내명학교 내매마을이 수몰될 때 역사성을 인정하여 옮겨왔다.

어 '기독내명학교'를 부설로 운영하였다. 선교부의 지원과 교회 여전도회의 헌신으로 전답 40두락을 기본 자산으로 뒷받침하였다. 이 학교에서는 신앙과 신학문 교육이 함께 이뤄졌다. 이 학교는 영주에서 순흥학교, 풍기학교에 이어 세 번째로 설립된 학교였다. 초대 교장은 강병주, 교사는 안광호였다. 1913년에는 사립기독내명학교로 총독부의 정식 허가를 받았다. 사립기독내명학교(4년제)는 해방 후 공립으로 전환되었다. 1946년 내명초등학교(6년제)로 바뀌었다가 1955년 평온초등학교로 흡수되었다. 85년 동안 2,185명을 배출하였던 내명학교는 1995년에 폐교되었다.

내매교회와 기독내명학교는 많은 인재를 배출하였는데, 강병주 목사와 강신명 목사 등 목회자만 33명, 강인구(계명대학교 설립), 강진구(전 삼성반도체 회장), 강신주(삼성전자 사장), 강항구(성유상사

사장), 강병덕(성창합판 사장), 강병도(창신대학교 총상), 강석일(영주영공교육재단) 등이 대표적 인물이다. 학교로 쓰이던 건물은 교회에서 다른 용도로 사용하다가 2009년 영주댐으로 수몰될 위기에 처하자 각계의 노력으로 지금 자리로 옮겼다. 옛 학교 교사(한옥)를 옮기면서 원래 모습대로 복원하였다.

내매교회에 가면

영주댐으로 내매마을과 교회는 수몰되었다. 주민들은 여기저기로 흩어졌지만, 교회는 수몰된 마을을 바라보는 곳으로 이전되었다. 내명학교로 사용되던 건물은 이전되었지만 예배당은 수몰되었다. 신축된 새 예배당은 나직하면서도 단단하게 생겼다.

주차장에는 '기독 내명학교 이전복원 기념비'가 세워졌다. 예배당으로 올라가면 왼쪽에는 내명학교로 사용되었던 한옥이 있다. 기단 위에는 까만 돌에 새긴 교적비가 있다. 예배당 벽에는 '한국기독교사적 제11호', '한국기독교역사유적' 표지가 붙었다. 내매교회의 옛날을 알 수 있는 여러 점의 사진도 전시되어 있다.

강문구 목사 순교기념비도 있다. 강문구 목사는 내매교회 강석초 장로의 아들이다. 목사가 된 후 평양선천남교회와 평양신학교를 섬겼다. 1950년 3월 신학생들을 대상으로 "사명자의 목소리는 광야의 소리가 되어 시대를 선도해야 합니다. 듣든지 안 듣든지 외칠 사명만 있는 것입니다."라고 새벽설교를 했다. 예배 후 몸이 가렵다고 수건을 들고 밖으로 나갔다. 그러고는 공산당원들에게 체포되어 영원히 돌아오지 않았다. 한경직 목사, 강신명 목사 등이 남한으로 내려

강문구 목사 순교기념비 내매교회 출신이며, 내명학교 출신인 강문구 목사

와 목회를 같이 하자고 했지만 "내게 맡겨진 양을 버릴 순 없지 않소"라고 하며 목사의 자리를 지키다 순교했다.

교회 마당에는 수몰된 예배당 마당에 세워졌던 교회 '교회창립 100주년기념비'가 있고, 설립자 '강재원 장로 표석'도 있다. 교회는 작지만 교회가 걸어온 길은 결코 작지 않았고, 좁지 않았다.

척곡교회

산골에도 뜨거운 독립의지

경상북도 봉화군! 듣기만 해도 산골이라는 생각이다. 영화 '워낭소리'의 배경이 되면서 봉화는 산골 중 산골, 오지 중 오지로 대중에게 인식되었다. 그러나 봉화군은 안동 못지않은 유교 전통이 강한 곳이다. 많은 마을이 아직도 집성촌이며, 유교적 전통을 품은 종가, 서원, 누정(樓亭)이 처처에 늠름하다.

봉화군 법전면은 진주 강씨 세거지(世居地)였다. 그래서 지금도 종택, 정자, 재실 등이 산과 시내를 따라 늘어서 있어서 묵은 향기를 눅진하게 뿜어낸다. 그런 법전면에 특별한 교회가 있다. 법전면 소재지에서 여러 굽이를 돌아가야 닿을 수 있는 산골에 척곡교회가 있다.

척곡교회는 1907년에 세워졌다. 선교사가 세운 교회도 아니고, 한국인 전도자가 와서 세운 것도 아니다. 이 깊은 산골에 평신도가 교회를 설립하였다. 교회를 세운 이는 대한제국 탁지부(오늘날 기획재정부) 관리를 지낸 김종숙(金鐘叔, 1872~1956)이었다. 김종숙은 을

척곡교회 전경

사늑약(1905)이 체결되자 관직을 버리고 처가 동네로 낙향했다. 그는 서울에서 벼슬할 당시 언더우드 선교사를 알게 되었고, 세례를 받고 기독교인이 되었다. 그는 언더우드 선교사의 설교를 듣고 '야소교(예수교)를 믿어야 조국을 개명시킬 수 있다'는 믿음을 갖게 되었다.

척곡리로 들어온 김종숙은 학교부터 세웠다. 교명은 명동서숙(1907)이었다. 이름부터 범상치 않다. 저 만주에 김약연 목사가 설립한 명동교회 명동서숙과 이름이 같다. 명동교회는 윤동주 시인이 다녔던 곳이다. 두 곳이 어떤 연관을 갖는지 분명하지 않지만, 공통점은 교회를 중심으로 독립투사들이 활약하거나 애국계몽운동을 했다는 점이다. 또 독립자금을 모아 그것을 만주로 보내는 역할을 척곡교회가 했다는 점에서 어떤 연관성이 있지 않을까 싶다.

"敬事天父 賜我食物 每番不忘 阿們(경사천부 사아식물 매번불망 아문) 공경과 섬김을 받으실 하나님 아버지! 우리에게 귀한 먹거리를 주시니, 때마다 그 은혜를 잊지 않겠습니다. 아멘"

척곡교회에서 드리는 식사 기도는 중국 용정의 명동교회, 명동서숙에서 드리는 기도와 같다고 한다.

한국 교회는 언제나 학교부터 세웠다. 건물은 학교이면서 예배당으로 사용되었다. 척곡리는 앞서 언급했지만 전통을 고수하려는 분위기가 강했다. 산골이어서 개화된 문물을 접하기 어려웠지만 교육 수준은 높았다. 그런 곳에 김종숙이 돌아와 복음을 전하기 위한 학교를 설립한 것이다. 복음을 전하는 데서 그치지 않고, 계몽을 통하여 애국자를 길러내는 데 힘썼다. 명동서숙이 설립되자 원근에서 학생들이 모여들었다. 당시 교회가 설립한 학교는 대부분 총독부에 의

명동서숙

해 교육기관으로 인가를 받고 공식 학교가 되었다. 그러나 명동서숙은 사설교육기관으로 운영되다가 1943년에 강제 폐교당했다.

1909년 척곡교회 예배당이 세워졌다. 이 지역 부자인 최재구가 땅을 내놓았고, 김종숙이 건축비를 헌금했다. 예배당은 정면 3칸, 측면 3칸, ㅁ자 기와집으로 건축되었다. 예배당으로 들어가는 문은 3곳에 두었다. 교회를 둘러싼 낮은 담장에는 솟을대문이 둘 있다. 동쪽과 서쪽에 있는 솟을문으로 들어서면 예배당으로 들어가는 문이 각각 보인다. 남녀를 구분하는 문이다. 예배당 뒤편에 설치된 문은 예배 인도자가 출입하거나 독립투사들이 피신하는 목적으로 사용되었다.

척곡교회와 명동서숙은 봉화 의병장들과 독립투사들이 비밀회합을 가지는 장소였다. 또 독립자금을 모아 김종욱을 통해 비밀리에 만주로 보내는 역할도 했다. 김종숙이 일제의 한국침략에 반발해 낙향했기에 일제는 처음부터 척곡교회를 감시망에 두고 있었다. 일제의 감시가 심했지만 3.1만세운동에 적극 나섰다. 김종숙은 1919년에는 장로가 되었다. 김종숙 장로는 1920년 일경에 끌려가 고초를 당했다. 1943년에는 교회 종을 공출당했다. 해방 직전에는 신사참배를 거부해 또 투옥되었다. 해방 후인 1946년에 목사가 되었다. 김종숙과 함께 척곡교회를 설립한 김종욱도 나중에 목사가 되었다.

예배당에서 의병 회합

척곡교회는 설립 당시부터 독립운동과 깊은 연관이 있었다. 김종숙이 을사늑약에 반발해 낙향한 이유, 게다가 김종숙의 처남 석태산이 봉화에서 활약한 의병장이었기 때문이다. 봉화 출신 독립투사 정용성, 김명림 등은 석태산과 함께 의병을 일으켜 일제와 싸웠다. 또 독립자금을 모아 척곡교회를 통해 만주로 전달하기도 했다. 이들은 경상북도 일대의 주재소를 습격하고, 친일매국하는 부자들을 습격해 군자금을 마련했다. 일제는 의병을 진압하기 위해 주변 마을을 초토화하는 만행을 서슴지 않았다. 일제의 잔학한 진압에 석태산, 정용선, 김명림은 소백산으로 들어가 투쟁했다. 일제는 석태산에게 협상을 제안했다. 석태산은 일제의 협상 제의를 믿고 나왔다가 현장에서 사살되었다. 김명림은 체포되어 대구형무소에서 10년을 복역했다. 정용선은 경성형무소에서 복역하던 중 옥사했다.

척곡교회 담장에는 구멍이 뚫려 있다. 교회로 접근해 오는 일본 헌병을 감시하기 위해서였다. 만일 일경이나 헌병이 온다면 예배당 뒷문으로 나가 산으로 달아나도록 했다.

이렇게 중요한 역사를 간직한 척곡교회는 2006년에 그 가치를 인

의병들의 회합 장소가 되었던 척곡교회 예배당

정받아 명동서숙과 함께 등록문화재가 되었다. 척곡교회는 설립 초기 모습을 잘 간직하고 있다. 깊은 산중이라 개발에서 밀려난 탓도 있지만, 전통을 고수하려는 마음과 조상의 흔적을 소중하게 여기는 지역 전통 때문이리라. 척곡교회에 보관되어 있던 기록 5점은 경상북도 문화재자료로 지정되었다. 1907~1955년 세례인 명부, 1921년 척곡교회 면려회 회의록, 1926년 이후 면려회 출석부, 1926년 이래 척곡교회 당회록 가운데 2호, 1930년 조직된 기본금 기성회 창립회의 기록 등이다.

이 땅에 척곡교회가 남아 있어서 반갑고 한편 고맙다. 그리고 미안하다. 척곡교회를 보면서 든 생각은 배은망덕(背恩忘德)이다. 세상은 이곳이 교회라서 모른척한다. 기독교인들은 한국 역사, 심지어 한국 기독교 역사에 관심이 없다. 그래서 찾아오지 않는다. 간혹 찾는 순례객들만으로는 오래된 문화재 예배당을 유지할 수 없다. 관심을 갖고 자주 찾아가야 한다. 그래야 비기독교인들이 눈을 비비고 쳐다본다. 그렇게 된다면 다른 문화재들처럼 반짝반짝 빛나게 될 것이다.

영주 기독교 유적 탐방

▮ 내매교회
경북 영주시 평은면 천상로259번길 137-31 / TEL.054-637-3082

▮ 척곡교회
경북 봉화군 법전면 건문골길 186-42 / TEL.054-672-4769

▮ 부석교회
경북 영주시 부석면 소천로 27-1 / TEL.054-634-4636

▌영주제일교회

경북 영주시 광복로 37 영주제일교회 / TEL.054-635-1601

▌성내교회

경북 영주시 풍기읍 기주로81번길 6 / TEL.054-636-6277

내매교회 앞에는 주차장이 넉넉해서 탐방하는 데 어려움이 없다. 척곡교회는 산골에 있다. 들어가는 길에 조심해서 운전해야 한다. 교회 주변에는 주차할 공간이 많다. 대형버스는 교회 아래 마을 사거리에 주차하고 걸어서 가는 것이 좋다. 100m가 조금 못 되는 거리다.

영주에는 그밖에도 주목할 교회가 몇 있다. 영주제일교회는 1907년 설립되었다. 처음에는 영주교회라 불렀다. 일제강점기 말에 탄압을 받아 많은 교인이 검거, 투옥되는 고초를 겪었다. 1950년에 영주제일교회로 개명했다. 1958년에 석조예배당을 지었으며 등록문화재가 되었다. 교회 주위로 근대문화의 거리가 조성되었다.

성내교회가 있는 풍기읍은 정감록에 말하는 십승지지로 알려져 있다. 온갖 재난을 피해갈 수 있는 곳이라 하여 나라가 어지러울 때마다 인구가 늘었다. 한국전쟁 당시 평안도, 황해도 출신 사람들이 몰려들기도 했다. 성내교회는 1907년 설립되었다. 처음에는 풍기교회라 불렸으며, 학교를 세워 주민들을 일깨웠다. 성내교회에는 역사관이 갖추어져 있다.

부석교회는 1929년에 설립되었으며 부석사 가는 길에 있다. 1964년에 완공된 문화재 예배당은 독특한 외관을 지니고 있다. 벽체는 흙벽돌로 쌓았으며 종탑은 나무로 만들어졌다. 예배당 앞으로 소백산에서 발원한 냇물이 흐르고 있다.

대게의 고장 울진 · 영덕

울진과 영덕은 대게의 고장이다. 대게가 지자체를 따져가며 사는 것이 아니니 서로 우리 것이라 주장한들 무슨 의미가 있겠는가? 두 고장 모두 짙푸른 동해를 끼고 있으며, 고개를 서쪽으로 돌리면 험준한 산줄기가 가로막고 있다. 7번 국도를 따라 남북으로 오르내리다 보면 바다와 산이 어우러지는 폼이 매우 아름답다. 파도가 갯바위를 때려 하얗게 부서질 때 해안에 차를 세우고 멍하니 서 있으면 세상 시름을 잊을 듯 풍경에 푹 빠지고 만다.

숲이 울창하고 진귀한 물산이 많이 난다는 울진은 소나무로 유명한 고장이다. 바다를 조금만 벗어나면 깊은 산중으로 접어든다. 불영계곡을 따라 들어가면 금강송으로 유명한 소광리가 있다. 소나무의 품격을 논하려면 이곳으로 가야 한다. 덕구온천과 백암온천이 있으니, 피로를 풀기에도 제격이다. 해안에는 관동팔경에 속하는 망양정과 월송정이 있어 울진의 자랑이 된다.

영덕군 영해면은 조선시대 행정 중심지였다. 사족(士族)이 많이 살았고 집성촌이 형성되었다. 그래서 '작은 안동'이라 불렸다. 고려

울진과 영덕의 명물 대게

말 대유학자 이색이 영해에서 태어났다. 한말에 나라를 구하고자 나섰던 평민 의병장 신돌석은 영덕을 대표하는 인물이다. 영덕 남쪽 강구항은 대게로 유명하다. 대게 외에는 아무것도 없는 냥 온통 대게 천지다. 워낙 비싼 값에 거래되기 때문에 주머니가 얇은 이들에게 대게는 구경거리일 뿐이다.

영덕과 울진에는 일찍이 복음이 전해졌다. 안동선교부에서 설립한 송천교회는 목조 예배당을 간직하고 있다가 문화재로 지정받았다. 마루 밑에 기도실을 마련한 행곡교회는 작은 규모지만, 역할은 매우 컸었다. 백두대간이 가로막아 두 고장 여행을 어렵게 하지만 믿음의 선조들이 걸었던 길은 더 험악했다. 불편함을 감수하고 찾아가 봐야 할 교회가 울진과 영덕에 있다.

송천교회

영해 3.1만세운동의 주역

송천교회는 송천(松川) 옆에 있다. 교회 주변으로는 송천이 만든 제법 너른 농경지가 펼쳐져 있다. 송천은 고래불해수욕장에서 바다에 합류한다. 냇물과 해안을 따라 해송(海松)이 울창해서 송천이라 했다.

송천교회는 국권을 상실했던 1910년 11월에 설립되었다. 안동선교부의 존 크로더스(한국명 권찬영) 선교사와 권수백 조사의 순행으로 시작되었다고 한다. 1914년에 초가를 매입하여 예배당으로 사용하다가 1917년에 12칸 목조 예배당을 세웠다.

1919년 낙평교회(구세군) 전도사 김세영은 서울에서 3.1만세운동을 목격하고 영덕 영해로 돌아왔다. 그는 낙평교회를 중심으로 거사를 계획하였는데 일제의 검속에 체포되고 말았다. 낙평교회 권태원은 송천교회 정규하 조사에게 김세영의 계획을 알렸다. 그러자 정규하 조사는 송천교회 교인들을 설득하여 90여 명의 교인들이 나섰다. 교인들뿐만 아니라 이웃들도 합류시켜 3월 18일 영해 장날에 3,000

송천교회 예배당

명 군중이 우렁찬 만세를 불렀다. 이것이 유명한 '영해만세운동'이다. 이 일로 1년 가까이 교회는 폐쇄당해야 했다. 교인 서삼진, 조영한은 현장에서 순국했고, 정규하 조사(훗날 장로가 됨)와 8명의 교인은 옥고를 치러야 했다.

민족말살정책이 추진되던 1941년, 일제에 의해 교회가 다시 한번 폐쇄되었다. 해방이 되어 예배당 문은 열렸지만, 6.25전쟁 중 폭격을 받아 완파되었다. 1953년 미국 선교부는 송천교회 예배당을 재건할 수 있도록 지원했다. 지금 예배당이 이때 지어진 것이다.

송천교회 예배당은 보기 드문 목조 건물이다. 장방형 평면에 맞배지붕을 하였다. 출입구 위에는 박공 포치가 솟아있고, 지붕 아래에는 목구조를 응용한 십자가를 두었다. 출입문을 들어서면 두 개의 문이 있다. 남녀를 구분하는 문이다. 외벽은 목재를 덧대어 수리했다. 이러한 가치를 인정받아 등록문화재로 지정되었다.

행곡교회

동해안의 예루살렘 교회

한국의 그랜드캐년이라 불리는 불영계곡이 긴 여행을 마치고 마지막으로 몸을 뒤틀며 만들어 놓은 제법 너른 행곡1리에 작은 행곡교회가 있다. 이 교회는 침례교단에 의해 1907년에 설립되었으며, 특별한 이야기를 간직하고 있다.

울진은 1963년까지 강원도에 속했었다. 그래서 당시는 강원도 동해안 최남단에 해당되는 곳이었다. 캐나다 출신 선교사 말콤 펜윅(Malcolm C. Fenwick)의 영향을 받은 권서 손필환이 강원도 울진으로 들어와 성경을 판매하면서 전도를 시작했다. 7명의 결신자를 얻고 첫 예배를 드린 때가 1908년이었다. 행곡교회의 시작이었다. 한국 침례교회로는 전국에서 여섯 번째로 세워진 교회였다. 울진에 처음 들어선 개신교회이기도 했다.

첫 예배 후 차츰 교인이 늘어나자 1910년에는 전치주가 기증한 땅에 첫 예배당을 건립했다. 비록 작은 교회였지만 주변 지역으로 교세를 확장하면서 구산, 용장, 대흥, 쌍전, 심당, 울진, 죽변, 근남, 기

행곡교회 예배당 한옥으로 된 (구)예배당과 새예배당이 나란히 있다.

양, 성류교회 등을 개척하거나 지원하는 놀라운 진보를 보여주었다.

행곡교회로 들어서면 왼쪽에는 벽돌조 예배당, 오른쪽에는 한옥 한 채가 보인다. 한옥은 구(舊)예배당으로 1934년에 지었다. 울진 읍성(邑城)을 지키던 병사들의 숙소(兵舍)가 헐리자, 자재를 가져와 재건축하였다. 울진 읍성 병사 숙소는 조선 순조 때 지어진 것이었는데, 헐려 없어지게 되자 교인들이 직접 가서 우마차에 실어 왔다고 한다.

1983년에 순교자기념예배당이 건축되자, 한옥 예배당은 친교실, 교육관, 역사관으로 사용하고 있다. 한옥 예배당은 문화재 가치가 있어 2006년에 등록문화재가 되었다. 내부로 들어가면 오래된 성경, 100년 전에 수작업으로 제작된 강대상, 강단의자, 세례확인증, 행곡교회가 걸어온 다양한 시절의 사진, 행곡교회와 관련된 책자 등이

1953년 행곡교회

전시되어 있다. 예배당 바닥 중간 지점에는 '지하기도실'이 있다. 마루를 들어 올리면 지하로 내려가는 구멍이 나온다. 엄혹한 시절에 목숨을 걸고 기도했을 장소다.

침례교단에서는 행곡교회를 "동해안의 예루살렘 교회"라고 부른다. 순교자를 3명이나 배출한 교회이기 때문이다. 첫 순교자는 전치규(田穉珪) 목사다. 전 목사는 행곡리 출신으로 유학자였다. 손필환에게 전도받고 1910년 32세 나이에 예수를 믿었다. 1916년에 목사가 되었으며, 1924년에는 교단의 대표자 격인 감목을 맡아 행곡 교회에서 총회를 치르기도 했다. 전 목사는 팬윅 선교사를 도와 신약성서 번역, 찬송가 출판에 힘썼다. 전치규 목사는 신사참배 거부로 1942년에 투옥되었다. 치열하게 일제에 저항하고 투쟁하였던 그는 1944년 함흥감옥에서 영양실조와 고문 후유증으로 세상을 떠났다. 행곡교회는 일제의 신사참배, 궁성요배 등 우상 숭배 요구를 반대했다. 그 결과 교회가 폐쇄되고 재산을 몰수당하는 아픔을 겪어야 했다.

한국전쟁으로 순교한 전병무 목사와 남석천 성도도 있다. 전병무 목사는 행곡리 출신으로 유학자였다. 1909년에 예수를 믿었으며, 1942년에 신사참배 거부로 투옥되었다. 1944년 출소 후 고향으로 돌아와 교회를 세우는 일에 헌신하였다. 전병무는 1949년에 목사가 되었다. 그러나 몇 개월이 지나지 않아 공산주의자들의 총에 맞아 숨졌다. 26세 청년 남석천도 전병무 목사와 함께 세상을 떠났다. 교회 마당에는 이들을 기념하는 순교자 기념비가 있다.

TIP 울진, 영덕 기독교유적 탐방

▌행곡교회
경북 울진군 근남면 행곡리 102-1 / TEL.054-783-4252

▌송천교회
경북 영덕군 병곡면 내륙순환길 4 / TEL.054-732-1012

▌용장교회
경북 울진군 죽변면 용장길 151-3 / TEL.054-789-6900

행곡교회는 울진에서 불영계곡으로 접어드는 초입에 있다. 교회 입구에 주차할 수 있는 공간이 충분하다. 송천교회에도 주차공간이 충분하다. 찾는 데는 어려움이 없다.

울진 용장교회는 산골에 있다. 죽변면 소재지에서 멀지 않지만 찾아가는 길이 만만치 않다. 1909년에 설립된 뒤 80호가 넘는 마을 주민 중에서 절반 이상이 교회에 출석할 정도로 마을에 영향력이 대단했다. 문화재로 지정된 예배당은 1937년에 건축되었다. 보존상태가 좋아 2006년에 등록문화재가 되었다. 설립자 문규석 목사는 독립투사이자 침례교단 지도자로 원산형무소에 투옥되기도 했다. 교회 내부에는 오래된 풍금, 성경, 찬송가 등 용장교회 옛 모습을 알려주는 자료들로 채워져 있다.

영천 자천교회

칸막이가 있는 예배당

영천시 화북면 자천리에 자리한 자천교회는 한국교회 초기 예배당 모습을 소중히 간직한 곳이다. 어디 예배당뿐이랴! 자천교회가 터 잡고 성장하는 과정에서 지역과 나라를 위해 눈물로 기도하고, 의(義)로써 행동한 이들이 있었다. 그래서 더 아름다운 교회가 되었다.

노귀재에서 만난 두 사람

자천교회(慈川敎會)는 미국 북장로교 선교사이자 대구선교부에서 활동하던 아담스(J. E. Adams, 한국명 안의와)가 경북지방을 순회 전도하던 중 서당 훈장을 했던 권헌중(1865~1925)을 만나면서 시작되었다. 권헌중은 경주 사람이다. 그는 당대 지식인이었고 민족의식이 투철한 인물이었다. 일본이 명성황후를 시해하자 분연히 일어나 의병(을미의병)이 되어 일본군과 싸웠다. 이 때문에 그는 일제의 감

영천 자천교회 전경

시를 받는 요시찰 인물이 되었다. 그는 감시를 피해 이리저리 떠돌았다. 경주 안강에서 청송으로 옮겨가며 은거하였다. 청송에서의 삶을 정리하고 대구로 거처를 옮기기로 하고 길을 가던 중 청송과 영천의 경계가 되는 노귀재에서 아담스 선교사를 만났다. 그때 아담스로부터 기독교를 소개받았고 복음을 받아들이기로 결단했다. 무슨 생각이었는지는 모르지만, 그는 대구로 가기보다는 지금의 영천 화북면 자천리에 정착한다. 낮에는 학동을 모아 글을 가르치고, 밤에는 선교사가 준 성경을 읽었다.

화북면 자천리는 면소재지가 있는 곳으로 제법 큰 마을이다. 영천을 대표하는 보현산(1,124m)이 동북쪽에 있으며, 산의 동서에서 흘러온 물이 마을에서 합류하여 제법 너른 옥토를 만들어 주었다. 그래서 마을에는 부자들이 여럿 있었다. 자천(慈川)이란 지명은 마을을 관통하는 내(川)의 이름이다.

권헌중은 교회를 세우려 하였다. 원주민이 아닌 외지에서 온 인물이 어느 날 갑자기 교회를 세우려 하니 주민들이 반대하고 나섰다. 영천은 유교적 풍토가 상당한 지역이었다. 그러니 마을 지도자들은 "우리 마을에 야소교가 웬 말이냐!"라며 막아선 것이다. 권헌중은 잠시 물러나 상황을 살폈다. 자천은 꽤 큰 마을이어서 주재소와 면사무소가 설치되어 있었는데, 제대로 된 건물이 없었다. 그래서 권헌중은 주재소와 면사무소 건물을 지어줄 테니 교회 세우는 것을 허락해 달라고 부탁했다.

이렇게 하여 교회 설립을 허락받은 권헌중은 초가삼간 한 채를 구입하여 서당을 겸한 교회를 시작하였다. 기록이 제대로 남아 있지 않아 정확하지 않지만, 이때가 1903년으로 짐작된다, 권헌중의 기도와 헌신으로 교회는 성장하여 단기간에 예배당이 비좁게 되었다. 권헌중은 사재(私財)를 내어 1904년 16칸 목조 기와집 예배당을 지었다.

신성학교, 지역을 깨우다

교회가 어느 정도 안정되자 권헌중은 서당이 아닌 신식학교를 세우기로 했다. 그에게 기독교는 무너진 나라를 일으켜 세울 힘이라 생각했다. 그 자신도 새롭게 변했다. 복음을 받아들인 후 집안의 종들에게 복음을 전하고 그들을 놓아주었다. 권위적이었던 유교적 풍토를 온화함으로 바꾸었다. 그리고 지역에서 교회가 감당해야 할 역할에 집중했다. 그 역할은 첫째는 복음을 전하는 것이었고, 둘째는 나라와 민족을 구할 사회적 책임이었다.

신성학당

교회가 한참 성장하던 중 1910년 한일강제병합이 이루어졌다. 권헌중은 미래를 책임질 인재를 기르기 위한 교육 사업에 힘썼다. 선교사들이 펼치고 있던 신식교육을 마을에 도입해 보기로 했다. 그리하여 자천교회 예배당을 학교 교사로 활용하는 '신성학교'라는 2년제 소학교를 시작했다. 이때가 1912년 혹은 1913년으로 보인다. 예배당 문은 언제나 열려 있었다. 주일만 사용하는 예배당이 아니라 주중에는 학교 교실이 되었다. 당시까지만 해도 자천과 같은 시골에는 근대문화가 제대로 소개되지 않는 상황이었다. 신식교육이 무엇인지도 몰랐다. 권헌중은 대구선교부를 드나들며 그곳에서 펼쳐지고 있었던 신문화를 직접 보았고, 조국의 미래에 대한 희망을 보았다. 첫 입학생은 50명이었다. 여학생은 한 명이었다. 그 한 명은 권헌중의 딸이었다. "계집아이에게 글을 가르쳐 뭐하느냐"는 빈정거림이 있었다. 그러나 시대는 신문화가 유입되어 변하고 있었다. 교회와 학교가 지역사회에서 긍정적 영향력을 확대하자 여학생이 점차 늘어났다.

자천교회는 학교를 설립하고 교육하는 것에서 머물지 않고, 주민들의 의식 개선에도 나섰다. 문맹을 퇴치하고, 금주와 금연, 노름 금지 등을 교회에서부터 시작했다. 모두가 잘 사는 농촌으로 바꾸기 위한 농촌 계몽운동에 나섰다. 교회가 향하는 방향은 옳았고, 주민들의 지지를 받았다. 그 가치에 동조하는 이들이 교회로 몰려들었다.

권헌중은 1922년에 장로가 되었다. 얼마 후 그와 함께 교회를 이끌던 서석희도 장로가 되었다. 두 사람은 모두 양반 출신이었다. 신분제가 사라진 지 오래되었지만 아직은 신분제의 유산이 막강한 힘을 발휘하고 있었다. 앞서 언급한 것처럼 영천은 유학적 풍토가 강한 곳이었다. 양반들이 교회를 이끌어 가는 것에 대해 당연하게 여기는 분위기가 있었다.

이 마을에 조병희라는 앉은뱅이가 있었다. 그는 저잣거리에서 도

교회 담장 사철나무 아래에 있는 권헌중 장로의 무덤, 기념비

장을 새기던 평민이었다. 그는 앉은뱅이여서 놀림당하는 설움을 삭이며 살아야 했다. 그러던 어느 날 유명한 부흥사 김익두 목사가 영천 읍내서 집회한다는 소식을 들었다. 그는 집회에 갔다가 앉은뱅이가 일어서는 치유를 받았다. 그는 뜨겁고 헌신적인 신앙인이 되었다. 1920년에 안수집사가 되고 곧 영수(장로제도 이전에 있었던 직분)의 자리에 올라 교회 지도자급이 되었다. 이제 양반이 주도하는 교회가 아니라 하나님의 사람들이 주도하는 교회가 되었다. 교회는 잘못된 사회 풍토를 바꾸는 중요한 역할을 맡고 있었다.

시련과 회복, 다시 시련

자천교회를 세우고 헌신했던 권헌중 장로는 1925년에 세상을 떠났다. 때마침 일제의 간사한 간섭이 교회에까지 미치고 있었다. 교회는 권 장로의 소천 후 어려움에 빠졌다. 갈 길을 잃은 듯 보였다. 그러던 중 1934년 이 마을에 이사 온 양재황, 이복조 부부의 헌신으로 다시 활기를 찾았다. 남편 양재황 집사는 서울 경신학교를 졸업하고 영천군 신녕금융조합 자천지소에 부임했다. 부인 이복조 집사는 대구여자보통학교를 졸업하고 자천초등학교 강사로 왔다. 이들이 자천에 머문 2년 동안 자천교회는 크게 부흥하였다. 이들은 아이들에게 성경과 한글을 가르쳤다. 이복조 집사는 풍금을 반주하면서 전 교인들에게 찬송을 가르쳤다. 악기를 동원한 찬송에는 힘이 있었다. 이들이 가장 많이 불렀던 찬송가는 한서 남궁억이 작사한 '삼천리 반도 금수강산'이었다. 나라를 위하는 절절한 가사에 마음을 담아 불렀다. 얼마나 크게 불렀던지 자천이 울렸다. 그러자 주재소는 불온한 노래라며 금지곡으로 지정했다. 당시 조선총독부는 교회에 공분을 보내 '삼천리 반도 금수강산', '만왕의 왕' 등 20곡 이상을 금지곡으로 지정했다. '삼천리 반도 금수강산'은 '하나님 주신 동산'이 아니라, '천황이 주신 동산'이어야 하고, 만왕의 왕은 '하나님'이 아니라 '천황'이어야 한다는 것이다.

1940년대 들어 일제는 태평양 전쟁을 일으키고, 한국을 일본화하는데 광분했다. 한민족을 말살하기 위한 책략으로 말과 글을 쓰지 못하게 하고, 창씨개명, 궁성요배, 황국신민서사 암송, 신사참배를 강요했다. 그리고 강제징병, 징용, 위안부를 강제하며 쇠붙이는 무기 만든다고 모조리 가져갔다.

자천교회 또한 예배당을 빼앗기는 수난을 당했다. 예배당을 가마니 짜는 공장으로 만들고, 교인들의 노동력을 착취했다. 예배를 알리고, 마을의 길흉례를 전하던 교회 종도 무기를 만든다고 약탈해 갔다.

해방 후 예배당으로 사람들이 몰려들었다. 300명이나 되었다. 예배 공간이 부족해지자 예배당 일부를 헐고 슬레이트 지붕을 얹어 확장했다. 남녀를 구분하던 칸막이도 제거했다. 그러나 해방의 기쁨도 잠시뿐이었다. 좌우 이데올로기의 대립은 교회를 위기로 몰아 넣었다. 자천리 마을에도 좌익 가담자들이 있었고 이들은 우익 인사들에게 해를 입혔다. 대립이 극에 달하던 중에 6.25가 터졌다. 얼마 지나지 않아 자천마을은 북한군이 점령했다. 일부 교인이 저들에 의해 죽임을 당했고, 교회는 뿔뿔이 흩어져야 했다. 예배당은 북한군 사무실이 되었다. 유엔군이 참전하면서 북한군이 사무실로 사용하던 예배당은 폭격의 목표물이 되었다. 교인들은 지붕에 올라가 하얀 횟가

루로 'CHURCH'라 표시하여 예배당을 지켰다. 전쟁 후 교회는 선교사들의 후원과 성도들의 십시일반으로 가난한 주민들을 돕는 데 앞장섰다. 지역민들의 화합을 도모하는 데도 큰 역할을 하였다. 전후 생계 때문에 자녀교육을 신경 쓸 틈이 없는 것을 방치하지 않고 거두었다. 그리하여 자천교회 주일학교에는 수백 명의 아이들이 모여들었다.

그러나 좋은 일만 있지 않았다. 교회는 분열이 되었다. 많은 교인이 이웃에 새 교회를 개척해서 떠났고 소수만 남았다. 소수만 남았기에 예배당을 새로 지을 여력이 없었다. 그래서 지금의 문화재 예배당이 보존될 수 있었다. 아이러니가 아닐 수 없다.

문화재 예배당

1904년 권헌중이 사재를 내어 지은 예배당은 一자형 집 두 채를 나란히 붙인 형태다. 겹집인 셈이다. 당시 예배당은 ㄱ자로 짓는 것이 일반적이었으나, 자천교회는 독특하게도 겹집으로 짓고 가운데에 칸막이를 설치해서 남녀를 구분하였다. 평면은 약간 길쭉한 장방형이다. 지붕은 우진각인데 용마루가 유난히 짧고 내림마루가 긴 것이 특징이다. 집 두 채를 나란히 붙이고 지붕을 하나로 하다 보니 지붕이 높아졌고, 무거워졌다. 그래서 서까래를 촘촘히 올렸다. 실내에는 기둥을 네 개 세워 지붕을 받쳤다. 내부에서 천장을 쳐다보면 서까래들이 펼쳐내는 향연이 매우 아름답다. 그래서 자천교회 예배당은 한국 건축의 자연 닮기가 잘 표현된 전통 한옥이다.

설교하는 강대상에서 보면 칸막이를 기준으로 좌우가 다 보인다.

자천교회 문화재 예배당

설교자는 기둥만 보이고 칸막이는 보이지 않는다. ㄱ자형이 아닌 장방형 예배당의 경우 휘장을 가운데 치는 것이 일반적이나, 자천교회는 나무 칸막이를 설치했다는 것이 독특하다. 중간에 기둥이 있어서 커튼을 설치하기에 적당하지 않아서 그런 듯하다. 이 칸막이는 시대에 따라 높이가 점차 낮아지다가 훗날 완전히 제거되었다. 남녀 차별이 조금씩 해소되었던 것처럼 말이다. 기독교는 이 땅에 들어와 한국문화에 변화의 동력을 제공해 주었다. 수백 년 동안 굳어진 잘못된 습성을 고치는 데 각별한 힘을 발휘하였다. 초기 신앙인들은 가르침을 받은 대로 실천하는 힘이 강했다. 교회라는 공간에서 시작된 고정관념 허물기가 이웃으로 번져나갔고, 그것이 사회 전체를 변화시키는 동력으로 작용했다.

예배당 뒤에는 온돌방 두 개를 나란히 배치하였다. 예배당 안에 온돌방을 설치한 경우가 없었는데, 자천교회에는 있다. 요즘 교회는 예배당 한쪽에 방을 마련하고 유아실, 자모실로 사용한다. 그런데 자천교회는 그 쓰임이 달랐다. 예배당을 지을 당시만 해도 선교사 또는 목사의 수가 턱없이 부족했다. 그래서

평신도가 어느 정도 수준에 올라서면 설교할 자격을 주었다. 그렇다 하더라도 선교사 또는 신학교육을 받은 이들이 설교하는 것과는 그 능력에서 차이가 있었다. 그래서 선교사나 신학교육을 받은 조사(助師)들이 교회를 순회하며 예배를 인도했다. 자천교회 온돌방은 이들 선교사와 조사를 위해 마련된 곳이었다. 선교사나 조사들이 사용하지 않을 때는 성경 공부하는 방으로, 마을 일을 의논하는 사랑방으로 사용되었다.

농촌교회로 근근히 명맥만 유지해 오던 자천교회는 2000년대 들어 새로운 전환기를 맞았다. 낡고 초라한 한옥 예배당이 그 가치를 인정받아 문화재가 된 것이다. 2005년에는 예배당을 수리하고 종탑을 복원했다. 더불어 주변을 정비했다.

2007년에는 교회 옆, 100년이 넘은 고택(古宅)이 교회 품으로 돌아왔다. 이 집은 교회를 설립한 권헌중 장로가 살던 곳이었다. 일제강점기에 교회가 재정적으로 어려움을 겪자, 권 장로는 자택을 김영대라는 부자에게 팔았다. 김영대는 영천의 3대 부자 중 한 사람이었다. 그는 훌륭한 인품과 높은 학식으로 마을 사람들에게 존경받았다.

권헌중 장로가 살 당시에는 ㄷ자형 한옥이었으나, 김영대가 소유하면서 증축하여 ㅁ자형이 되었다. 600평 대지 위에 사랑채와 안채, 좌우 별채, 행랑채 등으로 구성되어 있는 큰 규모의 집이다. 고(故) 김경환(김영대의 아들) 선생은 자천교회의 역사를 품은 고택을 교회로 돌려주었다.

자천교회는 기증받은 집과 대지를 정비하여 새로운 길을 모색하고 있다. 고택에는 '신성학당(新星學堂)'이라 이름을 붙이고, 지역사회 문화의 장으로 활용하고 있다.

교회 담장 옆 사철나무 아래에는 교회를 설립한 권헌중 장로 묘와 기념비가 세워졌다. 기념비는 자천교회 성도들이 세웠다. "한 알의 복음의 씨앗이 열매를 맺어 이곳에 믿음의 기초가 세워지다. 하나님의 뜻을 받들어 그리스도의 일꾼 된 故人의 숭고한 신앙 정신을 여기 아로 새겨 기념하노라"

자천교회는 교회를 둘러싼 낮은 담장, 한옥예배당, 신성학당, 종탑이 조화롭게 일군(一群)을 이루고 있는 매우 소중한 기독교 문화유산이다.

TIP **영천 기독교 유적 탐방**

▌자천교회
경북 영천시 자천8길 10 / TEL.054-337-2775

자천교회는 유적지로 잘 보존되어 있다. 예배당은 언제나 잠겨 있으니 미리 연락하고 가야 한다. 교회 앞에는 주차할 수 있는 공간이 넉넉하다.

제 9 부

부산 · 경남

제2의 도시 부산

1876년 강화도조약이 체결되자 닫혀 있던 나라 문이 열렸다. 조선은 부산(1876), 원산(1880), 인천(1883) 순으로 개항하였다. 개항 후 상황이 어떻게 전개될지 알 수 없었기에 한양에서 먼 순서대로 개항했다. 일본은 일본대로 본토에서 가장 가까운 부산을 원했던 것으로 보인다.

1876년에 개항된 부산항은 원래부터 일본인들이 거주하던 왜관이 있었다. 세종대왕이 대마도를 정벌한 후 삼포(三浦: 부산포, 염포, 제포)를 열고 노략질 대신 무역을 할 수 있도록 해주었다. 왜관에는 일본인들이 집단으로 거주하면서 무역, 외교 업무를 보았다. 특히 1678년(숙종 4) 4월에 왜관이 부산 초량으로 이전되었을 때 초량항은 조선과 일본의 사신이 경유하는 중요한 항구가 되었다. 초량항은 강화도조약(1876) 이후에도 그 명맥을 이어가 지금의 부산항으로 성장하였다. '부산(釜山)'은 부산포의 지형이 가마솥(釜)처럼 생긴 데서 유래하였다.

임진왜란(1592) 때에는 부산진성, 동래성에서 많은 희생이 있었

부산의 상징 오륙도

다. 부산진성의 정발 장군, 동래성 송상현 부사는 죽음으로 침략군에 맞서 싸웠다. 임진왜란 7년 동안 왜군이 부산에 주둔하여 부산은 막대한 피해를 입었다. 1763년(영조 39) 일본에 통신사로 갔던 조엄이 대마도에서 고구마 종자를 가져왔다. 동래부사 강필리가 고구마 재배에 성공하여 고구마는 전국으로 퍼졌다.

1876년 개항 후 부산에는 일본, 청국, 영국의 영사관이 설치되었다. 일본은 부산을 발판으로 한반도를 삼킬 야욕을 키웠다. 1908년에는 경부선 철도가 개통되어 서울과 거리가 가까워졌다. 1925년에는 경남도청이 진주에서 부산으로 옮겨왔다.

부산에는 유명한 관광지가 많다. 동백섬에는 여전히 꽃이 피지만, 오륙도 돌아가는 연락선은 없다. 해운대 · 광안리 · 송정 · 송도 · 다

대포 등 뛰어난 풍광을 지닌 해수욕장이 연이어 있어 도심 속 해수욕장으로 명성이 자자하다. 태종대와 몰운대는 기암절벽과 울창한 상록수림으로 유명하다. 감천문화마을은 잃어버린 옛 서정을 일깨우는 아름다운 곳이다. 국제시장과 자갈치시장은 부산이라는 도시가 얼마나 활기찬 곳인지 알 수 있게 한다. 을숙도는 철마다 철새를 불러 모은다. 한국전쟁으로 부산은 한 때 대한민국 임시수도 역할을 했다. 그래서 한국전쟁 때의 흔적이 짙게 남아 있다. 임시수도정부청사, 대통령 관저 등이 당시 상황을 전해주고 있다.

무엇보다 한국 제2의 도시지만, 해안과 낙동강 주변을 빼놓고는 평지가 별로 없다. 거대한 도시가 골짜기와 골짜기에 좁고 길게 펴져 있어서 운전하기가 만만찮다. 높고 낮은 능선을 넘어가는 도로가 거미줄처럼 연결되어 타지에서 온 사람들은 힘겨워한다. 그것이 부산의 매력이며, 한 능선을 넘을 때마다 갑자기 보이는 도시와 바다는 부산을 기억하는 또 다른 코드가 된다.

부산선교부

호주 장로교 터전 부산

부산은 일찍이 기독교가 전파되었다. 일본에 주재하고 있던 스코틀랜드 성서공회 총무 톰슨은 권서(勸書: 매서인) 나가사까를 부산으로 파송해 2개월간 성경을 배포하도록 했다. 나가사까는 1883년 7월 24일 부산으로 들어와 원산까지 오가며 2개월간 성경을 배포했다. 또 톰슨은 1884년 4월 13일 일본인 권서 미우라와 스가노 부부를 대동하고 부산에 내한해서 성경 보급소를 설치하고 성경 판매를 시작했다. 1885년 한 해 동안 판매한 쪽복음은 1,555부에 달했다.

영국성공회 선교회에서는 1884년 5월에 부산선교를 시도했다. 중국 푸저우(福州)에 머물던 월푸 선교사가 1884년에 부산을 방문했다. 이때는 조선의 상황을 탐색하는 걸음이었고, 다음 해 11월 중국인 복음 전도자 2명을 데리고 재차 방문하였다. 월푸는 머물지 않고 곧 중국으로 돌아갔으나 이들 중국인 전도자 중 적어도 한 명은 1887년까지 부산에 머물며 복음을 전한 것으로 보인다.

개신교는 1889년에 복음 전파가 시작되었다. 캐나다에서 파송한

게일(J. S. Gale, 1863~1937) 선교사가 조사 이창직과 부산에 도착하여 경남 지방 선교를 시도했다. 게일은 경남 선교의 교두보가 될 부산을 주목하면서 선교부를 설립할 목적으로 한옥 한 채를 확보해 두었다.

핸리 데이비스 선교사 그의 순교는 부산지역에 떨어진 밀알이었다. 호주 장로교는 더 많은 선교사를 파송했고, 해방 전까지 무려 78명이 부산으로 왔다.

캐나다에서 파송한 하디(Robert A. Hardie, 1865~1949) 선교사는 1891년 4월에 어학선생 고학윤과 함께 부산에 도착했다. 한옥 한 채를 빌려 살면서 마당에 임시 진료소를 열고 의료 선교를 시작했다. 하디는 "셋집에 있는 우리교회"라는 소식을 전했다.

호주 장로교 선교사들도 부산으로 들어왔다. 데이비스(J. H. Davies, 1856~1890) 선교사는 1889년 10월 5일 서울에 도착해서 부산선교를 준비했다. 5개월간 한국어를 배우면서 한국의 정치 상황, 문화, 풍습을 배웠다. 데이비스는 선교의 불모지 부산으로 가기를 원했다. '남의 터 위에 집을 짓지 않는다'는 것이 당시 선교사들 생각이었다. 그러나 안타깝게도 서울에서 부산까지 내려오는 동안 천연두에 감염되어 부산 도착 직후 순직하고 말았다. 그의 순직은 호주 장로교를 놀라게 했고, 한국 선교에 대한 마음을 당겨 주었다. 그리하여 호주 장로교는 더 많은 선교사를 파송했고, 그의 순직 후 무려 78명이나 한국으로 왔다. 데이비스는 옥토에 뿌려진 좋은 씨앗이었다.

데이비스 순교 직후인 1891년 10월 제임스 맥카이(R. J. H. Mackay)

부부, 멘지스와 페리, 퍼셋이라는 여선교사가 부산에 도착했다. 이후에도 무어, 브라운 선교사가 속속 합류해 호주선교부는 활기를 띠었다.

호주 장로교에 이어 부산선교를 시작한 곳은 미국 북장로교였다. 베어드(W. M. Baird, 1862~1931, 한국명 배위량) 선교사가 1891년 3월에 부산으로 들어왔다. 캐나다, 호주에 이어 세 번째로 부산선교를 시작했지만, 가장 경험이 풍부했기 때문에 조직적인 선교를 전개할 수 있었다. 베어드는 1891년 9월 24일 미국 공사 허드의 도움으로 부산 영선현에 있던 일본인 거주지 밖의 땅을 매입해 선교부지를 확보하고 열악한 환경을 조금씩 개선했다. 나중에 부산이 호주 장로교 선교구역으로 확정되자 베어드는 대구로 옮겨서 선교를 이어 나갔다.

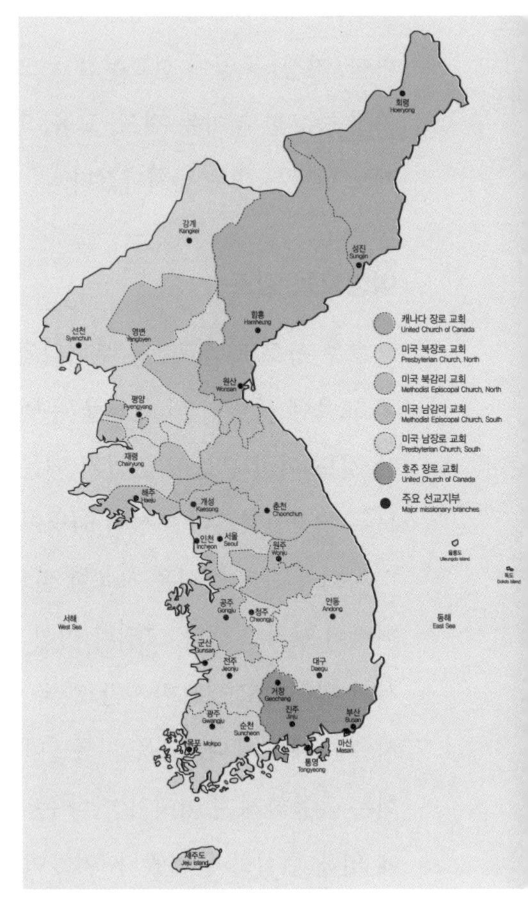

예양협정(사진: 순천기독교 역사박물관)

부산, 경남지역은 예양협정(禮讓協定)에 따라 호주 장로교 선교부와 미국 북장로교 선교부의 공동선교지역이 되었다. 호주선교부는 부산 초량과 부산진 좌천동을 비롯한 부산의 동부지역을 맡았다. 미국 북장로교 선교부는 지금의 중앙동,

영도를 비롯한 서부지역을 맡았다. 1901년이 되면 양 선교부는 선교지역 분담과 재조정을 의논하게 되었고, 1913년 미국 북장로교 선교부는 부산, 경남에서 철수하여 경북으로 옮겨갔다.

1914년 이후 부산은 호주 장로교 선교부가 전담하게 되었다. 호주 장로교는 효과적인 부산, 경남 선교를 위해 1910~1914에 8명의 선교사, 9명의 미혼 여선교사를 추가로 파송하였다. 호주 장로교는 부산선교부가 정착되자 경남 전역으로 선교구역 확대에 나섰다. 진주, 마산, 거창, 통영에 선교부를 두고 많은 영향을 끼쳤다. 선교사역의 가장 중요한 분야는 전도, 교육, 의료였다. 거기에 더해서 자선과 구제도 힘닿는 대로 펼쳐나갔다.

여성교육 강조

호주 장로교 선교부는 부녀자와 아동 교육을 특히 강조하였다. 여성 교육에 특별히 더 관심을 두었다. 미혼 여선교사들이 대거 들어온 것도 이런 부분이 있었기 때문이었다. 해방 전 내한한 선교사는 모두 78명이었는데 여성이 54명이었다.

사회 풍습이 여성은 교육할 필요가 없다는 것이었고, 가난 때문에 여력이 없기도 했다. 그러나 여성 교육은 시급했다. 교회가 든든하게 서기 위해서도 필요하지만, 한국 사회의 근본적인 변화를 위해서도 시급히 해야 했다. '교육은 특별한 계층이 독점할 부분이 아니며, 기회는 균등하게 주어져야 한다'는 근대적 의미의 교육관이 선교사들에 의해 현실로 들어왔다. 이들이 하고자 했던 교육 목표는 공직에 가기 위한 것이 아니라 시민의식 함양, 교양 있는 그리스도인의 인격을 갖추도록 한다는 데도 있었다. 당장은 실용적인 실업교육을 통해 가난하고 가진 것 없는 이들에게도 희망을 주어야 했다.

경남지역 각 선교부는 반드시 남 · 여학교를 세웠다. 남학교는 해당 지역 교회가 자립하면 운영권을 넘겨주었다. 그러나 여학교는 선교부가 직접 운영토록 하였다. 여성 교육만큼은 선교부가 끝까지 놓지 않았다. 부산 일신여학교(1895), 진주 시원여학교(1906), 마산 의신여학교(1913), 통영 진명여학교(1914)가 여성 교육을 담당하고 있었고, 이들 학교는 경남지역 민족 계몽에도 큰 역할을 감당하였다.

항일투사의 산실 일신여학교

일신여학교는 호주 장로교 선교사 이사벨라 멘지스(I. B. Menzies, 1856~1935, 한국명 민지사)에 의해 설립되었다. 그녀는 1891년에 한국에 도착했으며 호주선교부에 합류하였다. 부산진교회와 일신여학교를 설립하고 1924년까지 30여 년을 전도와 교육 사업에 헌신하였다. 그녀는 후배 선교사들로부터 '호주선교부의 어머니'로 불렸다.

이사벨라 멘지스 그녀는 부산일신여학교, 미오라고아원 설립자이며, 호주선교부의 어머니라 불렸다.

멘지스는 극심한 가난으로, 신체적 장애로 버려진 아이들을 위해 1893년 '미오라 (Myoora)고아원'을 개원했다. 미오라고아원은 1895년 3년제 소학교로 확장되어 일신여학교가 되었다. 일신(日新)은 '날로 새롭다'는 뜻으로, 고정 관념을 넘어서는 새로운 여성을 양성한다는 목표를 가졌다. 1905년에는 학교를 부산진 좌천동으로 이전하였다. 1909년에는 고등과를 설치하여 고등교육으로까지 확대하였다. 현재 동래여자중 · 고등학교의 전신이 되었다. 1925년에는 동래구 복천동에 고등과 건물을 신축하고 효율적이고 확산적인 교육을 하였다.

부산진일신여학교는 부산 최초의 여성 교육기관이었다. 일신여학교의 교육 목표처럼 안주하는 여성이 아닌 시대를 읽을 줄 알고, 민족적 소명을 갖는 여성이 배출되었다. 그리하여 1919년 부산지역 3.1만세운동을 이끈 주역들이 이 학교에서 나타났다.

부산의 3.1운동은 3월 3일부터 조짐이 있었다. 그러나 일제의 사전 검열과 체포로 계획대로 진행되지 못했다. 심지어 학교를 중심으로 시위를 준비하고 있다는 첩보를 입수하고는 강제 휴교를 단행하고 학생들을 귀가시켰다. 3월 11일 아침 일신여학교 학생 김응수가 교정에서 전단을 발견하고 교사 주경애에게 전했다. 그날 밤 9시, 교사 주경애, 박시영의 주도로 9명의 학생이 거리로 나가 태극기를 힘차게 흔들며 '대한독립만세'를 외쳤다. 이것이 부산지역 3.1만세운동의 신호탄이었다. 이 일로 박시영, 주경애 선생은 1년 6개월을, 학생 9명은 5개월 형을 선고받고 투옥되어야 했다. 교사와 학생들이 투옥되자 학교에 남아 있던 학생들은 4월 8일 2차 만세운동을 일으켰다. 그리하여 부산과 경남지역 만세운동이 불붙게 되었다.

1940년대에는 일제의 강압적인 신사참배 요구를 거부하자 강제 폐교되었다. 이에 부산의 유지들은 학교를 유지하기 위해 재단법인 구산학원을 설립하고, 학교 경영권을 인수하였다. 1940년 5월 동래고등여학교로 교명을 변경하고 다시 개교하였다.

졸업생으로 항일투사 박차정, 5선 국회의원을 지낸 박순천이 있다. 박차정(1910~1944)은 의열단 김원봉의 아내로 알려져 있다. 일신여학교를 졸업하고 좌우익 세력의 연합을 통한 항일운동을 전개하였다. 광주학생운동이 일어났을 때 박차정은 서울에서 학생운동을 지휘하였다. 이후 중국으로 망명하여 의열단을 조직하고 활약하던 김원봉과 혼인하였다. 1939년 일본군을 상대로 전투하던 중 부상을 입고, 후유증으로 고생하다가 1944년에 고국으로 돌아오지 못하고 중국에서 세상을 떠났다. 부산 동래에는 그녀의 생가가 있다.

일신여학교는 1987년 좌천동에서 금정구로 이전하였다. 옛터에는 일신여학교(동래여고) 기념관(월~금 개방)이 남아 있다. 이 건물은 1909년 호주선교부에서 교사(校舍)로 지은 서양식 벽돌건물이다.

일신여학교(현 일신여학교 기념관)

1층 외벽은 석조이고, 2층은 붉은 벽돌로 되어 있다. 밖과 달리 내부는 목조로 마감하였다. 보통의 경우 내부에 층계를 두는데 이곳은 외벽에 층계를 설치했다. 건물이 원래 산기슭에 있는 데다 2층에 올라가 내려다보면 부산항이 잘 보였다. 1층에는 옛 교실을 재현해 놓았고, 2층은 일신여학교 역사를 소개하고 있다. 100년 전 신교육을 받던 여학생들 사진, 일신여학교 학생들의 3.1만세운동 참가 내력, 일신여학교 출신 독립운동가 등이 소개되어 있다. 부산지역 초기 기독교 자료들도 추가로 전시되어 있다.

기념관 뒤로 올라가는 길에는 독립선언서를 돌판에 새겨서 축대에 부착해 두었다. 1907년에 있었던 국채보상운동, 1919년 일신여학교 만세운동, 부산경찰서 폭파 사건을 주도한 박재혁(1895~1921) 의사, 비밀결사를 조직하고 일제와 싸웠던 최천택(1897~1962) 의사, 대한민국 임시정부에서 활동했던 장건상(1882~1974) 선생 등 부산지역 독립운동가들도 소개하고 있다.

상애원과 일신기독병원

맥켄지(Mackenzin, 1865~1956, 한국명 매견시)는 호주 장로교에서 파송한 선교사다. 그가 부산에 도착 한 때는 1910년이었다. 그는 부산, 경남 일대를 순회하며 전도하였고, 52개

맥켄지 선교사 부부와 두 딸 헬렌과 캐서린의 모습

교회를 방문하여 세례를 베푸는 등 활발한 활동을 하였다. 그러던 중 경남지방에 한센병자가 유난히 많다는 것을 알게 되었다. 1930년대 전국 한센병자 수는 2만 명 정도였는데, 6~7천 명이 경남에 집중되어 있다는 것을 확인한 것이다. 맥켄지는 한센인들을 위해 발 벗고 나섰다. 조선총독부에는 환자를 격리 수용해야 할 필요를 설명하고 지원을 받아내는 데 성공한다.

우리나라 최초 나병원인 상애원(相愛園)은 미국 북장로교 선교사 찰스 어빈(C. H. Irvin, 1862~1933, 한국명 어을빈)이 1909년에 나환자 구원 사업을 하면서 시작되었다. 1911년 찰스 어빈이 은퇴하자 1912년 맥켄지가 이 사업을 이어받았다. 맥켄지는 부인 메리 켈리(Mary Kelly, 1880~1964)와 나환자 돌봄과 목회 사역을 헌신적으로 전개했다. 그는 이곳을 '상애원'이라 이름 지었다. 그는 인자한 성품과 사랑이 넘치는 행동거지로 환자들을 돌보았다. 병원 내에 상애교회도 설립하여 환자들을 그리스도에게로 인도했다. 그는 환자들과 함께 생활했다. 처음 20명으로 시작한 상애원은 1938년에 650명 환자를 수용할 수 있는 시설로 확장되었다. 그의 헌신적인 노력으로 한센병 환자 사망률이 25%에서 2%로 감소하는 큰 성과를 보았다. 근본적인 치료를 위해 약제 개발에도 주력하여 주사약을 개발하는 성과를 얻었다.

게다가 한센병 전문 간호사를 양성하여 각 지역에 파견하였다. 환자들 처지를 개선하기 위해 음성으로 치료된 환자의 문맹퇴치와 경제적 자립을 도왔다. 환자 자녀들 교육에도 힘써 상애원 내에 명신학교를 설립하였다. 또 부산 범천동에는 고아원을 설립하고 운영하기도 했다.

맥켄지는 교회 지도자 양성을 위해 성경학교도 운영하였다. 그의 부인 켈리도 부산진을 중심으로 여성주일학교와 성경학교를 열고 여성 지도자 양성에 힘썼다. 1913년 소녀들을 위한 야간학교를 운영하고, 일신여학교(동래여자고등학교)를 설립하는 데도 중요한 역할을 맡았다. 그녀의 활약은 부산지역 여성사에서 매우 중요한 전환이 되었다.

초량교회 담임으로 있던 손양원 목사는 맥켄지의 헌신적인 활동에 큰 감명을 받았다. 손 목사가 초량교회 담임을 맡았던 시기인 1926~1934년은 한센병자가 병원으로 몰려들던 때였다. 손 목사도 환자들의 육신을 치료하고, 영혼을 위로하는 구원 사업을 성심으로 도왔다. 훗날 여수 애양원에서 활동할 수 있었던 것도 이런 경험이 있었기 때문이다.

맥켄지는 1938년 73세 고령으로 호주로 돌아갔다. 1940년 일제는 상애원 환자들을 소록도로 강제 이주하도록 했다. 우여곡절 끝에 390명이 소록도로 이주했다. 나머지는 흩어졌다. 일제는 상애원을 폐쇄하고 군부대 기지로 사용했다.

해방 후 흩어졌던 상애원 환자들은 원래 자리 인근인 용호동에 모여 상애원 혹은 용호농장으로 불리던 나환자촌을 만들어 정착했다. 일본군 포진지, 막사, 감만동 상애원 주거 건물을 철거하여 용호동으로 옮겼다.

부산일신기독병원에는 부산나병원 기념비가 있다. 이 비석은 1930년에 감마동 상애원 병원 설립을 기념해서 세웠던 것이다. 이

일신기독병원

비석에는 부산나병원 건립을 지원한 국제 나병 구호조직인 대영나환자구료회, 병원 설립자인 어빈(어을빈), 스미스(심익순)와 병원 운영자였던 매견시(맥켄지), 비석 제작일, 병원 설립일 등이 새겨져 있다. 이 기념비는 지금은 사라져 버린 우리나라 최초의 나병원 존재를 알려주는 귀한 기록물이다. 상애원이 없어진 후 비석은 땅에 묻혔는데 농부가 밭을 갈다가 발견했다. 발견된 비석은 상애교회로 옮겨져 보관되었다. 2004년 용호동 일대가 도시로 개발되면서 상애교회가 기장군으로 이전하자 일산기독병원에서 비석을 가져와 다시 세웠다.

맥켄지의 두 딸 헬렌 맥켄지(Helen, 1913~2009, 한국명 매혜란)와 캐서린 맥켄지(Catherine, 1915~2005, 한국명 매혜영)는 의사와 간호사가 되어 전쟁으로 피폐해진 한국으로 돌아왔다. 전쟁으로 고통받는 여성들을 위해 부산 동구 좌천동에 병원을 세웠다. 큰딸 헬렌은 산부인과 의사였고, 동생 캐서린은 간호사였다.

헬렌은 1913년 부산에서 태어났다. 1931년 평양외국인학교를 졸업하고 호주로 가서 의과대학을 다녔다. 중국에서 의료선교사로 활동하다가 한국전쟁이 발발하자 부산으로 돌아왔다. 동생 캐서린도 부산에서 태어났다. 호주에서 간호학을 공부하였고 부산으로 돌아와 산부인과 간호사 양성에 힘썼다. 1975년 외국인으로는 처음 나이팅게일상을 수상했다. 두 자매가 설립한 병원은 일신기독병원이 되었다. 이들이 세운 병원은 변변한 의료기관이 없던 부산에서 큰 역할을 하였다.

헬렌은 1972에 한국인에게 병원 운영권을 넘기고 호주로 돌아갔다. 그 사이에 병원은 매년 6,000명 이상 신생아가 태어나는 곳이 되어 있었다. 그래서 '아기를 낳으려면 일신병원으로 가라'는 유행어가 전국에 퍼지기도 했다.

2002년에는 개원 50주년을 기념하여 맥켄지역사관을 열었다. 맥켄지 자매의 유산을 보존하고, 널리 알리기 위해서 역사관을 마련했다. 역사관 내부에는 호주 장로교 선교 역사, 일신기독병원 역사, 헬렌의 의사 면허증, 오르간, 성찬식 포도주잔, 기증한 소장품 등이 전시되어 있다. 역사관 입구에는 앞서 언급한 부산나병원 기념비가 있다.

정공단 옆에는 매견시 목사 기념비가 있다. 한센병자들을 위해 헌신했던 매견시 목사의 은덕을 기리는 뜻에서 1930년에 세웠던 것을 복원한 것이다. 처음 비석을 제막할 때 기독교인뿐만 아니라 일본 정부와 지역사회 대표자들도 참석했다고 한다.

부산진교회

순교로 시작된 교회

호주 장로교에서 파송한 헨리 데이비스 선교사의 순직이 계기가 되어 1891년 10월 5명의 호주 선교사가 부산에 도착했다. 이들이 부산진 일대에 선교부를 개척하고 5~6명의 주민과 첫 예배를 드린 것

부산진교회

이 부산진교회의 시작이었다. 이때가 1891년 1월이다. (1892년이라는 설도 있다)

1894년 4월 호주 선교사들의 어학 선생이었던 심상현과 여성 2명이 세례를 받았다. 이들은 영남 최초의 세례교인이었다. 1904년에는 심취명이 장로가 되었다. 심취명은 심상현의 동생이다. 심취명은 훗날 목사가 되었는데, 영남지역 최초의 장로, 목사가 된 인물이다. 심취명은 목사가 된 후 부산진교회 2대 담임목사로 부임하여 활약하였다. 심취명이 장로가 되자 부산진교회는 부산 및 경상도에서 최초로 당회를 구성한 교회가 되었다.

겔손 엥겔(왕길지) 선교사 부산진교회가 자립하는 데 큰 역할을 하였다.

1900년 10월 겔손 엥겔(Gelson Engel, 1869~1939, 한국명 왕길지) 선교사가 초대 담임목사로 부임했다. 엥겔은 남자 교인들을 모아 예배당을 스스로 건축하게 하였다. 교인들 스스로 예배당을 건축하게 한 만큼 교회 운영도 평신도들이 할 수 있도록 도왔다. 수요예배를 만들고 평신도들이 직접 인도하게 했다.

엥겔은 울산-기장-서창-병영-함안 등 경남 일대를 다니며 복음을 전했다. 그 결과 안평교회(동래), 수안교회(동래), 기장교회, 장전리교회, 금사교회, 송정교회 등 많은 교회가 설립되었다. 그는 문서선교에도 힘써 신학교 기관지 '신학지남'을 창간하고, 성서번역에도 힘썼다. 엥겔의 활약을 기념하기 위해 부산진교회 교육관에 '왕길지기념관'을 두었다.

여선교사 멘지스는 여성 교육을 위하여 1905년 부산진교회 앞에 '일신여학교'를 설립했다.(일신여학교 참고) 부산진교회는 독립운동에도 적극 나섰다. 1919년 부산 3.1만세운동 때에 일신여학교 학생들의 동참이 컸다. 일제에 의해 주동자로 찍힌 11명 중 9명이 부산진교회 교인이었다. 학생들을 이끌었던 박시연 선생도 주일학교 교사였다. 부산뿐만 아니라 진주, 통영에서 3.1만세운동을 이끈 심두섭, 문복숙도 부산진교회 교인이었다. 1945년 항일운동 하다가 옥사한 차병곤, 정오연도 부산진교회 학생이었다. 이런 일이 반복되자 부산지역 주민들은 더 이상 서양에서 온 이방 종교 취급을 하지 않게 되었다.

교회 1층 로비에는 부산진교회가 겪어온 역사가 사료로 전시되어 있다. 교회 뜰에는 호주 선교사 묘비, 기념비가 세워졌다. 조셉 헨리 데이비스(덕배시, 1856~1890), 벨레 멘지스(1856~1935)와 엘리자베스 무어(1863~1953)의 공로 기념비, 겔손 엘겔(왕길지, 1868~1939), 아그네스 엥겔(왕길지 부인, 1868~1954), 제임스 노블 맥켄지(매견시, 1865~1956), 메리 캑켄지(매견시 부인, 1880~1964), 헬

부산진교회 뜰에 세워진 선교사 묘비, 기념비 / 복병산에 있었던 데이비스 선교사 묘비

렌 맥켄지(매혜란, 1913~2009), 캐서린 맥켄지(매혜영, 1915~2005)의 것이 있다. 데이비스 선교사 기념 비석은 그의 무덤이 있던 복병산 묘비 모양을 본떠 교회설립 110주년에 세웠다. 벨레 멘지스와 엘리자베스 무어 공로비에 새겨진 글은 매우 재미있다. '공로긔념, 모부인, 맨지부인, 부산진교회일동, 부산진유지일반 세움' 고아들과 가난한 자를 도왔던 무어, 버림받은 소녀들을 보살피고 신앙으로 기르기 위해 미우라 고아원을 설립했던 맨지스를 기념하는 비석이다. 멘지스는 30여 년 동안 전도와 교육 사업에 헌신해 '호주 선교부의 어머니'로 불렸다. 이 공로비는 1930년 6월 11일, 당시 한센병자 일동과 교회와 주민이 한 뜻으로 세웠다. 원래 비는 분실되었는데 2001년 부산진교회에서 복원하였다.

초량교회

임시정부 군자금을 보낸 교회

초량교회는 1892년에 시작되었다. 미국 북장로교 선교사 베어드(William M. Baird)가 1891년 9월 부산 영선현 부근에 대지를 마련하고 선교기지를 구축하였다. 1892년 4월에 사택을 마련한 후 본격적인 전도를 시작하였다. 11월이 되자 그의 사랑방에서 한국인이 동참한 가운데 예배를 드렸다. 이때가 실질적인 영선현교회(훗날 초량교회)의 시작이었다. 그러나 베어드 선교사의 일기에는 1893년 6월 4일에 '처음으로 사랑방에서 토착 신자들과 함께 예배드리기 위해서 모였다.'라고 했으니 1893년으로 보는 것이 합당할 듯하다.

의료 선교사 브라운이 합류하자 선교부는 활기를 띠었다. 그러나 브라운은 폐결핵으로 심하게 고생하다 미국으로 돌아가야 했다. 브라운 후임으로 어빈(Charles H.Irvin)이 합류하여 병원을 개설하고 병자를 치료하자 영선현교회는 크게 부흥하였다. 베어드는 한국 사람들의 교육열이 대단하다는 것을 알아챘다. 그래서 서상륜의 도움으로 한문서당을 개설하고 학생을 모집했다. 서당에서는 한문, 기독

초량교회 전경

교, 일반 교양과목을 가르쳤다.

1896년 베어드는 대구, 서울, 평양으로 선교지를 옮겨 활약하였다. 베어드가 떠난 후 영선현교회는 한국인 목사 한득룡이 부임(1912년)할 때까지 10여 명의 선교사들이 이어가며 교회를 지켰다. 영선현교회는 계속 부흥하여 교인이 늘어났다. 그리하여 영주동 봉래초등학교 앞에 있던 동사무소를 임대하여 교육관으로 사용하다가 1912년경에는 교회를 교육관으로 옮겼다. 이때 영선현교회는 선교부 구역을 벗어나 영주동 시대를 맞았다.

한편 호주 장로교에서 파송된 맥카이(J. H. Mackay, 한국명 맥) 선교사는 1891년 10월에 부산에 도착하여 초량을 중심으로 선교를 시작하였다. 다음 해 1월 아내 사라가 병으로 세상을 떠나 초량 뒷산에 묻혔다. 1893년 4월 맥카이는 초량에 땅을 구입하고 목조로 된 사택을 지었다. 그러나 맥카이는 이듬해 말라리아에 감염되어 호주로 돌아갔다.

맥카이가 떠난 후인 1894년 아담슨 선교사(A. Adamson, 한국명 손안로)가 부산선교부에 합류하였다. 그는 맥카이 사택 옆에 벽돌집을 짓고 생활하였다. 1900년 6월에는 근처에 목조 예배당을 지었다. 1910년 선교구역 구분 정책으로 아담슨는 마산으로 선교지를 옮겼다. 그러자 그가 설립한 교회는 영주동교회(초량교회 전신)와 통합하여 하나가 되었다. 맥카이가 마련했던 초량동 선교부 땅은 영주동교회에서 구입하였다. 1922년에는 초량동에 새 예배당을 짓고 옮겼다. 그리고 '초량교회'라 이름하였다. 새 예배당을 지을 때 성도가 아닌 사람도 100원~2천 원을 헌금했다고 한다. 초량교회가 일제 치하에서 독립운동을 돕는 역할을 하고 있었기 때문이다. 헌금이라는 명목으로 독립자금을 낸 것이었다. 3.1만세운동을 주도하면서 한때는 '초량 3.1교회'라 부르기도 했다.

백산 안희제와 초량교회

초량교회 인근에 있었던 백산 무역주식회사는 임시정부와 광복군에서 필요한 군자금을 모금하는 곳이었다. 백산 안희제 선생은 백산 무역주식회사를 설립해 상해 임시정부와 광복군을 몰래 지원하였다. 백

백산 안희제 선생

산상회는 임정 예산의 50~60%를 부담했다고 한다. 초량교회 윤현태 집사와 그의 동생 윤현진이 군자금을 전달하는 임무를 맡았다. 윤현진은 임시정부 재무차장으로도 활약했다. 초량교회 2대 담임인 정덕생 목사는 백산 안희제 선생과 윤현진 집사를 도와 독립운동을 지원하다 발각되어 투옥되기도 했다. 이러한 활동에 고무된 도산 안창호 선생은 1936년 초량교회를 직접 방문해서 격려를 아끼지 않았다.

주기철 목사, 신사참배 반대

1926년 주기철 목사는 28세 젊은 나이로 초량교회 3대 담임이 되어 6년간 시무하였다. 일제의 폭압적인 통치가 날로 심해지고, 세계적인 공황과 수탈이 겹쳐 한국민들은 죽지 못해 사는 현실이었다. 주 목사는 스스로 월급을 깎았다. 사모 안갑수는 친정에서 받은 육천 평 논을 팔아 이웃을 구제하는 데 사용했다. 주 목사는 1926년에 신사참배 반대안을 노회에 제출했다. 주 목사에게 영향을 받은 교인들도 신사참배를 강력하게 반대했다. 4대 이약신 목사 때에는 신사참배를 거부하는 교인들이 기도처를 마련하고 몰래 예배를 드리다 발각되어 고초를 겪기도 했다.

부산지역 독립운동의 중요한 터전 초량교회는 정덕생, 주기철, 이약신, 한상동 목사, 윤현태, 윤현진, 강루식 집사, 손명복, 조수옥 전도사, 방계성 장로 등 많은 지도자와 교인들이 일제에 맞서 싸우다 옥고를 치르거나 순교했다.

일제의 폭압적인 식민지에서 해방되고 교회는 다시 활기를 띠었다. 그러나 제대로 회복할 틈도 없이 전쟁을 겪어야 했다. 수많은 피난민이 부산으로 몰려들었다. 초량교회는 부산으로 몰려든 교회 지도자들을 불러 모아 부흥회를 열었다. 강사로 박형룡, 김치선, 박윤선 목사가 맡았다. 새벽 기도회, 성경 공부, 저녁 집회가 이어졌다. 교계 지도자들은 집회를 거듭하면서 일제강점기에 신사참배를 했던 죄를 자복하고 회개하는 기도를 하였다. 하나님을 배반한 죄악을 참회함으로써 국난을 극복하려는 기도 운동이었다.

부산 기독교 유적 탐방

▮ 부산진교회
부산광역시 동구 정공단로 17번길 16 / TEL.051-647-2452

▮ 초량교회
부산광역시 동구 초량상로 53 / TEL.051-465-0533

부산진교회 주변에는 부산진일신여학교(일신여학교기념관), 왕길지기념관, 일신기독병원(맥켄지목사기념비) 등이 있다. 독도를 지킨 안용복기념관은 교회 뒤에, 임진왜란 때 부산진성을 지키다 전사한 정발 장군과 부하 장수, 군졸들을 기리는 정공단은 교회 아래 있다. 정공단 앞에는 독립운동가 정오연(1928~1945) 생가터가 있다.

초량교회와 부산진교회는 가파른 언덕에 자리하고 있고, 주변 도로가 좁아서 관광버스로는 교회까지 접근하기 어렵다. 큰길에서 하차해 걸어서 이동해야 한다. 승용차는 교회까지 갈 수 있다.

'더 나눔센터 장기려 기념관'도 가봐야 할 곳이다. '한국의 슈바이처'로 불린 성산 장기려(1911~1995) 선생은 평생 가난한 이들을 돌본 기독교인이자 의사였다. 평양 도립병원, 부산 복음병원 원장을 역임했고, 해방 후에는 의과대학교에서 후학을 양성했다. 훌륭한 인격과 뛰어난 의술을 갖춘 그는 항상 가난한 사람들에게 마음을 열어두고 있었다. 가난한 환자는 무료로 치료하였고, 가난한 사람도 치료받을 수 있도록 청십자의료보험조합을 설립했다. 이 조합은 우리나라 의료보험의 효시로 평가받고 있다. '더 나눔센터 장기려 기념관'은 장기려 선생의 삶을 기리고, 널리 알리고자 2013년 문을 열었다.

애국지사 손양원기념관

그 사람, 그 사랑, 그 세상

기독교인이 아닌 바에야 손양원 목사를 알 리가 없다. 기독교인들에겐 유명 인물이지만 일반인들에게 생소한 인물이다. 이것이 교회와 세상의 거리다. 2013년 성탄절, KBS에서 손양원 목사의 일대기 '그 사람, 그 사랑, 그 세상'이 방영되었다. 사람들은 손양원이라는 인물을 처음 알게 되었다고 했다. 예수를 사랑했던 목사이자 조국을 사랑한 애국지사이며, 예수의 사랑이 무엇인지 몸소 보여준 그를 알게 되어 가슴 뭉클하다고도 했다.

손양원은 1902년 경남 함안군 칠원에서 태어났다. 그가 태어나고 자란 집은 말 그대로 초가삼간이다. 남도 지방 집들이 그러하듯이 대숲을 뒤에 두르고 있다. 어려서 부모님 손을 잡고 칠원교회를 다녔다. 12살에 보통학교에 입학했다. 학교에서 궁성요배를 강요하자 거절하였다. 그러자 퇴학당했다. 중등학교 입학할 때까지 이곳에서 자랐다.

생가 옆에는 원통형 기념관이 있다. 손 목사의 별명인 '사랑의 원

손양원 목사 생가와 기념관

자탄'을 형상화한 것이라고 한다. 기념관으로 향하는 짧은 길에는 손양원 목사가 아들의 장례식에서 한 감사 기도(9가지 기도문)가 하나씩 적혀 있다. 읽으며 가다 보면 기념관 안으로 들어가게 된다.

기념관으로 들어가는 입구는 여느 곳과는 달리 둥글게 말려 올라가는 좁은 복도식이다. 경사로와 콘크리트 둥근 복도는 손 목사가 겪었을 심신의 고통을 간접 경험하게 하도록 설계된 의도된 공간이다.

문을 열고 들어가면 영상실에서 손 목사의 생애를 소개하는 짧은 영상물을 관람할 수 있다. 이어 '멘토 이야기'와 '고난의 길' 공간을 지나 방 3개로 들어가게 돼 있다.

'멘토 이야기'는 손 목사의 희생적 삶에 영향을 끼친 인물을 소개하는 곳이다. 아버지 손종일 장로, 주기철 목사, 맥레(MacRae, 1884~1973, 한국명 맹호은) 선교사, 한센병자를 위해 살았던 맥켄지 선교사 등을 알아보는 공간이다. 아버지 손종일(1872~1945) 장로는 손양원의 신앙 형성에 결정적인 영향을 끼쳤다. 손종일은 칠원만세운동을 주도하다 옥고를 치렀다. 1995년 건국훈장 애족장이 추서됐다.

첫 번째 '나라 사랑' 방으로 들어가면 일제에 저항했던 그의 삶이 소개되어 있다. "의는 나라를 영화롭게 하고 죄는 백성을 욕되게 하느니라"(잠언 14:34)로 시작한다. 손 목사는 궁성요배 거부, 신사참배 거부, 교회 내 일장기 부착 거부를 했다. 우상숭배를 거부한 신앙의 결단이자 애국적 행동이었다. 그래서 투옥되었다. 손 목사는 두 차례에 걸쳐 6년의 옥고를 치르고 광복되어서야 출소할 수 있었다. 신사참배를 거부한 이유로 목사 안수도 해방 후에야 받을 수 있었다. 이 방은 손 목사의 저항정신을 상징하는 백색으로 꾸며져 있다.

두 번째 방은 '사람 사랑' 방이다. "네 이웃을 네 자신과 같이 사랑

옥중에서 기도하는 손양원 목사(기념관 재현)

하라 하셨으니"(마태복음 22:39)로 시작된 이 방은 한센인과 함께했던 그의 삶을 소개한다. 부산에서 목회할 때 맥켄지 선교사의 한센인 치료를 도우면서 그의 삶도 한센인들에게 향하게 되었다. 1926년 부산 감만동교회에서 처음 한센인들을 만난 후 그들을 위한 삶을 꿈꾸게 되고 평양장로신학교 졸업 후 여수 애양원에 부임했다. 그는 애양원 직원들과 환우들의 좌석 사이 분리막을 제거했으며 목사와 장로석을 구분하는 유리문을 제거해 차별을 허물었다. 그는 한센인들에게 무조건적인 사랑을 실천했다. 두 번째 방은 한센인들의 피부를 형상화한 거친 돌의 방이다.

마지막 방은 '하늘 사랑' 방으로, 아가페적 사랑을 의미하는 붉은색으로 꾸며져 있다. "나는 너희에게 이르노니 너희 원수를 사랑하며 너희를 박해하는 자를 위하여 기도하라"(마태복음 5:44)로 시작하는 이 방에는 손양원 목사와 큰아들 동인, 작은아들 동신의 관이 나란히 놓여 있다. 동인·동신은 1948년 여순사건 때 좌익 단원에게 총살당했다. 손 목사는 아들을 죽인 안재선을 죽음에서 구원하여 양아들로 삼았다. (자세한 것은 여수 애양원 편 참고)

손양원 목사 기념관 앞에는 칠원교회가 있다. 손양원 목사의 모교회로 1906년에 설립되었다. 1919년에는 손양원 목사의 부친 손종일 장로를 비롯해 칠원교회 성도들이 이 지역에서 3.1만세운동을 주도했다.

호주선교사 순직묘원

경남선교 120주년 기념관

창원공원묘역 내에 있는 경남선교 120주년 기념관은 부산과 경남 지역에서 활동했던 호주 선교사들을 소개하는 사진과 유품을 전시하고 있다. 호주 선교사 순직묘원은 선교활동 중 순직한 선교사들의 묘와 기념비가 있는 곳이다.

호주 장로교에서 파송한 데이비스 선교사의 갑작스러운 순직 후 더 많은 선교사가 부산 · 경남지방으로 복음을 들고 왔다. 해방 전 78명, 해방 후에도 49명이나 되었다. 이들 127명 선교사 중에서 8명이 한국 땅에서 순직했다. 순직한 이들 중 5명은 부산 복병산에 안장되었다. 그러나 1930년대 복병산에 조선방송국 부산연주소가 들어섰고, 일본인학교가 들어서는 바람에 묘역은 유실되고 말았다. 다행스럽게 경남 산청군 덕산교회에 안장되었던 2기, 마산공동묘지에 있던 1기가 이곳으로 이장됐다.

이곳에 안장된 또는 기념비를 세운 선교사는 핸리 데이비스(1856~1890), 윌리엄 테일러(1877~1938), 아서 윌리암 알렌(1876~1932),

호주선교사 순직기념관

아이다 맥피(1881~1892), 걸루트 네피어(1872~1936), 엘리스 고든 라이트(1881~1927), 엘라이사 애니 아담스(1861~1895), 사라 맥케이(1860~1892), 헬렌 펄 매켄지(1913~2009), 캐서린 마가렛트 매켄지(1915~2005) 등 10명이다.

데이비스는 최초의 호주선교사로 내한했다가 갑작스럽게 세상을 떠났다. **사라 맥케이**는 간호사로 내한해 활동하다가 임신을 한 채 순직했다. 그녀의 나이 33세였다. **아이다 맥피**는 평생 독신으로 살며 교육 선교에 헌신했다. 마산 의신여학교 교장을 역임하는 등 여성교육과 여성 개화에 헌신하다가 56세로 세상을 떠났다. 그녀의 무덤은 마산에 있다가 이장되었다. **애니 애담슨**은 남편, 두 딸과 함께 내한해 활동했으나 1년 6개월 만에 심장병으로 세상을 떠나 주변을 안타깝게 했다. 그녀의 나이 34세였다. **엘리스 고든**은 부산진일신여학교 교장으로 4년을 재직하였다. 주일학교, 여자성경학원, 한센병자 요양소 등에서 여성교육을 담당하다가 56세로 세상을 떠났다. **알렌**은 진주에서 전도자로 섬겼다. 진주남자고등학교 교장을 역임했고 진주성남교회를 설립했다. 56세로 세상을 떠났다. 그의 무덤은 산청군 시천에 있다가 옮겨왔다. **나피어**는 간호 선교사로 내한했다. 마산 모자 진료소를 설립했고, 경남 최초의 현대식 병원인 배돈병원에서 간호부장으로 헌신하다가 64세로 세상을 떠났다. 그녀의 무덤은 산청군에서 옮겨왔다. **테일러**는 1913년 내한하여 통영, 고성 등지에서 교회를 설립하고 환자를 치료했다. 섬 지역을 순회하며 복음을 전했으며, 한센병자를 치료하는 데 힘을 쏟았다. 풍토병을 얻어 61세로 세상을 떠났다. **헬렌 펄 매켄지**는 매켄지 선교사의 장녀로 부산에서 태어났다. 멜본대학교에서 의학을 공부하고 의사가 되었다. 한국전쟁이 터지자 부산으로 돌아와 동생 캐시와 함께 부산 일신부인병원을 개설하고 헌신했다.

경남지역에서 배출한 한국인 순교자 주기철 목사, 최상림 목사, 서성희 전도사, 이현속 전도사, 손양원 목사, 조용석 장로의 순교비도 세워졌다. 경남 · 부산 지역 교회에서 파송한 한국인 선교사의 무덤 10기도 이곳에 있다. 코로나 전염병이 창궐했을 때 세상을 떠나신 분들도 있다.

여기에 안장된 이들은 다른 선교부와 마찬가지로 복음을 전하고, 교회를 세우는 것 뿐만 아니라 고아원, 학교, 병원을 세워 한국민들을 실질적으로 돕고 미래를 위한 꿈을 키우게 해주었다. 이들의 면면을 살피면서 순례하다 보면 저절로 고개가 숙여지고, 내면에서 깊

호주선교사 순직묘원

은 기도가 나온다.

창원공원묘원에 자리한 기념관과 묘원은 호주한인교회와 경남지역 교회가 후원하여 조성되었다. 2009년에는 선교사묘원, 2010년에는 '경남선교120주년기념관'을 완공하였다. 최초의 호주선교사 헨리 데이비스가 내한한 날인 10월 2일이 속한 주일에는 이곳에서 기념 연합예배를 드리고 있다.

문창교회

마산의 등대가 된 교회

1901년 마산지역에는 백도명의 전도로 김마리아, 김인모 등 여성 7명이 예배공동체를 형성하고 있었다. 이들은 미국 북장로교 선교사 시릴로스(Cyril Ross, 한국명 노세영)의 지도로 예배공동체를 지속하고 있었다. 같은 시기 부산선교부에 있던 호주 장로교 선교사 아담슨(Adamson, 1860~1915, 한국명 손안로)이 마산지역을 순회하며 전도한 결과 김주은과 그의 아들 이승규가 예수를 믿기 시작한 것을 필두로 수십 명의 예배공동체가 형성되었다. 1903년 두 공동체가 하나로 합쳐지면서 '마산포교회'라 하였다.

1906년에는 교회 내에 '독서숙(讀書塾)'을 설립하고 교육을 시작하였다. 이 학교는 마산의 첫 학교가 되었는데 '창신학교'라 부른다. '창신(昌信)'은 문창리+믿음(信)에서 나온 교명이다. 초등과, 고등과, 여학교(의신여학교) 등으로 분리 발전하여 마산지역 근대교육에 큰 역할을 하였다.

1919년 3.1운동 때에는 마산포교회 교인들과 창신학교 학생들의

문창교회 전경

주도로 일어났다. 이승규, 이상소, 손덕우, 박순천, 김필애 등 교회 지도자와 교사가 앞서고 학생들이 동참하였다. 이 일로 50명이 체포되어 투옥되었다. 마산포교회 교인 최용규는 1년 6개월, 임학찬은 1년, 이상소는 2년, 박순천은 1년 형을 선고받았다. 창신학교 졸업생 중에 의열단을 조직한 김원봉, 경남 최초의 공학박사 이한식, 산토끼 작곡가 이일래 등이 있다.

마산포교회는 1919년 추산동으로 이전하고 석조로 된 새 예배당을 건축하였다. 이때 문창교회로 개칭하였다. 1926년에는 유치원을 설립해 유아교육에도 많은 관심을 쏟았다. 문창교회는 경남 일대에 많은 교회를 개척하고, 지원하는 데 전력을 다하였다. 1993년에는 지금 자리에 예배당을 신축하였다.

문창교회는 마산지역 최초의 교회이자 영향력 있는 교회로써 지난 100년이 넘는 세월 동안 많은 일들을 펼쳐서 지역사회에 이바지했다. 노산 이은상의 부친 이승규 장로, 한석진 목사, 박정찬 목사, 함태영 목사, 주기철 목사, 한상동 목사 등이 문창교회에서 활약하였다. 한석진 목사는 한국 최초의 목사 7인 중 한 명이며 문창교회 3대 담임목사로 부임해 3년간 재직했다. 주기철 목사는 1931년에 부임해 1936년까지 8대 담임으로 재직하였다. 고신교파를 시작한 한상동 목사가 9대 담임목사를 맡아서 헌신하였다. 김영삼 대통령과 손명순 여사가 유년시절에 다닌 교회이면서 결혼식을 올린 곳으로 유명하다.

애국지사 주기철 목사 기념관

그리스도인의 최대 영광 순교

주기철 목사는 손양원 목사와 함께 한국기독교를 대표하는 인물이자 애국지사다. 2015년 성탄절에 KBS는 '일사각오 주기철 목사' 라는 다큐를 방영하였다. 많은 이들이 이 프로그램을 보았다. 시청률이 무려 10%였다고 하니 대단한 반향이었다.

주기철 목사는 1897년 11월 25일 경남 창원 웅천에서 태어났다. 어려서 웅천교회를 다니며 신앙심을 키웠다. 1913년에는 평안북도 정주에 있는 오산학교에 입학하였다. 오산학교에는 기독교인 민족지도자 조만식과 이승훈이 있었다. 이들로부터 애국적 신앙을 배우고 익혔다.

주기철 목사

오산학교를 졸업하고 연희전문에 입학했으나 눈병으로 시력이 급격히 나빠져 중퇴하였다. 고향으로 돌아와 20세에 안갑수와 혼인하였다. 마산 문창교회에서 열린 김익두 목사의 부흥회에 참석했다가 목사가 될 것을 서원하였다. 평양장로회신학교에 가서 3년을 공부한 후 목사가 되었다.

1925년에 서울 남산에 조선신궁이 건립되었다. 식민지배의 상징이자 한국민의 정신세계를 일본화하려는 술책이었다. 한국민들을 신궁에 참배시켜 복종적인 민족으로 개조하려는 움직임이 시작되고 있었다. 주기철 목사는 1926년 28살에 부산 초량교회에 부임하였다. 주 목사는 일제의 간계를 예견했다. 교회와 노회에 신사참배는 우리가 해서는 안 되는 일이라고 강력하게 주장하기 시작했다. 경남노회에 '신사참배반대 결의안'을 제출하고 설득하여 가결을 이끌어 냈다.

그는 언제나 하나님이 원하시는 자리를 찾았다. 그랬기에 안정되고 따뜻한 교회가 아닌 여러 가지 문제로 분열을 겪어 성도가 흩어진 곳으로 갔다. 초량교회를 부흥시킨 그에게 문창교회 소식이 들려왔다. 그가 김익두 목사의 뜨거운 설교를 듣고 목사가 되기로 다짐했던 그곳이었다. 문창교회가 분열로 심하게 앓고 있다는 것이다. 문창교회 교인들은 주기철 목사가 적임자라 생각하고 눈물로 초빙했다. 그리하여 1931년 초량교회를 떠나 마산 문창교회에 부임하였다. 그는 정성을 다해 찢어진 부분을 꿰매고 회복시켰다. 그의 뜨거운 열정에 문창교회는 다시 살아났다. 1933년 부인 안갑수와 사별하였다. 1935년 오정모와 재혼하였다.

1936년 평양 산정현교회에 부임하였다. 한 해 전인 1935년 12월 19일 평양장로회신학교에서 피를 토하는 설교를 했다. 그 유명한 '일사각오' 설교였다. 신사참배에 대한 교회 지도자들의 미지근한 대응을 질타하였다. 일제의 간교한 속임수를 간파하며 죽음을 각오해야 한다고 외쳤다.

나는 바야흐로 죽음에 직면하고 있습니다. 내 목숨을 빼앗으려는 검은 손은 시시각각으로 내 가까이에 뻗어오고 있습니다. 죽음에 직면한 나는 '사망의 권세를 이기게 하여 주옵소서'하고 기도하지 않을 수 없습니다.

폐결핵 환자로 요양원에 눕지 아니하고 예수의 종으로 감옥에 갇히는 것은 얼마나 큰 은혜입니까? 자동차에 치여 죽는 사람도 있는데, 예수의 이름으로 사형장에 가는 것은 그리스도인의 최대의 영광입니다. 주님을 위하여 수백 번의 죽음을 당한들 무슨 후회가 있으리오마는, 주님을 버리고 천 년 살고 만 년 산다한들 그 무슨 저주스런 삶이리오! (중략) 주님 나를 위하여 죽으셨거늘 내 어찌 죽음을 무서워하겠습니까? 다만 일사각오(一死覺悟)가 있을 뿐이올시다.

이날 손양원, 한상동, 방지일, 김양선을 비롯한 120여 명의 신학생들은 그의 설교를 들었다. 이들은 주기철 목사처럼 한국교회를 지탱한 기둥이 되었다.

이 시기는 일제의 민족말살정책이 집요하고도 사악하게 추진되고 있었다. 궁성요배, 황국신민서사 암송, 창씨개명, 한글과 우리말 금지, 신사참배 등이 강력하게 요구되고 있었다. 한국의 예루살렘 평양에 신사참배 바람이 거세게 불어오고 있었다. 일제는 평양의 기독교계를 무너뜨리기 위해 집요하게 강압했다. 일반 학교뿐만 아니라 기독교계 학교의 교장을 불러다 신사참배를 강요했다. 미국 북장로교 선교회는 학교를 폐쇄하더라도 신사참배는 받아들일 수 없다고 결의했다. 일제는 선교사들을 추방했다. 이러한 때 주기철 목사는 평양을 대표하는 산정현교회에 부임했다. 부임 직후 오정모 사모는 이렇게 기도했다. "주님, 주 목사가 대신 제물이 되어서 하나님이 이 땅에 징계를 내리지 않을 수만 있다면 그 뜻대로 하옵소서!"

주기철 목사는 신사참배 반대 운동에 앞장섰다. 일제는 주기철 목사를 황실불경죄, 치안유지법 위반으로 체포했다. 주 목사를 무너뜨리기 위해 온갖 고문을 자행하였다. 그러나 인간의 한계를 넘는 고문도 그의 굳은 신앙을 무너뜨릴 수 없었다.

평양 노회는 임시노회를 열어 신사참배를 결의하고 투옥된 주 목사에게 신사참배에 협력할 것을 요구했다. 주 목사는 거부하였다. 그러자 노회는 주 목사의 목사직을 파면하는 만행을 저질렀다. 산정현교회에는 신사참배에 찬성하는 목사를 보내기로 하였다. 그러나 산정현교회 교인들은 새로 부임하는 목사를 거부했다. 그러자 일제는 예배당을 폐쇄해 버렸다. 주기철 목사가 산정현교회에 부임해 강조한 것은 '성령충만'이었다. 세상 어떤 것으로도 일제의 집요한 압박을 이겨낼 수 없으리라는 것을 알았다. 그랬기에 세상 무엇도 이길 수 없는 '오직 성령으로 무장되어야 한다'는 것을 강조한 것이다. 그 자신이 먼저 성령으로 무장되어 있었다. 산정현교회 교인들은 그의 굳센 신앙을 본받아 예배당 폐쇄라는 조치를 당할지언정 신사참배에 굴복하지 않았다.

주 목사도 지극히 평범한 인간이었다. 그도 감옥이 싫었다. 고문은 생각만 해도 치가 떨렸다. 그저 피하고 싶었다. 일경이 그를 체포하기 위해 사택에 들이 닥치자 부엌으로 도망가서는 기둥을 부여잡고 울었다. 그러나 여러 번 체포되어 고난을 당하면서도 하나님을 향한 마음은 바뀌지 않았다. 그럴수록 그의 고통은 더 심해졌다. 주 목사의 의지는 무쇠같이 단단했지만 몸은 만신창이가 되었다. 1944년 4월 21일 오후 4시, 부인 오정모와 마지막 면회를 한 후 47세의 나이로 세상을 떠났다. 순교 직전 부인에게 말했다. “여보, 나 숭늉 한 그릇 먹고 싶소, 어머님과 아이들을 부탁하오”

특별한 사람이 순교하는 것은 아니다. 강한 사람이 순교하는 것도 아니다. 순교의 순간이 되어서 우연히 순교하는 것도 아니다. 평상에 쌓아 놓은 신앙의 깊이가 순교의 상황에서 나타나는 것이다. 이 시대 순교는 무엇일까? 순교자의 흔적 앞에서 생각해 볼 일이다. 유불

애국지사 주기철 목사 기념관과 생가

리를 따져가며 행동거지를 결정하는 나약함으로 순교를 논할 수는 있을까 싶다.

기념관 마당에는 주기철 목사가 기도했던 무학산 십자바위 조형물이 있다. 기념관 옆에는 주기철 목사 생가도 복원해 놓았다. 기념관으로 들어가면 1전시실과 2전시실, 소양홀, 기획전시실이 차례로 나온다. 주기철 목사 연보, 목회자의 길, 마산 문창교회 당회록 등이 전시되어 있다. 주기철 목사가 평양신학교에서 '일사각오'라는 제목으로 설교하는 장면도 재현해 놓았다. 신사참배 반대하다가 체포되어 순교하기까지를 디오라마로 설명하였다. 한국기독교 순교자들을 소개하는 사진도 있다.

기념관 옆에는 웅천읍성이 있는데, 일부만 복원되어 있다. 읍성 내에는 마을이 있으며, 예전에는 관아가 있었다. 성문을 둘러싼 옹성, 성밖을 지키던 해자, 탱자나무 울타리 등이 있어서 함께 둘러보면 좋다.

웅천교회

1900년에 세워진 웅천교회는 주기철 목사의 부친인 주현성 장로로부터 시작되었다. 미국 북장로교 월터 스미스(Walter E. Smith, 1874~1932, 한국명 심익순) 선교사가 이 지역을 순회하며 전도한 결과였다. 주현성 장로는 지역의 유지였으며, 예배당을 교회에 헌납했다. 진해지역에서 설립된 최초의 교회였다. 주기철 목사가 어렸을 때 다녔던 교회였다. 2016년에 남문동으로 옮겨 새 예배당을 지었다.

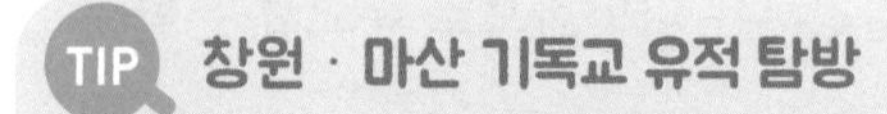

창원 · 마산 기독교 유적 탐방

▮ 애국지사 손양원 목사 기념관
경상남도 함안군 칠원읍 덕산4길 39 / TEL.055-587-7770

▮ 문창교회
경남 창원시 마산합포구 노산동7길 21 / TEL.055-245-4801

▮ 경남선교 120주년 기념관, 선교사묘원
경남 창원시 마산합포구 진동면 공원묘원로 230 / TEL.055-271-1700

▮ 애국지사 주기철 목사 기념관
경남 창원시 진해구 웅천동로 174 / TEL.055-545-0330

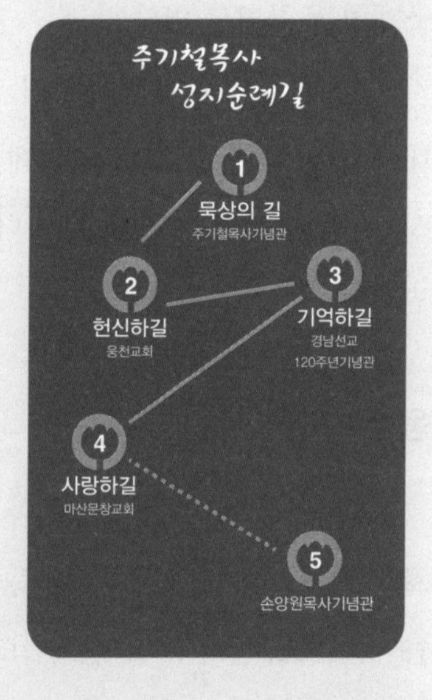

창원시에는 '주기철 목사 성지 순례길'이 있다. 일사각오 주기철 목사의 생애를 묵념해 보는 의미로 만들어졌다. 묵상의 길(주기철 목사 기념관) → 헌신하길(웅천교회) → 기억하길(경남선교120주년기념관) → 사랑하길(마산문창교회)로 구성되어 있다. 주기철 목사 기념관은 매주 일요일 휴관한다.

경남선교 120주년 기념관은 창원 공원묘원 사무실(055-271-1700), 경남성시화운동본부(055-241-7993)으로 문의하면 된다. 교회나 단체로 방문 시 해설을 원하면 경남성시화운동본부에 문의하면 된다.

손양원 목사 기념관은 일요일에 휴관한다. 기념관 옆에는 생가가 있고, 기념관 앞에 칠원교회가 있다.

공업도시 울산

우리에게 기억된 울산은 대규모 중화학 공장이 많은 도시다. 수학여행 필수 코스 중 하나가 경주 유적지였고, 거기에 더해 울산에 있는 자동차 공장이나 조선소를 견학하는 것이었다. 그래서 울산은 공장밖에 없는 회색빛 도시로 기억되었다. 일부러 울산 여행을 계획하는 일은 없었던 것 같다. 그러나 울산은 참 많은 것을 품고 있다.

선사인들이 새긴 반구대암각화, 천전리암각화가 있어 오래전부터 사람이 살았음을 알려줄 뿐만 아니라 울산에서 고래사냥이 매우 오래되었음을 증명해 주었다. 울산은 신라왕국의 주력 항구였다. 서역인으로 추정되는 처용이 울산에 정박하고 서라벌로 들어갔다. 이란에 전하는 고대 문헌에는 '중국 동쪽 산이 많고, 왕이 많은 나라가 있는데 우리 무슬림들이 그곳 환경에 매료되어 영구 정착하곤 한다'라고 기록되어 있다. 어디 무슬림만 왔겠는가? 신라 왕릉 내부에서 발견된 유물들을 보면 로마의 것도 수두룩하다. 그렇다면 복음을 전하기 위해 누군가는 동쪽 끝에 있는 신라 땅에 발을 딛지 않았겠는가? 그들이 첫발을 내린 장소가 울산이었을 가능성이 매우 크다.

처용암 통일신라시대 서역 사람들이 닿았다는 포구. 처용 뿐만 아니라 모르긴 해도 복음을 들고 들어오는 로마인들도 있었을 것이다.

조선시대 울산은 일본에 개방된 삼포(염포, 부산포, 내이포) 중 하나였다. 고려말에 온 나라를 휘젓고 다니던 왜구를 대마도 정벌로 진압한 세종대왕은 그들을 위해 항구 3개를 열어 주었다. 그중 하나가 울산 염포였다. 임진왜란 때 왜군이 남쪽 해안에 주둔하면서 쌓은 울산왜성, 기장왜성이 지금도 있는데, 임진왜란 최대 격전지였다. 울산왜성은 조명연합군과 왜군의 치열한 전투가 있었던 곳이다. 수만 명의 사상자를 내고도 함락시키지 못했던 왜성이었다.

울산 중구에 있는 병영성은 1417년(태종 17)에 설치한 경상좌도 병마절도사영이 있던 곳이다. 병영성 외곽 동천변은 천주교 신자들이 순교의 피를 흘린 역사적인 곳인데, 그런 성(城) 내에 120년이 넘은 교회가 있다. 이 교회는 1895년 을미년에 창립된 '울산병영교회'로 울산에 세워진 최초의 교회다.

울산병영교회

기독교와 한글운동

병영성에 살던 이희대가 자신의 집에 호주 선교사를 초청하여 예배드린 것에서 시작되었다. 첫 예배에는 그의 어머니, 숙모 그리고 동네 사람 박정아, 김본혜, 이선대가 참여하였다. 이희대는 감사예배를 드린 후 집을 예배당으로 내놓았다. 어디 말이 쉽지, 누구나 할 수 있는 일이 아니다. 외국인이라곤 한 번도 본 적이 없는 마을에 그들을 초빙한 것과 주민들이 주시하는 가운데 예배를 드린 일까지 말이다. 게다가 집을 기쁜 마음으로 내놓은 일을 이웃은 어떻게 바라보았을까? 향유옥합을 깨뜨린 기쁨이 아니었으면 가당키나 했을까 싶다. 이희대가 어디서 어떻게 신앙을 갖게 되었는지 모르지만, 기쁨으로 충만했던 것으로 보인다. 아무튼 그렇게 울산병영교회가 시작되었다. 『조선예수교 사기』에 의하면 다음과 같이 기록되어 있다.

울산군 병영교회가 성립하다. 선시(先是)에 리인(里人: 마을사람) 이희대가 복음을 득문(得聞)하고 인인(隣人: 이웃)에 전도하야 신도

가 점흥(漸興: 점점 흥함)함으로 교회가 성립되니라

이희대를 교회 설립자로 분명하게 명기하였다. 이희대가 득문할 수 있었던 계기는 무엇이었을까? 당시에 그는 어려움을 겪고 있었다고 하는데, 경제적 어려움이 아니라 질병이었다. 울산지역을 왕래하며 복음을 전하던 선교사를 만나 기도를 받은 후 병고침을 받았던 것이다. 병고침의 기적을 체험한 후 어머니와 숙모를 데리고 부산까지 왕래하며 예배를 드렸다. 부산에 갈 수 없으면 사랑방에 모여 기도했다. 마을 사람들에게 복음을 전했다. 그러다가 선교사를 초청해서 집에서 예배를 드린 것이다.

초기에는 부산선교부에 머물던 호주 장로교 선교사인 엥겔, 매켄

울산 병영교회

지가 순회하면서 교회를 부흥시켰다. 결과 1906년과 1910년에 강정교회, 지당교회를 분리해 낼 정도로 부흥했으며, 울산지역에 복음을 확대하는 맏이 노릇을 하였다. 이희대는 울산 지역에서 확고한 신앙의 본을 보여주면서 선교사들이 더 넓은 영역으로 전도할 수 있도록 도왔다.

1917년 이기선 목사가 담임이 되면서 민족을 위해 기도하고 행동하는 교회로 변모시켰다. 1920년 이기선 목사는 다른 교회로 파송되어 떠났지만, 그가 남긴 영향력은 계속되었다. 이기선 목사는 훗날 일제의 신사참배 요구를 단호하게 거절하고 신사참배 반대운동을 전개하다가 평양형무소에 투옥되어 옥고를 치러야 했다. 해방 후에는 북한에서 교회를 일으키는 데 헌신하는 참 신앙인이었다.

1919년 4월 5일 병영에서 3.1독립만세운동이 일어나자 교인 이문조, 이현우 등이 앞장서서 만세운동을 이끌었다. 이 때문에 일본 경찰이 교회를 수색하고 교인들을 검색하며 교회 서류들을 압수하는 과정에서 병영교회 자료들이 다 유실되었다. 게다가 불온사상을 가진 교회로 지목되어 사찰과 탄압이 더욱 심해졌다. 일제의 탄압이 지속되자 연약한 교인들은 견디지 못하고 흩어지는 시련을 겪어야 했다.

한글학자 최현배

교회는 민족이 겪고 있는 아픔을 신앙으로 승화시키고, 동참하였다. 예배와 기도, 성경을 통해 하나님의 뜻이 정의와 공의에 있음을 확신했다. 확고한 믿음은 행동으로 옮겨졌다. 그래서 교회에서 의사

(義士), 열사(烈士), 지사(志士)가 대거 배출되었다. 당시 교회는 조선 사회를 병들게 했던 잘못된 전통을 깨는 역할을 하였다. 이 땅에 들어온 지 수백, 수천 년 된 유교와 불교는 기존 질서를 유지하는 데 급급했다. 세상 변화에 둔감하였다. 교회는 예배를 통해 한국민의 무지를 깨우치는데 주력했다. 감긴 눈을 뜨게 해주었다. 세상을 바라보는 혜안을 제시하였다. 교회가 가진 이런 풍토는 국가와 민족을 사랑하는 인재가 배출되는 자양분이 되었다.

역사가 오래된 교회에는 민족의 별과 같은 인물들이 대거 나타났다. 울산병영교회에서도 많은 인재가 배출되었다. 한글학자 최현배, 옥수수박사 김순권, 국민가수 고복수가 그들이다.

외솔 최현배(1894~1970) 선생은 1894년에 태어나 이 마을에서 17살까지 살았다. 그는 병영교회를 다니면서 신문화를 접할 수 있었다. 훗날 서울에 가서 주시경 선생을 만나 한글 사랑을 배울 수 있었고, 일제강점기 한글을 지키는 운동에 진력하였다. 우리글을 '한글'이라

한글학자 최현배 기념관

는 이름을 붙인 것도 선생의 업적이었다. 선생의 동생 최현구는 울산 병영 3.1만세운동을 이끌었다. 이 일로 체포되어 1년 6개월을 감옥에서 고통을 당했다. 출옥 후에는 만주로 건너가 독립운동에 매진하다가 세상을 떠났다.

교회에서 가까운 곳에 최현배 선생의 생가와 기념관이 있다. 생가는 없어졌다가 복원한 것이다. 생가 뒤에는 선생의 무덤 표석이 있다. 선생의 무덤은 남양주시 진접읍에 있다가 국립대전현충원으로 옮겨졌는데, 그때 유족들이 무덤 표석을 기념관측에 기증한 것이라 한다. 비석의 글은 백낙준 박사가 짓고, 배길기가 쓰고, 성명호가 새겼다고 한다. 기념관에는 최현배 선생이 평상시에 사용하던 유품이 전시되어 있다. '한글이 목숨'이라는 친필을 볼 수 있다. 선생은 "꽃이 예쁘게 피려면 물도 주고 정성껏 가꿔야 한다. 우리말과 글을 가다듬는데도 정성이 필요하다"고 했다. 기념관 앞에는 선생의 동상이 있고, 주변으로는 한글 조형물들이 여러 개 전시되어 있다.

최현배 선생에게 큰 가르침을 준 주시경 선생은 배재학당에서 학생들을 가르쳤으며, 서재필의 영향을 받았다. 서재필은 독립협회를 조직하고 독립신문을 순한글로 발간하였다. 서재필은 젊어서 일본 육군사관학교에서 공부했다. 조선으로 돌아와 갑신정변에 참여하였다가 실패해 미국으로 망명했다. 미국에서 10년을 살면서 의과대학을 다녔고 매우 우수한 성적으로 졸업했다. 미국에서 병원을 설립하여 살다가 명성황후가 시해당한 후 조국으로 돌아왔다. 그가 돌아와 한 일은 '순한글운동'이었다. 일본어, 영어에 능통한 그가 고국에 돌아와서 한 일이 '순한글운동'이었다는 것은 무얼 설명하는 것일까?

선교사들도 마찬가지였다. 한글로 성경을 번역하는 일에 매달렸다. 그들은 우리보다 먼저 한글의 우수성을 알아챘다. 한글이 매우 유용한 복음의 전달 도구가 되리라는 것을 우리보다 먼저 알았다.

교회와 한글에 대해서 대한민국 교회는 깊이 생각하지 않는 듯하다. 성경이 한문으로 되어 있었다면 한국에서 기독교가 이렇게 빨리 전파될 수 있었을까? 누구나 쉽게 읽을 수 있는 한글이 없었다면 누가 성경을 구해서 읽고 하나님을 만날 수 있었을까? 선교사들은 성경을 한글로 번역하는 일에 전력했다. 그래서 한글 성경이 일찍 나올 수 있었다. 강화도에 사는 김씨 할머니는 80이 넘은 나이에 한글을 배워 성경을 읽었다. '너희가 땅에서 매면 하늘에서 매일 것이요, 땅에서 풀면 하늘에서도 풀리리라'(마태복음 18:18)는 구절을 읽고 종을 두는 것이 죄임을 깨달았다. 그리고 몸종 복섬을 종의 신분에

한글성경 교회는 한글보급에 결정적 역할을 하였다.

서 풀어주었고, 수양딸로 삼았다. 한글이었기에 가능한 것이었다. 성도들은 늦은 나이에도 한글을 깨쳤고, 성경을 읽었다. 성경에 나타난 하나님의 약속을 믿고 행하는 믿음의 사람이 될 수 있었다. 교육에서 소외되었던 여인들은 교회에서 한글을 배웠다. 한글로 된 성경을 한 자, 한 자 손으로 짚어가며 읽었다. 그래서 한 구절, 한 구절이 더 소중했고, 더 감격스러웠다. 개화기 교회는 한글 운동의 선구에 있었다. 울산병영교회에서 한글학자 최현배 선생을 만나서 한글의 소중함을 깨우쳐 보자.

울산 기독교 유적 탐방

▌울산병영교회

울산광역시 중구 병영성길 89 / TEL.052-292-5357

▌외솔기념관

울산 중구 병영12길 15 / TEL.052-290-4828

외솔기념관은 월요일에 휴관한다. 관람료는 무료이며, 전시 해설은 예약하면 된다. 울산병영교회 → 외솔기념관 → 외솔 생가 → 병영성 순서로 탐방하면 된다. 승용차는 외솔기념관에 주차할 수 있다. 대형버스는 병영교회 주변에 주차해야 한다.

제 10 부

제주도

니가 있어 참 좋다! 제주도

우리에게 제주도가 없다면 풍경 사진의 반을 쭉 찢어낸 것 같을 것이다. 화산섬이라는 독특한 경관에 아열대성 기후를 상징하는 야자나무, 종려나무를 볼 수 있는 곳이니 말이다. 한반도에 다양성의 감미료를 더해 준 곳이 제주도다. 남한에서 가장 높은 한라산은 다양한 식생과 풍경이라는 선물 보따리를 주었고, 짙푸른 바다와 검은 현무암, 석회질의 새하얀 해변은 남국의 풍경을 내보여 감탄을 자아내게 한다. 어디 그뿐인가? 유채의 노란색, 감귤의 주황색, 억새의 하얀색, 먼나무의 빨간색이 순도 100% 천연색을 내뿜는다. 그래서 누구나 제주도를 만나면 잊지 못할 섬이 된다.

제주 관덕정 앞 하르방

제주는 자연경관만 독특한 것이 아니다. 삼다삼무(三多三無)의 섬이라 했다. 바람, 돌, 여자가 많다고 했다. 바람과 돌이 많은 것은 자연현상이라 어쩔 수 없다. 여자가 많은 것은 인문학적 이유가 있을 것이다. 제주는 섬이다. 바다를 경작하며 산다. 그러다 보니 배를 타고 나가서 풍랑이라도 만나면 제삿날이 같은 집이 한꺼번에 생긴다. 여인들만 남게 된다. 그것뿐만 아니다. 인구는 턱없이 적은데, 나라에서 필요한 부역 노동은 전부 남자들 몫이었다. 왜구를 막기 위해 성벽을 쌓는다거나, 수(守)자리에 동원되기 일쑤였다. 그러니 남자들이 집안일을 돌볼 여력이 없다. 어쩔 수 없이 여인들이 집안 살림을 도맡다시피 했다. 타지에서 온 이들은 제주도에 여자들만 사는 줄 착각할 정도로 여인들의 억척같은 삶이 눈에 들어온 것이다. 특히 해녀들은 '저승것을 가져와 이승에서 먹고 산다'고 했다. 언제나 목숨을 내놓고 살아야 했다.

육지에서 온 관리는 나라님을 빗대어 수탈에 여념이 없었다. 제주는 희귀한 산물이 나는 곳이었다. 특히 감귤은 중요한 진상품이었다. 꽃이 지고 열매가 달리면 그것을 세어 두었다가 비례해서 감귤을 내놓으라 했다. 중간에 태풍을 만나 떨어지는 것은 관리를 잘못했다고 호통쳤다. 억울하다고 하소연해도 소용없었다. 심지어 나라에서 필요한 분량보다 더 많은 감귤을 내놓아야 했다. 한양으로 가는 길에 반 이상이 썩었다. 그것을 계산해서 올려보냈다. 중간에 빼먹는 탐관오리들의 분량도 계산해야 했다. 차라리 나무 밑에 소금을 부어 죽였다. 제주인에게 육지 것들은 약탈자들이었다.

바람이 많은 섬이다. 태풍이 수없이 제주를 할퀴고 지나간다. 언제 목숨을 내놓으라 요구할지 모르는 일이었다. 제주인의 삶은 태풍보다 더 거칠었다. 삼무(三無:도둑, 거지, 대문)라 했다. 모두 가난했다. 거지가 따로 없을 정도로 모두 가난했다. 대문을 닫아둘 필요가 없을 정도였다. 훔칠 것이 없는데 도둑이 있을 리 만무하다. 우마가 들어오지 못하도록 정주목을 설치하는 정도였다. 곡식을 구경하기 어려운 곳이었다. 육지가 가깝기라도 하면 어찌해 볼 텐데 방법이 없다. 인간의 한계를 넘어선 것이라면 신에게 매달리는 방법밖에 없었다. 제주에는 당오백, 절오백이라는 말이 있다. 절오백은 사실이 아니지만 당은 오백이 넘는다. 민속신앙의 터전인 당집이 마을마다 있다. 여인들은 이곳에서 기도한다. 기도 분량만큼 백지를 갖고 간다. 본향당 나무 앞에서 백지를 끌어안고 기도한다. 그리하면 기도 내용이 종이에 새겨진다고 생각한다. 기도가 끝나면 백지를 나무에 걸어둔다. 내세를 위한 기도는 없다. 오직 지금의 삶이 괴롭기에 기도는 현실적이다. 제주도에서 불교와 기독교는 자리 잡기가 힘들다. 내세보다 현세의 삶이 급하기 때문이다. 그래서 제주 기독교 역사는 더 특별하다.

제주의 기독교 역사는 다른 지역과 다른 점이 많다. 외국인 선교사 이야기가 없다. 험한 파도를 헤치고 건너갈 만큼 여유롭지 않기도 했지만, 외지인에 배타적인 분위기 때문이기도 했다. '이재수의 난(1901)'은 천주교와 제주도민의 갈등에서 비롯되었고 안타까운 죽음을 많이 발생시켰다. 그러니 외지인 그것도 외국인이 복음을 전한다는 것은 상상할 수 없는 일이었다. 그렇다고 방법이 없었던 것은 아니다. 제주도가 고향인 사람들이 육지에 나가 그리스도인이 되어 고향으로 돌아와 복음을 전하는 행전이 펼쳐진다. 거기에 더해서 이기풍 목사의 피땀 흘린 헌신이 더해져 지금의 제주교회가 세워졌다. 그래서 제주교회는 더 특별하다.

성내교회

팽나무가 품은 이야기

제주 성내교회는 제주도 최초의 개신교 교회다. 성내교회 설립에는 이기풍 목사와 김재원 장로의 공헌이 컸다. 김재원은 1878년 부자 김진철의 큰아들로 태어났다. 넉넉한 살림 덕분에 유학(儒學)을 공부하여 지식을 쌓을 수 있었다. 부족함 없이 살던 중 배가 부풀어 오르는 병에 걸리고 말았다. 병을 고치려 백방으로 노력했으나 소용없었다. 죽을 날만 기다리던 중 한양에 가면 용한 미국 의사가 있다는 이야기를 들었다. 어렵게 배를 구해서 제물포를 거쳐 한양으로 들어갔다. 제중원으로 가 에비슨에게 고쳐 달라고 빌었다. 상태가 심각한 것을 본 에비슨은 주저했으나 워낙 간절히 매달리는 그의 모습을 보고 한 가지 약속을 하기로 했다. 병 고침을 받으면 예수 믿고 세례받기로 말이다. 김재원은 그리하겠노라 약속했다. 수술 후 몇 개월에 걸쳐 완치를 받은 김재원은 약속대로 세례를 받았는데 제주인 중에서 최초로 세례받은 개신교인이 되었다. 제주도로 돌아온 김재원은 자신이 겪은 일들을 증언하며 예수를 전했다. 예수를 믿기로 작정한 사람들과 예배를 드리기도 했다. 그러나 교회를 운영하기엔 어려움이 많아서 목회자를 간절히 원하게 되었다. 김재원은 에비슨 선교사에게 제주도에 선교사를 파송해 줄 것을 간청하는 서신을 보냈다.

1907년 평양신학교 1회 졸업생 7명 중 한 사람이었던 이기풍은 '누가 제주도로 갈 것인가?'라는 물음에 응했다. 그는 목사 안수를 받은 후 제주도로 파송 받았다. 제주도 오는 길에 풍랑을 만나 표류하다가 어부에게 구조되어 추자도로 들어갔다. 추자도에서 몸을 추스르고 다시 제주도로 향했다. 김재원을 비롯한 믿는 사람들의 환대를 받으며 제주 산지포(현 제주항)에 도착한 이기풍 목사는 1908년 2월 김재원, 홍순흥, 김행권 등과 향교골 김행권의 집에서 예배를 드렸다. 이때를 성내교회의 시작으로 본다.

이기풍 목사 한국 최초 목사이자 제주도 첫 선교사로 매우 중요한 역할을 하였다.

제주도는 오랫동안 수탈당해 민란이 발생했었고, 천주교와의 갈등도 심했다. 외래 종교에 대한 불신이 강한 제주도민들을 상대로 전도하는 것이 쉽지 않았다. 이기풍 목사는 목숨을 내놓을 각오로 복음을 전했다. 이기풍 목사와 김재원 등 먼저 믿은 교인들이 열심히 복음을 전한 결과가 있어서 제주목[21] 일도리에 있던 초가 두 채

21 주(州)가 붙은 고을은 제법 중요한 곳이다. 전주, 나주, 충주, 청주 등이 있다. 이런 고을을 목(牧)이라 불렀고, 이곳에 파견되던 수령을 목사(牧使)라 불렀다. 제주목에는 제주목사가 있었다.

예배당을 마련할 수 있었다. 1910년에는 삼도리에 있던 출신청[22] 건물을 사들여 예배당으로 사용했다. 출신청이 제주목 성내에 있어서 성내교회라 했다.

한편 이기풍 목사는 여성을 전도할 전도부인 파송을 요청했다. 이에 전도부인 이선광이 제주도 두 번째 선교사로 파송(1908)되었다. 이선광의 활약은 대단했다. 의지가 굳고 결단력 있는 이선광 전도부인의 모습은 제주 여인들에게 동질감을 주었으며, 그로 인해 믿는 여인들이 생겨나기 시작했다. 그녀는 17년간 제주에 머물며 성내교회를 비롯해 주로 한라산 북쪽지방 교회를 돌보고 복음을 전하는 역할을 했다. 그녀는 제주 여성들의 신앙의 어머니로서 역할을 해냈다.

혹독한 환경을 이겨내고 제주도 내 30여 개 교회를 개척하는 등 성공적인 사역을 이뤄낸 이기풍 목사였지만 건강이 악화되어 제주도를 떠나야 했다. 제주시 조천읍에 '이기풍선교기념관'이 세워져 그의 업적을 기리고 있다. 김재원은 영수로 교회를 섬기다가 1917년에는 홍순흥과 함께 제주 최초 장로가 되었다.

성내교회는 1908년 남녀소학교를 세워 근대교육을 시작하였다. 이 학교는 훗날 영흥사숙, 영흥의숙으로 발전하였다. 1921년에는 53평 목조예배당을 지었다. 1924년에는 제주도에서 최초로 유치원을 설립하고 유아교육에 새 장을 열었다. 1928년에는 교회 내에 성경학교를 설립해 복음 전도자를 길렀다. 1941년 교인이 늘어나자 제주동부교회를 설립해 분가시켰다. 제주동부교회가 설립되자 성내교회는

---

22 조선시대, 무과에 급제한 하급관리(武藝出身)들이 집무하던 관아

제주서부교회로 명칭을 변경하였다.

1951년 6.25전쟁으로 피난민이 유입되어 교인이 늘자 교회를 재분리하여 용담동에 한남교회를 설립했다. 1953년 장로교단이 분열되면서 제주서부교회(한국기독교장로회파)와 성안교회(예수교장로회통합)으로 분리되었다. 1994년 제주서부교회는 원래 이름인 성내교회로 명칭을 변경하였다.

현 성내교회 예배당은 1974년에 건립되었다. 현무암으로 외벽을 쌓았고, 두 손을 모아 기도하는 형상의 파사드(정면)로 설계하였다. 어느덧 예배당이 세워진 지 50년이 넘었다. 교회에서는 이기풍 목사, 김재원 장로의 공적비를 마당에 세웠다. 교회 담벽에는 추모비를 새겼다. 공적비 옆에는 2008년에 세운 100주년 기념비도 있다.

성내교회 두 손을 모으고 기도하는 듯한 모습의 예배당과 교회 역사를 간직한 팽나무

교회 입구에는 오래된 팽나무가 있는데 그 아래서 이기풍 목사가 복음을 전했다고 한다. 팽나무 아래 표석에 기록된 내용은 다음과 같다.

이 팽나무는 긴 세월 풍우대작 속에서 우리 성내교회가 시작되고 자라는 모습을 지켜보며 묵묵히 서 있다. 이 나무 밑에서 이기풍 목사님이 동네 사람들을 모아 놓고 복음설교를 했다는 증언이 전해지고 있다.

아버지와 어머니는 새벽같이 심방을 나가시고 나 혼자서 집을 지킬때면 관덕정에 가서 아빠엄마가 어느 쪽에서 오시는가 하고 쪼그리고 앉아서 기다렸다. 서산에 해가 뉘엿뉘엿 넘어가고 점점 땅거미가 지기 시작하면 집 앞에 있는 팽나무 위에 올라가서 어머니 오시기만을 기다렸다. 이 팽나무는 내가 외로울 때 위로해 주던 가장 친한 친구였다. – 이기풍 목사 막내딸 이사례 권사의 '순교보'에서

금성교회

황무지에서 싹튼 자생교회

제주 애월에 살던 조봉호는 서울로 가 언더우드가 세운 경신학교에서 신학문을 배웠다. 그는 경신학교 졸업 후 평양 숭실전문에 진학하여 공부를 이어 나갔다. 그 무렵 그는 평양 장대재교회를 다니고 있었다. 1907년 부친이 위독하다는 전갈을 받고 학업을 중단하고 제주도로 돌아왔다. 그는 고향으로 돌아와서도 신앙생활을 지속하였다. 이웃에게 복음을 전하고 예수를 믿기로 작정한 사람들과 기도모임을 하였다. 이때가 1907년 3월이었다. 다음 해 이기풍 목사가 제주도에 입도하였을 때 금성리에 그리스도인이 있다는 이야기를 들었다. 1928년 조선예수교장로회 총회에서 편찬한 '조선예수교장로회사기'에 당시 상황이 기록되어 있다.

1908년, 제주도 금성리교회가 성립하다. 독노회 설립 당시에 파송한 전도목사 이기풍과 매서인 김재원 등의 전도로 조봉호, 이도종, 김씨진실, 조운길, 양석봉, 이씨호효, 이씨자효, 김씨도전, 김씨유승,

금성교회

좌징수, 이의종이 귀도하야 조봉호가에서 회집 기도하다가 이덕년가를 예배 처소로 작정하니라.

김씨진실은 여자로 보인다. 이름은 김진실이며, 여성을 기록할 때는 씨를 붙여서 기록한 것으로 보인다. 어쨌든 제주도에서 자생적인 기도 모임이 먼저 있었고, 이것이 발전해서 교회 조직이 되었다. 두세 사람이 예수의 이름으로 모인 그곳이 교회라 했으니 이미 교회가 시작된 것이었다.

조봉호(1884~1920)는 독립자금을 모금해 상해 임시정부에 보냈다가 발각되어 투옥되었다. 일제의 잔혹한 고문으로 1920년 37세의 아까운 나이로 대전형무소에서 옥사하였다. 한림읍 귀덕1리에 조봉호 애국지사의 생가터가 있다. 제주 사라봉 공원에는 '조봉호 전도사 순국 기념탑'이 있다.

초대 성도였던 이도종(1891~1948)은 훗날 목사가 되었으며 4.3사건 때에 순교하였다. 이도종 목사의 부친 이덕련 장로는 마을 이장으로 활동하며 마을 주민들의 어장 분쟁을 해결하였다. 주민들을 위해 바닷가에 우물 모양의 '남당물'을 설치해 칭송을 받았다. 애월읍 금성리에 이도종 목사 생가(금성상1길 11)가 있다. 이도종 목사는 아버지 이덕련의 신앙에 깊은 영향을 받았다. 부친 이덕련은 어머니가 남편의 핍박에도 믿음을 지키는 것을 보고 예수를 믿었다. 이덕련의 집은 기도 장소로 오래 사용되었고, 이 기도 모임은 훗날 금성교회가 되었다.

양석봉, 조봉호, 이덕련의 집에서 모이던 교인들은 1924년 첫 예배당을 건축하였다. 그리고 1970년에 첫 예배당을 허물고 새 예배당을 세웠다. 1924년에 건축한 예배당은 없어졌지만 1970년에 세운 예배당은 지금까지 남아 있다. 작은 예배당 안쪽 마당에 목회자가 살던 사택이 있다. 이 집은 나중에 집 없는 이들을 위해 내놓았다. 교회와 주민들은 하나가 되었다. 그러나 한때는 교회 문을 닫아야 할 만큼 어려움도 있었다. 1994년에 새롭게 지어진 예배당 헌당 기념문에는 다음과 같이 기록되었다.

90년 가까운 오랜 세월이 흐르는 동안 많은 신앙인을 배출하였으나 이웃 부락의 교회 창립과 이농에 따라 교회의 사정이 매우 어려워지고 교회당마저도 좁고 낡아 복음선교에 어려움이 다다르게 되었다. 이에 김정권 집사의 2남인 김동빈 집사는 모태 신앙인으로 소년기를 가족과 함께 금성교회에서 성장하였으며 현재는 미국 뉴욕에 거주하는 가운데도 선친의 유지와 모교회의 부흥과 선교에 새로운 전기를 갖기 위하여 현 위치에 대지매입비와 건축비 전액을 헌금하여 이 성전을 준공하다. 여기에 본 교회 성도들의 기도와 제주성안교회, 제주노회의 여러 교회들의 도움과 함께 이 성전을 봉헌하게 된 것이다. 새 성전의 헌당은 하나님의 섭리요 축복이며 지역사회의 복음화와 봉사에 헌신하는 하나님의 성전으로 그 빛을 발하게 된 것이다. 1996년 4월 19일

현재 예배당에서 300m 떨어진 곳에 1970년에 세워진 (구)예배당

금성교회 첫 기도처 제주도 순례길에는 풍광을 해치지 않는 설명문이 있는데, 현무암 돌담과 잘 어울리는 곳에 두었다.

금성교회 (구)예배당

이 있다. 오래되기도 했고, 관리도 부실하여 쓰러질 듯 위태롭다. 예배당 전면에 십자가를 새겼고, 종탑을 특이하게 달았다. (구)예배당에서 50m 거리에 첫 기도처가 있다. 금성교회-(구)예배당-첫 기도처는 도보 답사가 가능하다. 이도종 목사 생가, 조봉호 생가터는 차량으로 이동해야 한다.

한림교회

감동적인 침묵 설교

1915년 이기풍 목사의 순회로 수원리 양운룡의 집에서 안평길, 김중현, 김홍수, 이순효, 양운룡, 하청일 등 6명이 예배를 드린 것이 한림교회의 시작이었다. 다음 해 김홍수가 6간 초가를 헌납해 예배당으로 사용하도록 했다. 순회 전도자 윤식명 목사가 노창수를 영수로, 김홍수를 서리집사로 임명하고 수원교회라 불렀다. 교회가 부흥하면서 1930년 한림리로 이전하고 교회명도 한림교회라 하였다.

일본군은 한림교회를 빼앗아 일본군 막사로 사용했다. 한림항에는 일본해군 함정이 정박해 있었고, 군수물자를 생산하던 기지도 있었다. 1945년 7월 6일 미군은 한림항을 폭격했다. 탄약저장소가 폭발해 그 여파로 민가 40여 채가 파괴되면서 주민 수십 명이 희생되었다. 미군의 공습으로 예배당도 파괴되었다. 예배당, 사택, 종각이 폭삭 무너졌다. 강문호 목사는 부상당했고, 부엌에 있던 그의 누이는 그 자리에서 숨졌다. 강 목사의 모친은 이 충격으로 며칠 후 세상을 떠났다.

한림교회

해방 직후인 1946년 미군정청은 교회를 재건할 수 있도록 도와 주었다. 일본 신사가 있던 터를 내주고 예배당을 신축할 수 있도록 했다. 현재 예배당은 1989년에 새로 지은 것이다.

한림교회 뜰에는 강문호 목사 기념비와 교회설립 100주년 기념비가 있다. 강문호 목사(1898~1986)는 1914년에 예수를 믿기 시작했다. 전라북도 영명학교, 서울 경성신학교에서 공부하고 1932년에 목사 안수를 받았다. 1942년 한림교회 담임목사로 부임해 1971년 은퇴할 때까지 30년을 한결같이 교회를 섬겼다. 그는 3.1만세운동에 참여했고, 창씨개명, 신사참배를 반대하였다. 일제는 그가 인도하는 예배를 감시했다. 일본 천황에게 충성을 맹세하는 국민의례를 먼저 하라고 요구했다. 그러자 강 목사는 주일 예배에서 찬송을 부른 뒤 침

한림교회 강문호 목사 기념비

묵으로 설교했다. 교인들도 침묵으로 설교를 들었다. 일제가 기도와 설교도 일본말로 하라고 강요했기 때문이다. 강 목사는 침묵 설교로 맞섰다. 이 일로 교회는 폐쇄되었다.

예배당이 교회의 전부는 아니다. 예배당은 예배당일 뿐이다. 코로나라는 미증유의 재난에서 예배당 예배를 드릴 수 없어서 아우성이었다. 진정 예배당 예배만이 예배인가? 그것이 아니라고 누누이 설교하지 않았던가? 그런데 왜 아우성이었는지 알 수 없다. 오히려 이렇게 설교했더라면 어땠을까? "지금은 잠시 가정에서 개별로 예배드리지만, 코로나가 잠잠해지면 더 뜨거운 신앙으로 다시 만나자"고 말이다. 일제의 혹독한 탄압으로 예배당은 폐쇄당했어도 조국을 사랑하고, 이웃을 사랑했기에 해방 후에 유례없는 부흥을 경험하지 않았던가! 한림교회는 우리에게 많은 이야기를 하고 있다.

모슬포교회

용서와 화해를 보여준 교회

모슬포교회와 대정교회가 있는 대정지역은 1901년 이재수의 난이 일어났던 곳이다. 천주교도의 횡포에 맞선 제주도민의 항쟁이었다. 비록 실패했지만 그 때문에 서양 종교에 대한 반감이 유독 심했다.

모슬포교회는 한라산 남쪽에 세워진 최초의 교회다. 1909년 이기풍 목사가 이 지역을 순회하던 중 신창호의 집에서 예배를 드린 것에서 시작되었다. 신창호는 훗날 일제의 신사참배를 거부하며 투쟁을 벌이다 체포되어 1942년 여수에서 순국하였다.

모슬포교회는 1914년에 윤식명 목사가 부임해 교회의 기틀을 다졌다. 1918년 전도여행 중 태을교도에게 맞아 왼쪽 팔을 잃었지만, 그들을 용서하고 사랑으로 품어 주었다. 윤 목사는 독립군 자금을 모금하다가 체포되어 투옥되기도 했다. 1921년에는 광선의숙(光鮮義塾)을 세우고 교육을 통한 민족계몽운동을 펼쳐나갔다. 광선의숙은 '조선은 광복된다'는 뜻이다. 1929년 일제에 의해 폐교될 때까지 대정지역에서 민족의식을 일깨우는 역할을 했다. 광선의숙에서 공

모슬포교회

부한 가파도 출신 고선수는 경성의전을 졸업하고 제주 최초의 여의사가 되었다. 그녀는 여성 계몽과 독립운동에도 앞장섰다.

제주 4.3사건(1947~1954)으로 모슬포교회 교인 6명이 희생되었다. 사회구제 운동에 앞장서 왔던 허성재 장로는 둘째 아들이 우익 청년단장이라는 이유로 죽창에 찔려 희생되었다. 제주 4.3사건이 발생한 직후인 1947년 모슬포교회 담임목사로 부임한 조남수 목사(1914~1997)는 무고한 주민이 학살당하는 것을 막기 위해 직접 나섰다. "이런 식으로 가다가는 제주도민 다 죽겠어요. 백성없는 나라 세우겠다는 겁니까?" 조남수 목사가 모슬포 경찰서장 문형순을 만나서 한 말이다. 그러고는 서장으로부터 자수자는 살리겠다는 약속을 받아냈다. 조 목사는 한림, 화순, 중문, 서귀포 등을 돌며 150여 회 강연했다. '산(山)사람'으로 몰린 죄 없는 양민들에게 자수를 권했다.

'자수했다가 처벌받으면 내가 먼저 자결하겠다'고 소리쳤다. 무장대의 압력으로 선전물을 전달하게 된 대정읍 주민 20명은 총살을 앞두고 조 목사의 애원으로 살아났다. 대정학교 교사였던 우성대는 체포되어 죽음 직전까지 갔다가 조 목사의 신원보증으로 살아났다. 우성대는 예수를 믿고 목사가 되어 모슬포교회 10대 담임목사가 되었다. 조 목사의 강연을 들은 주민 3천여 명이 그를 믿고 자수하여 목숨을 구했다. 조남수 목사에게 '한국의 쉰들러'라는 별명이 붙었다. 조 목사 덕분에 목숨을 건진 주민들은 감사의 마음을 모아 1996년 모슬포 진개동산에 '조남수 목사 공덕비'를 세웠다. 모슬포교회는 6.25 전쟁으로 피난민이 늘어나자 150여 명에게 숙식을 제공하기도 했다.

모슬포교회가 보여준 정신은 예수 닮기였다. 정의에 대해서는 엄

모슬포교회 (구)예배당 (구)예배당은 역사관으로 사용되고 있다.

격하면서도 사랑해야 할 대상에 대해서는 한없이 너그러웠다. 교회마저 이념에 휩쓸려 세상을 흑백으로 나누고 '너는 누구편이냐?'고 따지고 덤벼드는 세상에서 그건 아니라고 말하고 있다. 예수를 입에 올리는 자는 예수를 핑계대는 것이지, 실상은 돈이 목적인 경우가 많다.

1959년 지어진 모슬포교회 (구)예배당은 역사관으로 사용되고 있다. (구)예배당 뒤에는 1994년에 새로 준공된 예배당이 있다 미색 벽체에 주황색 지붕을 한 (구)예배당은 특이한 모습이다. 측변에 버트레스(Buttress)를 설치해 벽체를 보강했다. 고딕양식 성당에서 주로 사용하는 방식이다. 출입구와 창문 윗부분은 아치로 하여 직선과 곡선을 조화시켰다. 원래는 현무암으로 쌓은 벽체였으나 훗날 몰탈 마감하고 페인트를 칠했다. 역사관 내부에는 당회록, 노회록, 교인명부, 세례 문답 등 귀중한 자료 1만여 점이 간직되어 있다. 2009년에는 100주년 기념비를 교회 앞에 세웠다. 모슬포교회 역사관 관람은 064-794-9427로 문의하면 된다. 주일은 13시 이후로 관람 가능하다.

대정교회

순교자의 생명 값

제주도 출신 첫 목사이자 첫 순교자인 이도종 목사의 마지막 목회지였던 대정교회는 1937년 모슬포교회에서 분립해 대정읍성 내 안성리에서 시작되었다.

이도종(1891~1948)은 제주 애월 출신이다. 이기풍 목사를 만나 예수를 영접했다. 평양 숭실중학교, 평양신학교에서 공부하고 제주도 협재교회를 개척하였다. 그는 금성교회 조봉호 애국지사와 함께 독립희생회 제주지부를 결성하고 활동했다. 대한민국 임시정부에서 쓸 군자금을 모금하다가 일경에 발각되어 옥고를 치렀다.

1927년 목사가 되었다. 제주도 출신 첫 목사였다. 1929년 고향으로 돌아와 제주 전역을 순회하며 전도하였다. 그는 후세 교육이 절실함을 깨닫고 현 제주 YMCA 자리에 제주성경학원(제주 성내교회 옆)을 설립하여 30년간 기독교 교육에 힘썼다. 일제의 신사참배 요구를 거부하며 반대 투쟁을 하였다. 그러나 일제의 강압으로 목회 사역에서 은퇴하고 제주도 고산에서 농사를 지으며 환란을 이겨냈다.

대정교회

해방 후 흩어진 교회를 일으키기 위해 자리를 떨치고 일어났다. 모슬포교회 조남수 목사와 함께 한라산 북쪽과 남쪽을 나눠 순회하며 흩어진 교인을 모았다. 4.3사건으로 살벌한 분위기임에도 제주 전역을 돌면서 교회를 돌봤다. 동분서주하던 중 화순교회 예배를 인도하러 길을 나섰다가 대정읍 무릉 2리에서 공산폭도에게 붙잡혀 생매장 당했다. 그의 나이 57세였다. 이 목사는 사라진 지 1년이 넘도록 생사를 확인할 수 없었다. 1년이 지난 어느 날 공산 폭도 몽치라는 인물이 체포되었는데, 그의 입에서 이 목사가 생매장 당했다는 실토가 나왔다. 죽는 순간까지도 자신을 죽이는 자들을 위해 기도했다고 한다.

실로 아까운 나이다. 하나님이 그에게 허락한 시간이 거기까지라면 어쩔 수 없지만, 그가 남겨준 순교 정신은 오히려 후세에 더 많은 이야기를 한다. 그가 순교한 장소인 무릉2리 사거리에는 '이도종 목사 기념비'가 세워졌다.

대정교회는 1970년에 건축한 예배당과 넓은 마당이 인상적이다. 교회 마당에는 제주 4.3사건으로 순교한 이도종 목사와 아내 김도전의 유해가 봉안되어 있으며 유해 봉안비가 있다. 성경을 펼친 모양으로 만들어진 봉안비에는 사도행전 20장 24절을 새겼다. '나의 달려갈 길과 주 예수께 받은 사명 곧 하나님의 은혜의 복음을 증언하는 일을 마치려 함에는 나의 생명조차 조금도 귀한 것으로 여기지 아니하노라'

대정교회 교인들이 산방산 돌을 가져와 직접 글을 새긴 '牧師 李

이도종 목사 부부 묘, 순교비

道宗 記念碑'와 제주노회에서 2007년 건립한 '순교자 李道宗 목사 기념비'도 있다.

이도종 목사님의 헌신적인 사랑과 희생, 그리고 목사님의 마지막에 흘린 피의 값을 결코 잊지 말자며 인성(대정)교회 교인들이 세운 순교 기념비이다. 제주의 돌들은 대부분 구멍이 송송 난 화산석 현무암이지만 산방산 돌은 대리석처럼 구멍이 없는 돌이기에 교인들이 구루마(마차)를 끌고 가서 돌을 캐고 날라 직접 글을 새겨 세웠다. 순교자의 생명의 값을 잊지 않고 기억하며, 돌비(石碑)에 새기고, 오고 가는 사람들의 심비(心碑)에 새기어 오늘을 신앙하며 살아가는 우리에게 살아있는 교훈이 되고 있다.

제주에서 4.3은 비극이자 아픔이다. 제주공항에 내리는 순간부터 4.3의 흔적을 밟는 것이다. 그러나 제주도에서 함부로 4.3을 입 밖에 내서는 안 된다. 그 아픔을 공감한다는 말도 사치스럽다. 제주도민이 말하는 4.3을 듣고 판단해야 한다. 적어도 '조천 너븐숭이 애기무덤' 앞에 서 봐야 한다. 제주도민 전체를 공산 폭도로 왜곡하여 상처 주는 일은 없어야 한다. 대부분 제주도민은 이도종 목사처럼 피해자였다. 왜곡된 시선으로 4.3을 말하는 것은, 그 옛날 수탈만 일삼던 시대로 회귀하는 것이며 '육지것'이 되는 것이다.

대정교회는 추사 김정희 유배지 옆에 있다. 주차장 뒤에는 이도종 목사를 소개하는 안내판이 크게 서 있다. 안내판 뒤에는 교회로 올라가는 층계가 있다. 층계를 올라가면 동백, 종려나무, 구실잣밤, 먼나무가 빵 둘러선 마당이 나온다. 구실잣밤나무 아래에 돌의자가 여럿 놓여 있고, 정면에 나무십자가가 서 있다. 대정교회에 오면 돌의자에 앉아 침묵으로 기도하는 것은 어떨까?

주차장 옆에 길게 이어진 돌담은 대정현성이다. 왜구를 막기 위해 쌓은 석성이다. 성 내부에는 추사가 유배되었던 당시 기거했던 집이 고스란히 남아 있다. 제주도 옛 살림집 구조를 확인할 수 있어 좋다. 추사 김정희는 제주도에 많은 영향을 끼친 인물이다. 그는 제주도에서도 대정현에 위리안치되었으며 햇수로 9년을 있어야 했다. 이 시기에 기름기가 쏙 빠진 추사체가 완성되었다. 불멸의 명작 '세한도'도 이곳에서 탄생했다. 세한도에 나오는 외로운 집을 빼닮은 기념관을 앞에 지었다.

법환교회

하와이에서 보낸 편지

1917년 6월 전남노회 전도국에 하와이에서 발송된 한 통의 편지가 도착했다.

저는 현재 하와이에서 살고 있는 강한준이라고 합니다. 앞으로 5년 동안 매년 미화 60원씩을 보내겠습니다. 이 돈으로 제가 살던 제주의 법환리에 전도인 한 명을 보내셔서, 교회가 세워질 수 있도록 도와주십시오.

법환리에 살던 강한준은 조선인 하와이 노동 이민이 추진되고 있을 때 하와이로 이주한 인물이다. 이민 과정에 허다한 어려움을 겪으면서 예수를 믿게 되었다. 하와이 한인감리교회 권사로 섬기면서, 꿈에도 그리운 고향에 교회가 세워지길 기도했다. 강한준은 편지에서 약속한 대로 처음 5개월 동안은 15원씩, 이후로는 25원씩 선교비를 보냈다.

법환교회

법환리에 교회설립을 담당한 인물은 윤식명 목사였다. 윤 목사는 이미 제주도에 파송(1914년)되어 제주 동남부인 모슬포를 중심으로 주변으로 복음 사역을 확장하고 있었다. 윤식명 목사는 법환리에서 전도하다 태을교도들에게 구타당해서 왼쪽 팔을 잃는 어려움도 있었다.

강한준이 편지를 보내기 한 해 전에 법환리에는 이미 100여 명이 모여서 기도를 드리고 있었다. 강한준의 간절한 기도가 고향에서 응답되고 있었던 것이다. 강한준이 선교비를 보내오기 시작한 지 4개월 만인 1917년 10월 1일 법환교회 설립예배가 있었다. 1922년 6월에 첫 예배당이 마련되었다. 대지 100평에 초가 2동이었다. 하와이에서 강한준이 보낸 헌금이 법환교회 예배당 건축에 매우 유용하게 사용되었다.

광주에서 파송된 원용혁 조사는 윤 목사를 도와 법환교회가 든든하게 설 수 있도록 섬겼다. 부인조력회(여전도회)와 당회가 조직되어 교회가 자력으로 운영될 수 있도록 도왔다. 법환교회가 배출한 첫 사역자는 천아나 전도사였다. 그녀는 주민들과 동고동락하며 복음을 전했다. 주민들이 있는 곳이면 어디든 달려가 일손을 도우며 복음을 전했다. 그녀의 헌신은 지금도 전설처럼 전해지고 있다.

법환교회는 서귀포 월드컵 경기장 옆에 있다. 2002년 교단 지정 '월드컵기념교회'로 선정되어, 새 예배당을 건축할 수 있었다. 2002년 한일월드컵 때 경기를 관람하기 위해 제주를 방문하는 외국인들에게 복음 전하는 사역을 활발하게 펼쳤다.

교회 마당으로 들어서면 왼쪽에 십자가 종탑이 있고, 그 아래 강한준 기념비가 있다. 기념비 옆에는 성경에 등장하는 올리브나무(감람나무), 무화과나무, 종려나무가 싱싱하게 자라고 있다.

함께 봐야 할 제주교회

조수교회

제주도 중산간지대에 있는 조수교회는 1920년대 두모교회에 출석하던 교인 몇 명이 문성국의 집에서 기도회를 하면서 출발했다. 1932년 이재선 목사의 인도로 교회설립 예배를 드렸다. 1944년에는 일본군이 예배당을 강제로 점거하고 숙소로 사용했다. 4.3사건으로 교회가 소실되었다. 1951년에 예배당을 재건했다. 지금 예배당은 2008년에 건축했다. 예배당이 예뻐서 사진 찍는 이들이 많다. 얼핏 보면 성당처럼 생겼다.

(주소: 한경면 조수3길 7 / TEL.064-773-0928)

순례자의 교회

올레길에 세운 세상에서 가장 작은 교회다. '좁은문'을 들어가면 작은 예배당 문 위에 '길 위에서 묻다'라는 문구가 적혀 있다. 예배당 안으로 들어가면 한두 사람 앉아서 기도할 공간이 있다. 이 교회는 김태헌 목사가 '교회다움'에 목말라하던 중 기도 응답을 받고 설립했다. 복음서에서 볼 수 있는 '예수 그리스도의 삶'의 특징들을 담아내서 교회를 건축하였다고 한다. (주소: 한경면 일주서로 3960-24)

강병대교회

한국전쟁 때 제주도에는 육군 제1훈련소가 생겼다. 기초 훈련을 마치고 전쟁터로 나가야 하는 장병들의 심리 안정과 정신력 강화를 위해 1952년 강병대교회를 세웠다. 전쟁이 끝난 후 공군부대에서 교회로 사용했다. 무척 가난했던 시절 유치원과 학교를 운영해서 지역에 공헌했다. 교사는 재능있는 장병들이 맡았다. 많은 장병이 함께 예배할 수 있게 아주 긴 형태로 지었다. (주소: 서귀포시 대정읍 상모대서로 43-3)

방주교회

"세상에 하나쯤은 있었으면 하는 교회, 제주의 아름다움 속에 구속하지 않으며 영적 자유로움이 있는 곳"

이 교회는 2009년 3월 재단법인 방주에 의해 설립된 초교파적인 교회다. 방주교회는 기독교인이 아니어도 탐방하는 유명한 장소가 되었다. 제주도 중산간에 세워졌으며, 광활한 풍광을 마당으로 끌어당기는 지점에 예배당을 앉혔다. 예배당은 방주를 모티브(motive)로 지었다. 예배당 주변으로 물을 가두어서 실제로 물 위에 뜬 방주처럼 구성했다. 예배당 내부로는 자연 빛을 끌어들여 엄숙, 경건, 평안으로 채웠다. (주소: 서귀포시 안덕면 산록남로 762번길113 / TEL. 064-794-0611)

TIP 제주도 기독교 유적 탐방

▌제주성내교회
제주특별자치도 제주시 관덕로2길 5 / TEL.064-753-8201

▌금성교회
제주특별자치도 제주시 애월읍 금성하안길 3 / TEL.064-799-0004

▌한림교회
제주특별자치도 제주시 한림로14길 13 / TEL.064-796-4531

▌모슬포교회
제주특별자치도 서귀포시 대정읍 하모이삼로15번길 25 / TEL.064-794-9427

▌대정교회
제주특별자치도 서귀포시 대정읍 추사로36번길 11 / TEL.064-794-2984

▌법환교회
제주특별자치도 서귀포시 일주서로 43번길 38 / TEL.064-739-2020

제주도에는 올레길이 있다. 올레는 돌담으로 이어진 골목을 말한다. 이것을 관광 상품으로 개발한 것이 올레길이다. 올레길을 걷기 위해 제주를 방문하는 관광객이 수십만에 이른다. 제주도에는 올레길뿐만 아니라 기독교 성지순례길도 있다. 제주관광공사, 제주도, 제주CBS와 공동으로 제주 기독교 순례길 1~4코스를 개발해 내놓았다. 보라색 리본과 물고기 모양의 순례길 안내 표지를 따라가면 다양한 기독교 유적지를 만날 수 있다. 물론 기독교 유적만 있는 것은 아니다. 제주도가 품고 있는 매우 다양한 자연경관, 민속, 역사, 포구 등 명소를 만날 수 있다. 제주 올레길을 걷겠다고 작심하고 가는 그리스도인들은 올레가 아니라 여기가 먼저다.

[1코스] 순종의 길(14.2km)

금성교회 → 옛 금성교회 → 이도종 목사 생가 → 조봉호 선생 생가 → 한림교회 → 협재교회 → 한경교회 → 고산교회

[2코스] 묵상의 길(23km)

협재교회 → 홍수암로 → 조수교회 → 올레13코스 일부 → 저지오름 → 청수성결교회 → 평화박물관 → 올레14-1코스 일부 → 올레11코스 일부 → 이도종 목사 순교터

[3코스] 순교의 길(21.4km)

조수교회 → 올레13코스 → 순례자교회 → 용수교회 → 절부암 → 용수포구 → 올레12코스 → 고산교회 → 조남수 목사 공덕비

[4코스] 화해의 길(11.3km)

이도종 목사 순교터 → 추사 유배지 입구 → 대정교회 → 올레11코스(모슬봉) → 강병대교회 → 모슬포교회 → 조남수 목사 공덕비

참고문헌

- 한국기독교 문화유산답사기, 김헌, 지식공감
- 한국교회 처음 여성들, 이덕주, 홍성사
- 우리가 몰랐던 이 땅의 예수들 울림, 조현, 시작
- 방애인의 삶과 영성, 이현우, 한국기독교역사연구소
- 한국교회 처음 이야기, 이덕주, 홍성사
- 한국교회이야기, 이덕주, 신앙과지성사
- 믿음의 땅 순례의 길, 유성종 외, 두란노
- 대한민국 기독문화유산 답사기, 유정서, 강같은평화
- 근대의학과 의사 독립운동 탐방기, 연세대학교 의과대학 의사학과, 역사공감
- 예수 따라가며 복음 순종하며, 기독교대한성결교회 역사편찬위원회
- 광주, 전남지방의 기독교 역사, 김수전, 한국장로교출판사
- 믿음, 그 위대한 유산을 찾아서 1, 2, 전영철, 선교횃불
- 부산의 첫 선교사들, 유영식 외, 한국장로교출판사
- 한국기독교 성지순례50, 김재현 외, 키아츠
- 조덕삼 장로 이야기, 김수진, 도서출판 진흥
- 전주서문교회 홈페이지
- 전주기독교근대역사기념관 전시자료
- 금산교회전시관 전시자료
- 광주기독병원 홈페이지
- 유진 벨 기념관 전시자료
- 최흥종 기념관 전시자료
- 순천기독역사박물관 전시자료
- 애양원 역사관 전시자료
- 애국지사 손양원 기념관 전시자료